BA KOMPAKT

Reihenherausgeber:

Martin Kornmeier, Berufsakademie Mannheim
Willy Schneider, Berufsakademie Mannheim

Martin Kornmeier

Wissenschaftstheorie und wissenschaftliches Arbeiten

Eine Einführung für Wirtschaftswissenschaftler

Mit 54 Abbildungen und 3 Tabellen

Physica-Verlag
Ein Unternehmen
von Springer

Prof. Dr. Martin Kornmeier
Berufsakademie Mannheim
University of Cooperative Education
Studiengang International Business Administration
Coblitzweg 7
68163 Mannheim
kornmeier@ba-mannheim.de

ISBN 978-3-7908-1918-2 Physica-Verlag Heidelberg

Bibliografische Information der Deutschen Nationalbibliothek
Die Deutsche Nationalbibliothek verzeichnet diese Publikation in der Deutschen Nationalbibliografie; detaillierte bibliografische Daten sind im Internet über http://dnb.d-nb.de abrufbar.

Physica-Verlag ist ein Unternehmen von Springer Science+Business Media

springer.de

Herstellung: LE-TEX Jelonek, Schmidt & Vöckler GbR, Leipzig
Umschlaggestaltung: WMX Design GmbH, Heidelberg

SPIN 12180554 88/3180YL - 5 4 3 2 1 Gedruckt auf säurefreiem Papier

Vorwort

„Unsere Wissenschaft ist kein System von gesicherten Sätzen, auch kein System, das in stetem Fortschritt einem Zustand der Endgültigkeit zustrebt. Unsere Wissenschaft ist kein Wissen: weder Wahrheit noch Wahrscheinlichkeit kann sie erreichen. [...] Alles Wissen ist nur Vermutungswissen."

Sir Karl Popper in „Logik der Forschung"

Aller Anfang ist bekanntermaßen schwer, jedoch: Ohne Handwerkszeug kein Handwerk. Dies gilt auch für die Gestaltung wissenschaftlicher Arbeiten, gleichgültig, ob es sich dabei um eine Seminar-, Studien-, Magister- oder bspw. um eine Diplomarbeit handelt. Aber:

- Was ist das Besondere an einer **Wissenschaft**?
- Was versteht man unter einer wissenschaftlichen **Erkenntnis**?
- Und wodurch zeichnen sich wissenschaftliche **Arbeiten** aus?

Fragen wie diese lassen sich nur unter Rekurs auf das weite Feld der **Wissenschaftstheorie** beantworten, weil entsprechende Kompetenz erforderlich ist, um bspw.

- Probleme **systematisch** zu durchdringen,
- wissenschaftliche Befunde besser **bewerten** zu können,
- neue **Erkenntnisse** leichter zutage zu fördern.

Denn Wissenschaften unterscheiden sich von **Nicht-Wissenschaften** v.a. in der Art des Wissens und in den Methoden der Erkenntnisgewinnung.

Wesentliches Ziel dieses Buches ist es, dem interessierten Leser die – notwendigerweise – abstrakten Elemente der Wissenschaftstheorie auf konkrete (und mitunter spannende!) Weise zugänglich zu machen. Dass die Lektüre trotz der „trockenen Materie" nicht spröde ist und langweilt, wird u.a. dadurch vermieden, dass immer wieder die **Konsequenzen** für die wissenschaftliche Arbeit aufgezeigt werden – ganz so wie es der Titel des Buches verspricht: „Wissenschaftstheorie und wissenschaftliches Arbeiten".

Angesichts der Vielzahl an Publikationen zum Thema ist einer Neuerscheinung nur dann Erfolg beschieden, wenn man sie in einer Marktlücke ansiedelt. Die **Positionierung** des vorliegenden Buches lässt sich insbesondere an folgenden Kriterien festmachen:

- fundierte Aufarbeitung des **Wissensstandes**, ohne dabei den Blick für das Wesentliche zu verlieren,
- starker Bezug zur **Praxis** des wissenschaftlichen Arbeitens durch Veranschaulichung der Ausführungen anhand zahlreicher **konkreter Beispiele**,
- unmittelbare **Anwendung** der Erkenntnisse durch Tipps und Hintergrundinformation,
- übersichtliche Darstellung durch 57 **Abbildungen** und Tabellen sowie durch zahlreiche „**Kästen**" (z.B. „Wissen", „Schlagwort", ‚Food for thought', „Praxis", „Rückblick").

Das vorliegende Buch ist im Zuge der Vorbereitung von „Wissenschaftstheorie und wissenschaftliches Arbeiten" entstanden – einer Veranstaltung (Vorlesung, 2. Semester) im Rahmen des Curriculum zur Erlangung des **Bachelor of Arts** (B.A.). Dieses Werk erfüllt demzufolge die im **Lehrplan** gestellten Anforderungen und

- erklärt die wesentlichen **wissenschaftstheoretischen Grundpositionen** (z.B. Realismus, Empirismus, (Kritischer) Rationalismus, Konstruktivismus),
- gewährt einen Einblick in die Funktionsweise des **Wissenschaftsbetriebs** und in die **Betriebswirtschaftslehre** als anwendungsorientierte Erfahrungswissenschaft,
- erläutert anhand zahlreicher Beispiele sehr ausführlich die wesentlichen wissenschaftstheoretischen **Grundbegriffe** und **Konzepte** (z.B. Definition, Hypothese, Theorie, Erklärung usw.),
- vermittelt die grundlegende **Kompetenz** in den wesentlichen **Methoden der empirischen Sozialforschung**, d.h. Vorgehensweise, Erhebungstechniken (z.B. Befragung, Experiment) usw., so dass die Studierenden im Rahmen ihrer Studien- bzw. Diplomarbeit **eigenständig** wissenschaftlich arbeiten können.

Allerdings: Auch das vorliegende Lehrbuch ist **keine** – pardon! – „eierlegende Wollmilchsau". Es trägt den Titel „Wissenschaftstheorie und wissenschaftliches Arbeiten" und behandelt alle diesbezüglich relevanten Themen in der **gebotenen Breite** und **Tiefe** – bspw. auch die „Methoden der empirischen Sozialforschung", die (incl. Meta-Analyse) auf ca. 60 Seiten ausführlich und anhand zahlreicher Beispiele dargestellt werden. Es versteht sich aber von selbst, dass einzelne Problemfelder nicht immer in der Intensität präsentiert und diskutiert werden können, wie dies in Publikationen möglich ist, die sich – anders als das vorliegende Lehrbuch – lediglich einem singulären Themengebiet widmen. Wer sich bspw. **intensiver** mit **einzelnen** Forschungsmethoden auseinandersetzen möchte, findet weitergehende Information u.a. bei

- P. Atteslander: Methoden der empirischen Sozialforschung, 10. Aufl., Berlin 2003 oder bei

- R. Schnell; P. B. Hill; E. Esser: Methoden der empirischen Sozialforschung, 7. Aufl., München u.a. 2005.

Für die Auswertung primär- oder auch sekundärstatistischer Daten ist u.a.

- K. Backhaus; B. Erichson; W. Plinke; R. Weiber: Multivariate Analysemethoden: Eine anwendungsorientierte Einführung, 11. Aufl. Berlin 2006

zu empfehlen.

Hinweise zur **formalen** Gestaltung wissenschaftlicher Arbeiten wird man in diesem Buch vergeblich suchen – von einer Ausnahme abgesehen: die korrekte Zitierweise der verarbeiteten Literatur. Denn dieser Aspekt ist nicht nur „rein formal" bedeutsam, sondern auch und gerade aus Sicht der Wissenschaftstheorie. Auch Fragen zum **Stil** (z.B. Formulierungen, Verständlichkeit, Sprachlogik, Wortwahl) sind – so sehr mir das Thema am Herzen liegt – nicht Gegenstand dieses Buches. Wer hierzu Rat sucht, findet ihn u.a. bei

- W. Manekeller: Auf den Punkt gebracht: Gekonnt und unmissverständlich formulieren, Wien 2003 sowie bei
- W. Schneider: Deutsch für Kenner: Die neue Stilkunde, 2. Aufl., München u.a. 2006.

Auch der viel zu früh verstorbene Erwin Dichtl hat bereits 1996 in „Deutsch für Ökonomen" auf sehr unterhaltsame Weise „Lehrbeispiele für Sprachbeflissene" vermittelt. Schließlich sei auf Bastian Sick verwiesen, der mit „Der Dativ ist dem Genitiv sein Tod" beweist, dass Lachen nicht nur gesund ist, sondern auch bildet!

Zur **Zielgruppe** von „Wissenschaftstheorie und wissenschaftliches Arbeiten" gehören v.a. Dozenten und Studierende, die sich mit dem entsprechenden Lehrinhalt auseinandersetzen – sei es an Universitäten, Fachhochschulen oder an Berufsakademien. Außerdem sei die Publikation all jenen empfohlen, die sich diesem „harten Stoff" sehr gerne mit einer – wie ich hoffe – leicht verdaulichen Lektüre nähern wollen. Jedenfalls folgt das Lehrbuch dieser **Philosophie**: „Wissenschaftstheorie und wissenschaftliches Arbeiten" ist konkret, kompakt, leicht verständlich und – wegen der zahlreichen Beispiele und Bezüge zur „wissenschaftlichen Realität" – direkt umsetzbar.

Ein sehr herzlicher Dank geht an Herrn Dipl.-Vw. Alexander Hennig, Lehrbeauftragter an der Berufsakademie Mannheim, für zahlreiche gleichermaßen kritische wie hilfreiche Hinweise.

Allen Lesern wünsche ich viel Freude beim Ausflug in die Welt der Wissenschaft(stheorie)!

Mannheim, im Oktober 2006

Prof. Dr. Martin Kornmeier

Inhaltsverzeichnis

Vorwort ... **V**

1 Stellenwert der Wissenschaftstheorie für die Betriebswirtschaftslehre ... **1**

1.1 Historische Entwicklung der Betriebswirtschaftslehre: ein kurzer Rückblick ... 1

1.2 Abgrenzung von Wissenschaft, Wissenschaftstheorie und wissenschaftlichem Arbeiten ... 4

1.2.1 Wissenschaft ... 4

1.2.2 Wissenschaftstheorie ... 6

1.2.3 Wissenschaftliches Arbeiten ... 9

1.2.3.1 Grundzüge ... 9

1.2.3.2 Ein typisches „Missverständnis" ... 12

1.3 Einordnung der Betriebswirtschaftslehre in die Wissenschaft ... 13

1.3.1 Abgrenzung von anderen Wissenschaften ... 13

1.3.2 Abgrenzung von Volks- und Betriebswirtschaftslehre ... 16

1.3.3 Ähnlichkeiten und Schnittmengen mit benachbarten Wissenschaftsdisziplinen ... 17

1.3.4 Allgemeine und Spezielle Betriebswirtschaftslehren ... 20

1.4 Aufgaben und Ziele der Betriebswirtschaftslehre als Ausgangspunkt wissenschaftlicher Arbeiten ... 22

1.4.1 Betriebswirtschaftslehre als reine vs. angewandte Wissenschaft ... 22

1.4.2 Zielsystem der Betriebswirtschaftslehre ... 24

1.4.3 Grundlegende Fragestellungen wissenschaftlicher Arbeiten in der Betriebswirtschaftslehre ... 28

1.5 Stellenwert wissenschaftstheoretischer Ansätze für die Gestaltung wissenschaftlicher Arbeiten ... 29

1.5.1 Bedeutung wesentlicher erkenntnistheoretischer Positionen für die Betriebswirtschaftslehre ... 29

1.5.1.1 (Naiver) Realismus ... 31

1.5.1.2 (Radikaler) Konstruktivismus ... 32

1.5.1.3 (Klassischer) Rationalismus ... 35

1.5.1.4 Empirismus ... 36

1.5.2 In der Betriebswirtschaftslehre dominierende Ansätze 38
1.5.2.1 Konstruktivismus 40
1.5.2.2 Kritischer Rationalismus 40
1.5.2.3 Kritischer Rationalismus oder Konstruktivismus? 42

2 Grundbegriffe der Wissenschaftstheorie: Wesentliche Elemente einer wissenschaftlichen Arbeit 45

2.1 Aussagen 45
2.1.1 Arten von Aussagen 45
2.1.1.1 Grundlegende Einteilung 46
2.1.1.2 Deskriptive Aussagen 47
2.1.1.3 Explikative Aussagen 49
2.1.1.4 Technologische Aussagen (Ziel / Mittel-Aussagen) 55
2.1.1.5 Zusammengesetzte Aussagen 56
2.1.2 Verwendung von Aussagen in wissenschaftlichen Arbeiten ... 57
2.1.2.1 Grundlegende Anforderungen 57
2.1.2.2 Gültigkeit und Verlässlichkeit von Aussagen 58
2.1.2.3 Überprüfbarkeit 61
2.1.2.4 Reichweite von Aussagen 62
2.1.2.5 Kausalität 63

2.2 Definitionen 67
2.2.1 Relevanz von Definitionen 67
2.2.2 Tatsächliche Anforderungen an Definitionen 69
2.2.2.1 Eindeutigkeit 69
2.2.2.2 Übereinstimmung mit dem Sprachgebrauch 69
2.2.2.3 Zweckmäßigkeit 71
2.2.2.4 Konsistenz 72
2.2.3 Vermeintliche Anforderungen 72
2.2.3.1 „Wahrheit“ 72
2.2.3.2 „Vollständigkeit” 74

2.3 Hypothesen 75
2.3.1 Grundzüge 75
2.3.2 Anforderungen 76
2.3.3 Bildung von Hypothesen 77
2.3.3.1 Mögliche Ansätze 77
2.3.3.2 Unzulässige Vorgehensweise 84

2.4 Modell und Theorie 84
2.4.1 Grundzüge 84
2.4.2 Funktionen und Ebenen von Theorien 90
2.4.2.1 Funktionen 90
2.4.2.2 Ebenen 91

2.4.3 Betrachtung eines Phänomens aus verschiedenen theoretischen Perspektiven 91
2.4.4 Bildung von Modellen bzw. Theorien 95
2.4.4.1 Bestandteile 95
2.4.4.2 Leistungsmerkmale bzw. Anforderungen 96
2.4.4.3 Besonderer Stellenwert theoretischer Konstrukte 98
2.4.5 Zeitliche Entwicklung von Theorien 101
2.4.6 Gibt es „die" Theorie der Betriebswirtschaftslehre? 104

3 Quellen zur systematischen Gewinnung von Wissen 107

3.1 Grundsätzliche Optionen 107

3.2 Literaturstudium 109
3.2.1 Literaturrecherche und -beschaffung 109
3.2.1.1 Für die Literaturrecherche geeignete Institutionen bzw. Medien 109
3.2.1.1.1 Zur Recherche geeignete Orte bzw. Institutionen: Ein Überblick 109
3.2.1.1.2 Möglichkeiten zur Recherche via Internet 111
3.2.1.2 Qualität der zu beschaffenden Literatur 113
3.2.1.3 Quantität der zu beschaffenden Literatur 116
3.2.2 Strategien der Literaturrecherche 117
3.2.3 Hinweise zur korrekten Zitierweise der verarbeiteten Literatur 121
3.2.3.1 Belegen der Literatur im Text 121
3.2.3.1.1 Wörtliche (direkte) Zitate 122
3.2.3.1.2 Sinngemäße (indirekte) Zitate 124
3.2.3.1.3 Wichtige ergänzende Hinweise 125
3.2.3.2 Angabe der Quellen im Literaturverzeichnis 127
3.2.3.3 Hinweise zur korrekten Angabe der im Internet gefundenen Literatur 134

3.3 Meta-Analyse 137
3.3.1 Formen der Meta-Analyse im Überblick 137
3.3.1.1 Analyse der Art der Forschung 138
3.3.1.2 Analyse der Ergebnisse der Forschung 138
3.3.2 Meta-Analyse i.e.S. 140
3.3.2.1 Grundzüge 140
3.3.2.1.1 Herkunft des Begriffs 140
3.3.2.1.2 Funktionen 140
3.3.2.2 Überblick über den Ablauf 142
3.3.2.3 Konstruktion des theoretischen Rahmens 143

3.3.2.4 Datenerhebung 143
3.3.2.4.1 Suche nach Literaturquellen 143
3.3.2.4.2 Bewertung der Qualität der recherchierten Primärstudien 145
3.3.2.4.3 Eignung der Ergebnisse der Primärstudien für die Meta-Analyse 145
3.3.2.4.4 Größe der Stichprobe 146
3.3.2.5 Aufbereitung der Daten 147
3.3.2.5.1 Umgang mit ‚Missing values' 147
3.3.2.5.2 Kodierung der (un-)abhängigen Variablen 147
3.3.2.6 Datenanalyse 147
3.3.2.6.1 Berechnung der Effektstärke 147
3.3.2.6.2 Ausschluss von Effekten 149
3.3.2.6.3 Aggregation der Daten (Datenanalyse i.e.S.) 150
3.3.2.7 Transfer bzw. Kommunikation der Ergebnisse 152

3.4 Sekundäranalyse (Schreibtischforschung) 153

3.5 Primärerhebung (Feldforschung) 158
3.5.1 Befragung 158
3.5.1.1 Auswahl der Teilnehmer 158
3.5.1.1.1 Stichprobenverfahren 159
3.5.1.1.2 Größe der Stichprobe 163
3.5.1.2 Befragungsform 164
3.5.1.2.1 Schriftliche Befragung 164
3.5.1.2.2 Internetgestützte Befragung 165
3.5.1.2.3 Mündliche Befragung 166
3.5.1.2.4 Telefonische Befragung 168
3.5.1.3 Gestaltung des Fragebogens 169
3.5.1.3.1 Wesentliche Fragetypen 169
3.5.1.3.2 Operationalisierung der Forschungsfragen 172
3.5.1.3.3 Aufbau des Fragebogens 185
3.5.2 Beobachtung 186
3.5.3 Experiment 187
3.5.3.1 Übersicht 187
3.5.3.2 Arten 188
3.5.3.2.1 Laborexperiment 188
3.5.3.2.2 Feldexperiment 188
3.5.3.3 Struktur experimenteller Designs 188
3.5.3.4 Würdigung 191

3.6 Wahl der Erkenntnisquelle: Einflussfaktoren 191
3.6.1 Vorkenntnisse 191
3.6.2 Untersuchungsobjekt 192
3.6.3 Verfügbarkeit der erforderlichen Ressourcen 193

4 Idealtypischer Aufbau einer wissenschaftlichen Arbeit 195

Abbildungsverzeichnis 201

Tabellenverzeichnis 203

Literaturverzeichnis 205

Stichwortverzeichnis 219

1 Stellenwert der Wissenschaftstheorie für die Betriebswirtschaftslehre

Wer eine wissenschaftliche Arbeit zu einem **betriebswirtschaftlichen** Problem verfassen will, darf sich nicht nur mit den Methoden der Erkenntnisgewinnung auseinandersetzen, sondern muss u.a. auch den **Gegenstand** der Betriebswirtschaftslehre kennen, d.h. deren Entstehung, Aufgaben, Ziele usw. Dieser Schritt ist für den **Erkenntniszuwachs**, aber auch für die **Umsetzung** der Erkenntnisse in die Praxis sehr bedeutsam; denn nicht selten weichen Ergebnisse einschlägiger wissenschaftlicher Arbeiten (auch) deshalb von einander ab, weil sie auf unterschiedlichen Annahmen, Begriffen bzw. methodischen Ansätzen beruhen (vgl. Lingnau 1995, S.124). Aus diesem Grund werden wir uns im Folgenden nicht nur mit grundlegenden Fragen der Wissenschaftstheorie, sondern auch mit dem Wesen der Betriebswirtschaftslehre auseinandersetzen.

1.1 Historische Entwicklung der Betriebswirtschaftslehre: ein kurzer Rückblick

Die ersten wissenschaftlichen Erkenntnisse, die man heute der Betriebswirtschaftslehre zurechnet, reichen weit in die **Vergangenheit** zurück, viel weiter jedenfalls als jene der Volkswirtschaftslehre, auch wenn deren Vertreter bisweilen den Irrtum verbreiten, ihre Wissenschaft sei – ganz im Gegensatz zur Betriebswirtschaftslehre – „altehrwürdig“ (vgl. zum Folgenden insbes. Schneider 1999, S.1ff.). Dieser „Altersunterschied“ ist einfach zu erklären: Während sich eine Volkswirtschaft „moderner Prägung“ (= Koordination weitgehend über den Markt; gezielte staatliche Wirtschafts- und Finanzpolitik) erst ab dem 17. / 18. Jahrhundert zu entwickeln begann, mussten **betriebswirtschaftliche Probleme** bereits vor Jahrtausenden gelöst werden, etwa auf Landgütern, bei der Verwaltung von Heeresbeständen oder in Handelsgesellschaften.

Das Wort „**Ökonomie**“ (griech. ‚oikonomia') wurde vermutlich zwischen 500 und 429 v. Chr. eingeführt und bezeichnete damals „das vernünftige Gestalten aller mit dem Haus (‚oikos') eines freien Bürgers zusammenhängenden Angelegenheiten“ (Schneider 1999, S.4; Singer 1958, S.46f.). Aristoteles (384 – 321 v. Chr.) unterschied zwischen **Ökonomik** (= natürliche Erwerbskunst) und **Chrematistik** (= Bereicherungskunst). Der griechische Philosoph, der durch die Scholastik die abendländische Philosophie des Okzident und dessen Wissenschaftsverständnis wesentlich beeinflusst hat, bewertete den durch Handel erzielten Gewinn als unmoralisch und ordnete ihn deshalb der Chrematistik zu. Um dies verstehen zu können, muss man zwei Überzeugungen in Rechnung stellen:

- Aristoteles setzte das Wirtschaftsgeschehen mit einem **Nullsummen-Spiel** gleich, d.h. alles, was einer erwirbt, muss ein anderer verlieren. Das darin zum Ausdruck kommende pessimistische Menschen- und Weltbild hat viele ökonomische Theorien geprägt – und prägt sie mitunter noch bis heute, man denke etwa an Teile der Neuen Institutionenökonomie.
- Lange Zeit galt der Handel als **unproduktiv** (= Teilargument der Anti-Händler-Ideologie; vgl. z.B. Gümbel 1985, S.62ff.).

Weniger bedenklich erschien Aristoteles indessen, mit anderen Völkern „Geschäfte" zu machen. Nur so jedenfalls lässt sich erklären, warum er Plünderungen im Gefolge von Feldzügen der Ökonomik zuordnete.

Die seit der Antike erhalten gebliebenen Schriften zur Ökonomie behandeln ein breites Spektrum an Beziehungen bzw. Tätigkeiten, die Menschen zur **Güterversorgung** pflegen bzw. bewerkstelligen mussten; neben Viehfütterung und Sklavenhaltung gehörten hierzu bspw. auch die Wahl der richtigen Ehefrau (!) und die Erfassung des Vermögens (vgl. Schneider 1999, S.5). Mit dem Niedergang des Römischen Reiches und den Wirren im Zuge der Völkerwanderungen fanden diese **Frühformen** des ökonomischen Denkens ein vorläufiges Ende. Erst der erblühende Textilhandel (in Oberitalien) und die Renaissance des römischen Rechtsdenkens setzten mehr als tausend Jahre später diese Entwicklung wieder in Gang (vgl. Schneider 1999, S.5).

In früheren Jahrhunderten begnügte sich die Disziplin mit der anfänglich erratischen, später systematischen Aufbereitung von Informationen, die vorzugsweise für Kaufleute bestimmt waren. Auch die Erarbeitung allgemeingültiger Richtlinien und Verhaltenskodizes nahm breiten Raum ein (vgl. Seyffert 1956, Sp.1000). Mit der sog. **Handlungswissenschaft** entwickelte sich gegen Ende des Mittelalters eine Ökonomik, die sich speziell mit den Fragen der **Kaufleute** auseinandersetzte. Zu den bedeutenden **Frühwerken**, in denen das Wissen (v.a. für Kaufleute) zusammengetragen wurde, gehören (vgl. Bellinger 1967)

- die Darstellung der doppelten Buchführung von Luca Pacioli (1494),
- das Lehrbuch zur „Handelskunst" von Jacques Savary (1675) und
- das Kaufmannslexikon von Carl G. Ludovici (1752),

aber auch kritische Werke wie die „nothwendig und nützliche Fragen über die Kauffmannschafft" von Paul Jakob Marperger (1714) oder die „Abhandlung über das Wesen des Handels im Allgemeinen" von Richard Cantillon (1755). Freilich reicht die heutige Betriebswirtschaftslehre weit darüber hinaus.

Die ersten Einsichten in einzelne betriebswirtschaftliche Probleme wurden bis ins 19. Jahrhundert hinein allerdings weniger in den Wirtschaftswissenschaften (zu denen damals bspw. die Kameralwissenschaft und die Ökonomik zählten) gewonnen, sondern entstanden überwiegend „als Nebenprodukte ethischer bzw. rechtlicher und entscheidungslogischer Untersuchungen zu praktischen Problemen" (Schneider 1999, S.2). Gottfried Wilhelm Leibniz etwa entwickelte 1682 die **Kapitalwertrechnung**, die er aus unbestrittenen Rechtssätzen gegen das Zinseszinsverbot ableitete. Mit der Begründung von Wahrscheinlichkeiten legte er überdies einen wichtigen Grundstein zur Theorie der **Entscheidungen unter Unsicherheit**.

Erst nach 1908, ein Jahrzehnt nachdem man in Deutschland die ersten Handelshochschulen errichtete, begannen Lehrer aus den Bereichen Buchhaltung und Handelskunde damit, jene wissenschaftliche Gemeinschaft zu entwickeln, die heute als „Betriebswirtschaftslehre" bezeichnet wird, und die man damals „**Privatwirtschaftslehre**" bzw. „**Handelswissenschaft**" nannte (vgl. Schneider 1999, S.16). Ab 1912 wurde sie eigenständige Disziplin, nachdem sie sich anhand bestimmter Charakteristika (z.B. kaufmännische Techniken zur Kostenrechnung) von der Volkswirtschaftslehre abgrenzte. Dass man die „Privatwirtschaftslehre" bereits Ende der 1920er Jahre in „**Betriebswirtschaftslehre**" unbenannte, lässt sich gesellschaftspolitisch erklären: Während die Privatwirtschaftslehre bei manchen als „**Lehre vom Profit**" verschrien war, klang der neue Name in den Ohren Vieler neutraler (vgl. Schneider 1999, S.18f.).

Trotz ihrer späten **Anerkennung** als wissenschaftliche Disziplin versteht sie sich heutzutage ganz selbstverständlich als (Wirtschafts-)Wissenschaft (vgl. Gutenberg 1957). Mit seinen „**Grundlagen der Betriebswirtschaftslehre**" unternahm Erich Gutenberg (1951 / 1955) den ersten Versuch, die Betriebswirtschaftslehre in eine tragfähige, geschlossene Theorie einzubetten. Dabei hatte der Nestor einer Akademisierung der Disziplin Methoden und Erkenntnisse der neoklassischen Mikroökonomik aufgegriffen und auf die erstmals von E. Schmalenbach, H. Nicklisch und W. Rieger systematisch dargestellten betriebswirtschaftlichen Fragestellungen übertragen, man denke etwa an die Produktions- und Kostentheorie oder an die Preis / Absatz-Funktion.

Wöhe (1996) wertete Gutenbergs Werk gar als (vorläufigen) Schlusspunkt in der Entwicklung einer **Theorie der Betriebswirtschaftslehre**. Jedoch kritisierten bereits in den 1960er Jahren Fachvertreter – vorzugsweise anhand der vom **Kritischen Rationalismus** formulierten Argumente (vgl. hierzu Kap. 1.5.2.2) –, dass die von Gutenberg entwickelte Theorie bzw. die darin enthaltenen Aussagen und Modelle empirisch, d.h. in der Realität, nicht überprüfbar seien. Deshalb sprach Albert (1967, S.331) von „**Modell-Platonismus**". Die entsprechende Auseinandersetzung hat jedoch in der Betriebswirtschaftslehre zahlreiche Entwicklungen befördert bzw. in Gang gesetzt, auf die im weiteren Verlauf dieses Buches zurückzukommen sein wird (vgl. Behrens 1993, Sp.4769), nicht zuletzt

- die empirische Forschung (vgl. Kap. 3.4 sowie Kap. 3.5),
- den Einfluss der Verhaltenswissenschaften auf die BWL (vgl. Kap. 1.3.3),
- die Akzeptanz des „Kritischen Rationalismus“ (vgl. Kap. 1.5.2.2).

1.2 Abgrenzung von Wissenschaft, Wissenschaftstheorie und wissenschaftlichem Arbeiten

Angesichts des wissenschaftlichen **Anspruchs**, den die Betriebwirtschaftslehre erhebt, ist es nur konsequent, dass all diejenigen, die sich mit dieser Disziplin auseinandersetzen, auch die „**Spielregeln**“ kennen, nach denen „ihre“ Wissenschaft funktioniert (vgl. Fülbier 2004, S.266; Chmielewicz 1994, S.6). Vor diesem Hintergrund werden im Folgenden die wesentlichen Elemente und Besonderheiten von Wissenschaft, Wissenschaftstheorie aber auch einige Charakteristika des wissenschaftlichen Arbeitens skizziert.

1.2.1 Wissenschaft

Wer sich mit WISSENschaft bzw. WISSENschaftstheorie beschäftigt, sollte zunächst klären, was unter Wissen zu verstehen ist. Von Intuition und Glauben unterscheidet sich dieses Konstrukt darin, dass entsprechende Meinungen, Positionen bzw. Aussagen beschrieben und **begründet** werden müssen. So betrachtete „bereits Platon Wissen als wahre, mit Begründung versehene Meinung“ (Fülbier 2004, S.266). Wissenschaft unterscheidet sich von Wissen auch darin, dass sie „ein systematisch geordnetes Gefüge von Sätzen“ (Raffée 1974, S.13) darstellt. Da die Ordnung der Sätze bzw. Aussagen systematisch und wohlüberlegt ist, ist auch nicht „jeder zufällige und isolierte Satz bereits Wissenschaft“ (Raffée 1974, S.13).

Abb. 1 verdeutlicht, dass mit Wissenschaft Verschiedenes gemeint sein kann (vgl. zum Folgenden insbes. Raffée 1974, S.13ff.).

(1) Wissenschaft bezeichnet den **Prozess**, Erkenntnis systematisch zu gewinnen, um so „unseren“ Vorrat an Wissen zu vergrößern (= **Wissenschaft als Tätigkeit**). Auf diese Weise trägt sie letztlich dazu bei, dass „die Menschen“ das Leben besser gestalten bzw. bewältigen können.

Erkenntnisse zu gewinnen, indem man bspw. die in der Natur bzw. im menschlichen Zusammenleben beobachtbaren Ereignisse sammelt oder ordnet, ist an sich **nicht spezifisch** für eine Wissenschaft (weil tagtäglich **viele Menschen** entsprechend handeln). **Charakteristisch** ist vielmehr (vgl. Schnell u.a. 2005, S.49; Körner 1980, S.726), dass eine Wissenschaft dabei

- **systematisch** vorgeht (z.B. beim Beschreiben, Erklären) und
- reale Tatbestände dergestalt untersucht, dass auch **Dritte** diese jederzeit **nachvollziehen** und **kritisieren** können (= „intersubjektive Überprüfbarkeit“).

Außerdem sollen die wissenschaftlich gewonnenen Ergebnisse „**wahr**“ sein; den entsprechenden Wahrheitsgehalt prüft man, indem man die Erkenntnisse mit der **Realität konfrontiert** (vgl. Raffée 1974, S.29).

Abb. 1: Bedeutungen von Wissenschaft

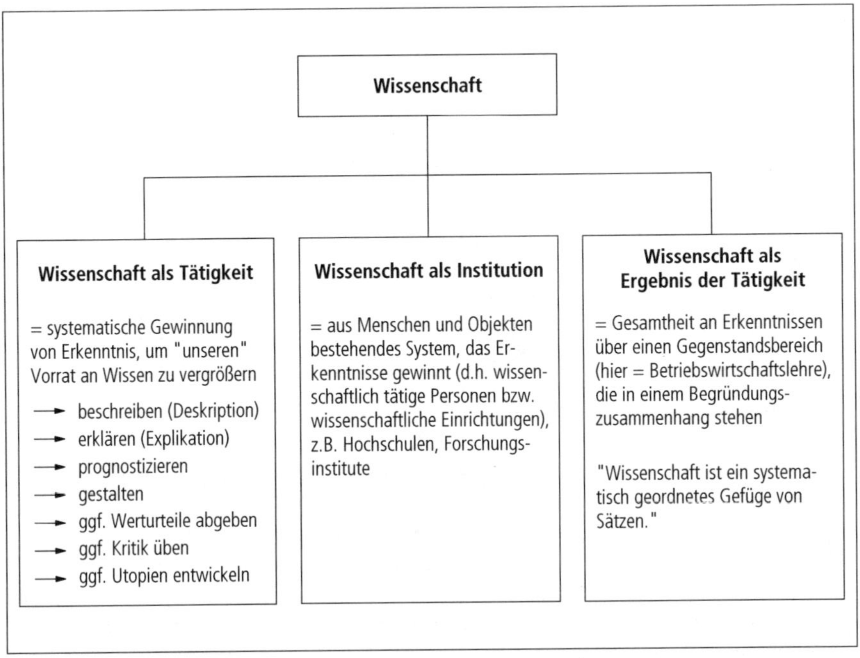

Quelle: eigene Darstellung auf der Basis von Raffée (1974, S.13f.).

(2) Mit „Wissenschaft“ kann auch ein aus Menschen und Objekten bestehendes **System** gemeint sein, das Erkenntnisse gewinnt (= **Wissenschaft als Institution**).

(3) Schließlich bezeichnet Wissenschaft auch das **Ergebnis der Tätigkeit**, Wissen zu gewinnen, d.h. die Gesamtheit an **Erkenntnissen** über einen Gegenstandsbereich (z.B. Betriebswirtschaftslehre), die in einem **Begründungszusammenhang** stehen (vgl. Fülbier 2004, S.266). Der bereits geschilderte Versuch E. Gutenbergs, die Betriebswirtschaftslehre in eine tragfähige, geschlossene Theorie einzubetten, dient als Beispiel für einen solchen Begründungszusammenhang.

1.2.2 Wissenschaftstheorie

Dem Wortsinn nach ist Wissenschaftstheorie die „selbstverständliche Betrachtung dessen, was Wissenschaft ist und sein könnte" (Frank 2003, S.289). Sie formuliert Aussagen über die Wissenschaft und beschäftigt sich mit

- dem Begriff,
- der Einteilung,
- den Erkenntnisprinzipien,
- den Methoden und Sprachen,
- den Voraussetzungen sowie mit
- den Zielen und Ergebnissen,

der einzelnen Wissenschaften. Die Wissenschaftstheorie gilt daher den einzelnen Substanzwissenschaften, wie Physik, Psychologie oder Soziologie, als „**Meta-Wissenschaft**".

Die Wissenschaftstheorie hat sich im 19., insbesondere aber zu Beginn des 20. Jahrhunderts aus der allgemeinen **Erkenntnistheorie** (**Epistemologie**) heraus entwickelt, deren Anfänge bereits in der antiken griechischen Philosophie zu finden sind. Seit die Betriebswirtschaftslehre sie für sich „nutzbar" gemacht hat, stand, wie folgendes Beispiel zeigt, die Wissenschaftstheorie des Öfteren im „Rampenlicht der ‚Scientific community'", des Öfteren aber auch im Schatten.

Rückblick	**Bedeutung der Wissenschaftstheorie für die Betriebswirtschaftslehre: Ein ständiges Auf und Ab**

„Seit Schmalenbachs berühmten Ausführungen über die „Privatwirtschaftslehre als Kunstlehre" hat es viele Veröffentlichungen gegeben, in denen zum Gegenstand und zur Vorgehensweise der Betriebswirtschaftslehre Stellung bezogen wurde. Dabei standen allerdings zunächst wie auch bei Schmalenbach weniger methodologische Betrachtungen im Vordergrund. [...] Als in den fünfziger Jahren – in deutlicher Abkehr von Schmalenbachs ursprünglichen Vorstellungen – nachhaltige Bestrebungen einsetzten, die Betriebswirtschaftslehre als Wissenschaft zu etablieren, erschien eine Reihe von Aufsätzen über Forschungsziele und -methoden der Betriebswirtschaftslehre (Löffelholz 1952, Hax 1956, Moxter 1957). Auch ein so genannter „Methodenstreit" fällt in diese Zeit (Mellerowicz 1952, Gutenberg 1953). In den sechziger Jahren führte der Ausbau der Betriebswirtschaftslehre an den Universitäten zu einem Legitimationsbedarf. Das galt einerseits für die Betriebswirtschaftslehre im Verhältnis zur bereits etablierten Volkswirtschaftslehre, andererseits für neue betriebswirtschaftliche Teildisziplinen – hier ist vor allem an die Organisationslehre und das Marketing zu denken – gegenüber den klassischen Kerngebieten des Fachs. Die Studentenbewegung der späten sechziger Jahre wie auch der Positivismusstreit in der deutschen Soziologie lieferten vielfältige Gründe, um gegen die herrschenden Verhältnisse in der Disziplin zu opponieren. Vor diesem Hintergrund entwickelte sich bei einer Reihe von Nachwuchswissenschaftlern ein reges Interesse an methodologischen Reflexionen und einer daran anknüpfenden Neuausrichtung der Betriebswirtschaftslehre. In der Folgezeit führte diese Ausgangslage zu einer (kurzen) Blüte wissenschaftstheoretischer Betrachtungen in der Betriebswirtschaftslehre. Sie äußert sich nicht allein durch eine Reihe einschlägiger Sammelwerke und eine Vielzahl von Aufsätzen in Fachzeitschriften, sondern vor allem durch ein außerordentlich hohes Engagement der Autoren und emphatisch geführte Diskurse.

Ein weiterer Beleg für die Bedeutung der Wissenschaftstheorie kann in der Gründung der Kommission Wissenschaftstheorie (ursprünglich: „Wissenschaftstheoretischer Arbeitskreis") im Verband der Hochschullehrer für Betriebswirtschaftslehre im Jahr 1973 gesehen werden. Es dauerte jedoch nur einige Jahre bis das Interesse an der Wissenschaftstheorie wieder merklich nachließ. [...] Über die Gründe für die abflauende Konjunktur der Wissenschaftstheorie kann hier nur spekuliert werden. Zum einen scheint es, dass sich die Anhänger der verschiedenen wissenschaftstheoretischen Schulen, hier ist vor allem an den Kritischen Rationalismus und den Erlanger Konstruktivismus zu denken, in teilweise apologetisch geführten Grabenkämpfen erschöpften – ohne sich angenähert zu haben oder gar eine gemeinsame Neuorientierung entwickelt zu haben. Auch mag bei manchen die Ahnung, dass die fortwährende Wiederholung der eigenen wissenschaftstheoretischen Überzeugungen irgendwann keinen Erkenntnisgewinn mehr zeitigt, eine ernüchternde Wirkung gezeigt haben. Die zunehmende Liberalisierung der Verhältnisse an den Universitäten – wie auch die Konzentration auf die eigene akademische Laufbahn – mögen ein übriges getan haben, um das Interesse an wissenschaftstheoretischen Auseinandersetzungen zu dämpfen.

Die hohe Zeit wissenschaftstheoretischer Betrachtungen in der Betriebswirtschaftslehre scheint also vorbei. [...] Es gibt allerdings in den letzten Jahren eine Reihe von Entwicklungen, die dafür sprechen, sich der Wissenschaftstheorie aus zum Teil geänderten Perspektiven wieder anzunähern."

Quelle: Frank (2003, S.278f.).

Die Wissenschaftstheorie befasst sich u.a. mit dem **realen Verhalten** von Wissenschaftlern bzw. mit den in den entsprechenden Institutionen ablaufenden **Prozessen** (vgl. zum Folgenden insbes. Raffée 1974, S.17ff.).

- Die Wissenschaftsgeschichte **beschreibt** Prozesse und Institutionen der Wissenschaft.
- Wissenschaftspsychologie, -soziologie und -ökonomie **erklären** die Institution „Wissenschaft" aus verschiedenen Perspektiven (z.B. psychologisch) und geben ggf. **Ratschläge** zur zweckmäßigen Organisation dieser Einrichtung sowie der dort ablaufenden Prozesse.

Wissenschaftstheorie beschäftigt sich aber auch damit, wie mit wissenschaftlichen Mitteln **Erkenntnisse gewonnen** werden können bzw. werden sollten.

- Die Wissenschaftslogik **analysiert** wissenschaftliche Aussagen in Bezug auf logische Struktur und logische Aspekte des empirischen Gehalts.

- Die Wissenschaftsmethodologie **entwickelt** und **begründet** neue Forschungsmethoden.
- Die Wissenschaftsphilosophie wiederum **erforscht** die Voraussetzungen für die Formulierung wissenschaftlicher Aussagen (z.B. Erkenntnistheorie).

Zu den zentralen Themen zählen dabei

- Definitionen (durch Aufzählung, Beispiele, Reduktionssätze usw.),
- Informationsgehalt (von deterministischen Aussagen, singulären Sätzen, statistischen Aussagen, je / desto-Sätzen usw.),
- Sätze (nomologische, probabilistische, singuläre, tautologische usw.),
- Sprache (formale-, Meta-, Objekt-Sprache usw.),
- Schlüsse (deduktive, induktive),
- Zeichen (definitive, deskriptive, logische usw.).

Wissenschaftstheorie entwickelt folglich Vorschläge, wie Wissenschaftler vorgehen sollten, damit sie die o.g. **Ziele** bzw. Aufgaben der Wissenschaft erreichen können. Als „Lehre von der systematischen Gewinnung von Erkenntnissen" – d.h. als „**Lehre von der Wissenschaft**" – wird sie bisweilen auch als „Wissenschafts-Wissenschaft" (= „**Meta-Wissenschaft**") oder als „Meta-Methodenlehre" bzw. „**Methodologie**" bezeichnet (vgl. Schnell u.a. 2005, S.50; Westermann 1987, S.7).

Schlagwort **Methodologie**

Die verschiedenen Wissenschaften unterscheiden sich durch das, „was überprüft wird: ihren Gegenstand, und durch das, worin und womit etwas überprüft wird: die Methode. Es gibt Gegenstände, die in vielen Wissenschaften auftauchen, dort aber mit ganz verschiedenen Methoden überprüft werden. Ein Geldstück ist z.B. für einen Physiker in der Kriminaltechnischen Abteilung der Polizei ein ganz anders untersuchter Gegenstand als für einen Ökonomen. Es gibt Methoden, die in verschiedenen Wissenschaften Anwendung finden, und es gibt Gegenstände, die in verschiedenen Wissenschaften auftauchen. Eine Bibel ist z.B. für einen Theologen das Wort Gottes, für einen Kaufmann ein Produkt (Buch), für den Sprachwissenschaftler ein Text oder für den Soziologen ein soziales Symbol. Andererseits werden z.B. die statistischen Methoden in vielen Wissenschaften angewendet: in der Physik, Chemie, Medizin, Geographie, Ökonomie etc. Jede Wissenschaft ist darauf bedacht, ihre Methoden zu verfeinern. Deshalb gibt es in fast jeder Disziplin eine Methodenlehre. In der Ökonomie wird, wie in der Physik, häufig Mathematik verwendet. Jener Teil einer Wissenschaft, der sich nur mit den Methoden beschäftigt, wird auch manchmal als „reine" Wissenschaft bezeichnet oder als „theoretische" Wissenschaft. So gibt es die theoretische und die Experimentalphysik, es gibt die mathematische Ökonomie und die angewandte Ökonomie."

Quelle: Brodbeck (1996, S.6).

1.2.3 Wissenschaftliches Arbeiten

1.2.3.1 Grundzüge

Ziel jeder wissenschaftlichen Arbeit (Seminar-, Studien-, Magister- und Diplomarbeit, Arbeitspapier, Dissertation, Habilitationsschrift oder sonstige wissenschaftliche Veröffentlichung) ist es, eine oder mehrere Forschungsfragen zu beantworten. So plausibel dieses Ziel auch ist, stellt sich dennoch die Frage, was man unter „wissenschaftlichem Arbeiten" bzw. dessen Ergebnis (= wissenschaftliche Arbeit) konkret versteht. Selbst die Rechtsprechung hat eine entsprechende **Legal-Definition** formuliert, der zufolge „grundsätzliche Fragen oder konkrete Vorgänge methodisch in ihren Ursachen erforscht, begründet und in ihren Sinnzusammenhang gebracht werden" müssen.

Hintergrund

„Wissenschaft" und „wissenschaftliche Tätigkeit" aus Sicht der Gerichte

Bundesverfassungsgericht

- Wissenschaftliche Tätigkeit: „Alles, was nach Inhalt und Form als ernsthafter planmäßiger Versuch zur Ermittlung der Wahrheit anzusehen ist. Dies folgt unmittelbar aus der prinzipiellen Unabgeschlossenheit jeglicher wissenschaftlichen Erkenntnis."
- Wissenschaft: „Der gemeinsame Oberbegriff „Wissenschaft" bringt den engen Bezug von Forschung und Lehre zum Ausdruck. Forschung als „die geistige Tätigkeit mit dem Ziele, in methodischer, systematischer und nachprüfbarer Weise neue Erkenntnisse zu gewinnen" (Bundesbericht Forschung III BTDrucks. V/4335 S.4) bewirkt angesichts immer neuer Fragestellungen den Fortschritt der Wissenschaft; zugleich ist sie die notwendige Voraussetzung, um den Charakter der Lehre als der wissenschaftlich fundierten Übermittlung der durch die Forschung gewonnenen Erkenntnisse zu gewährleisten. Andererseits befruchtet das in der Lehre stattfindende wissenschaftliche Gespräch wiederum die Forschungsarbeit." (Auszug aus: *BVerfGE 35, 79: Hochschul-Urteil des Bundesverfassungsgerichts*)

Niedersächsisches Finanzgericht

- „Wissenschaftlich tätig ist [.] nicht nur, wer schöpferische oder forschende Arbeit leistet (reine Wissenschaft), sondern auch, wer das aus der Forschung hervorgegangene Wissen und Erkennen auf konkrete Vorgänge anwendet (angewandte Wissenschaft). Wissenschaftliches Arbeiten i.S. der angewandten Wissenschaft liegt aber nur dann vor, wenn grundsätzliche Fragen oder konkrete Vorgänge methodisch in ihren Ursachen erforscht, begründet und in einen Sinnzusammenhang gebracht werden, wie z.B. in einem wissenschaftlichen Gutachten über schwierige Fragen (BFH, Urteil vom 26. November 1992, IV R 109/90, BStBl 1993, 235, 236 m.w.N.; BFH, Urteil vom 27. Februar 1992, IV R 27/90, BStBl II 1992, 826, 829 m.w.N). Eine Tätigkeit hat dann keinen wissenschaftlichen Charakter, wenn sie im wesentlichen in einer laufenden, mehr praxisorientierten Beratung besteht (BFH, Urteil vom 3. Dezember 1981, IV R 79/80, BStBl II 1982, 267, 268 Ziffer 1; BFH-Urteil vom 27. Februar 1992, a.a.O., 829, Ziffer 2 c). Ob die Tätigkeit als wissenschaftlich anzusehen ist, richtet sich insbesondere danach, ob die mit den einzelnen Aufträgen gestellten Aufgaben einen Schwierigkeitsgrad erreichen, wie ihn wissenschaftliche Prüfungsarbeiten oder Veröffentlichungen aufweisen (BFH, Urteil vom 27. Februar 1992, a.a.O., 829 Ziffer 2 d, BFH-Beschluss vom 31. Mai 2000, IV B 13/99, BFH/NV 2000, 1460, 1461). Zu einer wissenschaftlichen Tätigkeit gehört ferner, dass sie von der Methode her nachprüfbar und nachvollziehbar ist (BFH, Urteil vom 27. Februar 1992, a.a.O., 830, Ziffer 2 e). (Auszug aus: *Urteil v. 28. Januar 2004, Az.: 2 K 579/00; Niedersächsisches Finanzgericht*)

Quellen: http://www.oefre.unibe.ch/law/dfr/bv035079.html sowie http://www.nwb.de/finanzgericht/NFG/volltexte/2004/Januar/2_K_579_00.doc (Stand: 8. September 2006).

Aufzählen, unsystematische Beschreibungen, beispielhafte Argumentation u.ä. sind demnach **keine primär wissenschaftlichen** Leistungen, wenngleich sie selbstverständlich geeignet bzw. erforderlich sind, abstrakte Aussagen zu konkretisieren. Wie im weiteren Verlauf des Buches dargelegt wird, lehnt sich die Vorstellung davon, wie man wissenschaftlich arbeiten sollte, an eine wissenschaftstheoretische Position an, die man als „Kritischen Realismus" bzw. als **„Kritischen Rationalismus"** (vgl. z.B. Miller 1997; Albert 1991; Schanz 1988) bezeichnet (vgl. Nienhüser/Magnus 2003, S.1).

Ohne an dieser Stelle zu weit vorgreifen zu wollen, sind u.a. folgende Tätigkeiten Bestandteile einer wissenschaftlichen Arbeit:

- **Deskription**, d.h. den Ist-Zustand sozialer Phänomene (z.B. Unternehmen, Haushalte) **beschreiben** (d.h. definieren, klassifizieren usw.),
- **Explikation**, d.h. die für den Ist-Zustand verantwortlichen Ursachen **erforschen**, d.h. theoretisch **begründen** und / oder empirisch **analysieren**.

Zu den Aufgaben gehört auch, dass man mit Hilfe der einschlägigen Literatur den darin dokumentierten Wissensstand darstellt (beschreibt) bzw. die darin enthaltenen **Aussagen anderer Autoren** herausarbeitet und ggf. übernimmt (vgl. Nienhüser/Magnus 2003, S.9f.). Ein derartiges Vorgehen ist durchaus – entgegen landläufiger Meinung – eine eigenständige Leistung, es sei denn, man „kopiert" kritiklos die Argumentation anderer Autoren. **Eigenständigkeit** zeigt sich etwa darin,

- dass man die von Dritten formulierten Aussagen **kritisch betrachtet** und bspw. auf **Plausibilität** prüft. Auf diese Weise kann ein wissenschaftlich Arbeitender „gute" von „schlechter" Forschung bzw. „wahre" von „falschen" Aussagen unterscheiden.
- dass man Teile der eigenen Aussagen und Argumente mit Aussagen bzw. empirischen Ergebnissen Dritter **untermauert**, d.h. verschiedene Aussa-

gen verknüpft und zu einer oder mehreren **Argumentationsketten** zusammenfügt.

Auch aus **forschungsökonomischer** Sicht ist es zweckmäßig und sinnvoll, das von anderen generierte Wissen aufzugreifen und zu verarbeiten. Man muss das Rad ja nicht jedes Mal neu erfinden!

Um tatsächlich von „wissenschaftlichem Arbeiten" sprechen zu können, müssen mehrere **Kriterien** erfüllt sein. Die wichtigsten davon finden sich in folgender Übersicht.

Praxis

Qualitätskriterien einer wissenschaftlichen Arbeit (z.B. Studien- / Diplomarbeit) (Auszug)

Inhalt (Bedeutung für die wissenschaftliche Arbeit = ca. 70%)

- Qualität der recherchierten Literatur
- Logischer Aufbau der Arbeit
- Analyse der Themenrelevanz
- Abgrenzung / Zielsetzung der Arbeit
- Eindeutige Verwendung der Begriffe (durch präzise Definition und konsequente, konsistente Benutzung)
- Diskussion des ‚State of the Art' (= Stand des verfügbaren Wissens) incl. kritischer Würdigung der theoretischen und empirischen Befunde
- Verwendung von Aussagen (z.B. Fundieren / Belegen von Aussagen, Themenbezug der Aussagen, Objektivität z.B. im Umgang mit Zitaten, Schlüssigkeit der Argumentation, Vermeiden von Tautologien)
- Ableitung von Konsequenzen (für Unternehmen und Wissenschaft)
- Zusammenfassung und Ausblick

Stil (= ca. 20%)

- „Die Verben nicht sterben" lassen (Substantivierung vermeiden)
- Aktiv- statt Passivformulierungen
- Anzahl / Auswahl der Adjektive
- Keine bürokratischen / journalistischen Formulierungen, keine Floskeln
- Keine Redundanz / keine Pleonasmen („weiße Schimmel")
- „Lebendigkeit" der Präsentation durch Wahl der Abbildungen und Sprache, z.B. Wortwahl, Sprachbilder, Länge / Abwechslung der Sätze
- Wissenschaftliche („gewählte") Diktion (d.h. Verwendung von Fachtermini, ...)
- Qualität der Beispiele zur Konkretisierung von Aussagen
- Transparenz / Übersichtlichkeit durch stringenten (z.B. entscheidungslogischen) Aufbau
- Verständlichkeit / Sprachlogik

Form (= ca. 10%)

- Gesamteindruck („schlampig" vs. ordentlich)
- Konsistenz der Gliederung

- Qualität der Präsentation (z.B. Abbildungen, Tabellen)
- Quellenangabe im Literaturverzeichnis (v.a. fehlerfreie Angabe der Quellen, Vollständigkeit, Einheitlichkeit / Konsistenz, übersichtliche Darstellung)
- Rechtschreibung, Grammatik, Zeichensetzung
- Schriftsatz (z.B. Zeilenabstand)
- Übersichtlichkeit / Hervorhebungen (z.B. durch Fettdruck, Kursivschrift, Absätze, Aufzählungen)
- Zitierweise im Text (Nachprüfbarkeit der Aussagen)

Wohl niemand wird bestreiten, dass der **Inhalt** einer wissenschaftlichen Arbeit maßgeblich für deren **Qualität** verantwortlich ist. Aus diesem Grund wird dieser zentrale „Baustein" auch im Mittelpunkt dieses Buches stehen.

Aber: Wie bei allen schriftlichen Leistungen sind auch hier Inhalt und **Form** bzw. Inhalt und **Stil** (untrennbar) miteinander verwoben. Demnach hängt die Qualität einer Arbeit auch davon ab, ob der Autor dem Leser den Inhalt seiner Aussagen in einer sprachlich (logisch, formal, ästhetisch) angemessenen Form vermitteln kann. Neben den primär wissenschaftlichen Kriterien (z.B. Güte der Aufarbeitung der vorliegenden Literatur, Nachvollziehbarkeit und Überzeugungskraft der Argumentation) beeinflussen folglich auch Orthographie, Zeichensetzung und Stil (z.B. sprachliche Prägnanz, Anschaulichkeit, Variabilität der Sprache) die Qualität der Leistung.

1.2.3.2 Ein typisches „Missverständnis"

Wer in wissenschaftlichen Publikationen stöbert, gewinnt bisweilen den Eindruck, dass manche Autoren der festen Überzeugung sind, die Qualität der Arbeit komme besonders gut zur Geltung, wenn man

- möglichst viele **Fremdwörter** verwendet (Der Text soll ja „gut klingen"!),
- einen **spröden, möglichst „staubtrockenen Wissenschaftsstil"** wählt – kombiniert mit umständlichem (und häufig missverständlichem) „**Verwaltungsdeutsch**" (z.B. „die Bewerkstelligung des empirischen Datenerhebungsprozesses seitens des Autors"),
- **komplexe Sätze** formuliert, deren Inhalt „ja nur Wissenschaftler und andere Experten verstehen sollen".

Aber: Das Gegenteil ist der Fall!

Ein flüssiger, anschaulicher und abwechslungsreicher Stil hilft auch bei einem wissenschaftlichen Text, die darin enthaltenen Informationen leichter und prägnanter zu vermitteln. Dies wiederum steigert beim Leser die Freude am

Text. Wer bspw. im „Journal of Marketing“, einer der renommiertesten wissenschaftlichen Zeitschriften, publizieren will, muss zahlreiche Kriterien erfüllen. So achtet der Autorenbeirat zum einen natürlich insbesondere auf

- die **Qualität** der Aussagen (z.B. Wissensfortschritt),
- die **Methodik** (z.B. Forschungsmethoden, Größe / Qualität der Stichprobe) und
- die **logische Stringenz** der Aussagen (z.B. Konsistenz von Argumentation und daraus abgeleiteten Konsequenzen).

Wesentlicher Bestandteil der ‚Peer review' (= Begutachtungsverfahren), an dessen Ende die besten Beiträge ausgewählt werden, ist zum anderen aber auch die **Darstellung**. Deren Qualität beurteilen die Gutachter anhand von

- **Sprache** und **Stil** (d.h. die Sprache sollte angemessen, korrekt, klar, präzise und grammatisch einwandfrei sein),
- **Klarheit** und **Angemessenheit** der Abbildungen bzw. Tabellen,
- dem generellen **Niveau der Darstellung**, das kultiviert, elegant und ‚sophisticated' sein sollte.

Angesichts der zahlreichen anspruchsvollen Kriterien verwundert es nicht, dass etwa 95% der eingereichten Beiträge abgelehnt werden. Freilich strebt nicht jeder Autor gleich eine Publikation im „Journal of Marketing“ oder in einer anderen herausragenden Fachzeitschrift (s. hierzu Kap. 3.2.1.2) an; dennoch gilt: Wer anderen eine Botschaft (hier = neue Erkenntnisse) vermitteln will, sollte seine Gedankengänge möglichst interessant darstellen und es seinen Lesern erleichtern, den Inhalt nachzuvollziehen, zu verstehen und zu prüfen. Deshalb ist neben dem Inhalt auch der Stil ein sehr bedeutsames **Gütekriterium**. Weitaus **weniger wichtig** als viele gemeinhin glauben, ist hingegen ein perfektioniertes Layout (bzw. Erscheinungsbild), was allerdings nicht bedeutet, dass die Form irrelevant wäre. Denn wohl keiner wird bestreiten, dass auch eine ansprechende Darstellung Verständnis und Nachvollziehbarkeit einer wissenschaftlichen Arbeit zugute kommt.

1.3 Einordnung der Betriebswirtschaftslehre in die Wissenschaft

1.3.1 Abgrenzung von anderen Wissenschaften

Wer sich von anderen abgrenzen will, muss zunächst sich selbst – und seine Existenzberechtigung – kennen. Mit Blick auf Wissenschaftsdisziplinen spricht man in diesem Zusammenhang gewöhnlich von dem „**Erfahrungsobjekt**“. Dieses konkretisiert jenen Ausschnitt der Realität, mit welchem sich die fragliche Disziplin wissenschaftlich auseinandersetzt (und sich damit von anderen Wissenschaften unterscheidet). Allerdings offenbart sich ein ebenso breites wie **heterogenes Meinungsbild** darüber, was in der Wirtschaftswissenschaft im Allgemeinen und in der Betriebswirtschaftslehre im Besonderen als Erfahrungsobjekt gilt.

(1) Wissenschaften lassen sich bspw. in **Formal**- und **Realwissenschaften** unterteilen (vgl. Abb. 2). Zu den Formalwissenschaften gehören v.a. die Logik (sie untersucht, wie man konsistent argumentieren kann), die Mathematik (sie umfasst alle formalen Aussagensysteme) sowie die Wissenschaftstheorie. Während sich die Formalwissenschaften vorzugsweise mit Methoden beschäftigen, setzen sich Realwissenschaften, wie die Betriebswirtschaftslehre, mit realen Phänomenen (z.B. **Unternehmen**, **wirtschaftende Personen**) auseinander. So gesehen könnte man „**reale Phänomene**" als Erfahrungsobjekt der Betriebswirtschaftslehre identifizieren (vgl. z.B. Hauschildt/Grün 1993). In der Betriebswirtschaftslehre sind dabei **zwei Abgrenzungen** verbreitet (vgl. Behrens 1993, Sp.4767f.; Schneider 1981):

- der **Betrieb** als Wirtschaftseinheit und
- der Umgang mit **knappen Gütern**, d.h. das auf Tausch ausgerichtete wirtschaftliche Handeln, um Einkommen zu erzielen.

Abb. 2: Einordnung der Betriebswirtschaftslehre in die Wissenschaften

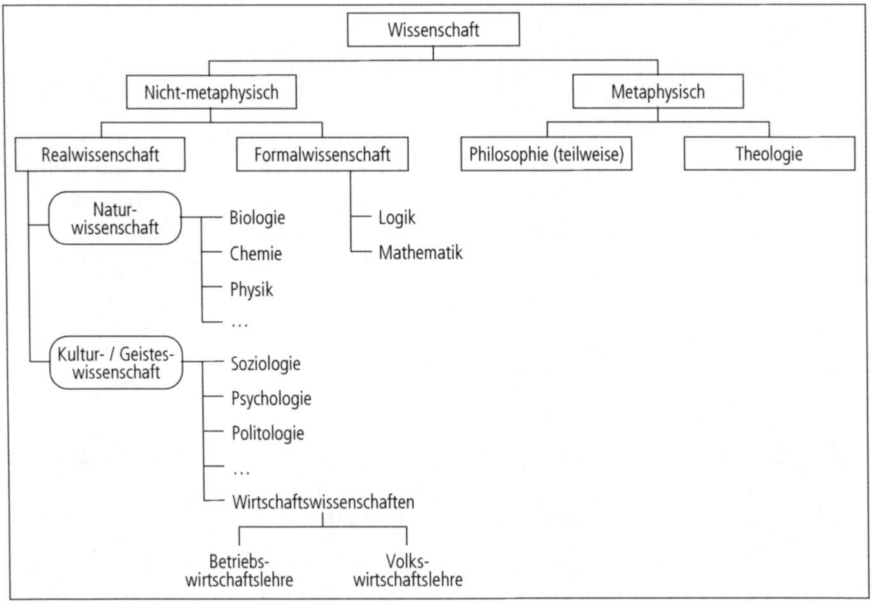

Quelle: Raffée (1974, S.23); modifiziert.

Letzteres findet (als Erfahrungsobjekt) mittlerweile breitere Akzeptanz (vgl. Fülbier 2004, S.266). Ein solcherart abgegrenztes Erfahrungsobjekt ist allerdings sehr allgemein und unspezifisch, so dass sich grundsätzlich verschiedene Wissenschaften damit auseinandersetzen könnten – neben der Betriebswirtschaftslehre z.B. auch die Soziologie oder die Rechtswissenschaften. Vor diesem Hintergrund bietet es sich an, den Blick stärker auf das **eigentlich Besondere** der Wirtschaftswissenschaften zu richten. Erst indem man das **Erfahrungs**objekt mit Hilfe sog. **Identitätsprinzipien** noch genauer spezifiziert und weiter eingrenzt, wird daraus ein **Erkenntnis**objekt. So könnte man bspw. festlegen, dass nicht Betriebe an sich analysiert werden, sondern nur solche, die auf **Gewinnmaximierung** ausgerichtet sind.

Schlagwort

Was Natur- und Geisteswissenschaften unterscheidet

„Die Betriebs- und Volkswirtschaftslehre (allgemein: „Ökonomie") ist Teil der Sozialwissenschaften. Nach einer alten Trennung zählen sie zu den „Geisteswissenschaften", im Unterschied zu den Naturwissenschaften. Der Charakter, eine Wissenschaft zu sein, wird der Ökonomie zwischenzeitlich kaum noch abgesprochen, allerdings blicken die Naturwissenschaftler immer noch etwas naserümpfend auf die „weichen" Wissenschaften, die es nicht mit „harten facts" zu tun haben. Das ist weitgehend ein Missverständnis, das auch viele Ökonomen – in einer Art von schlechtem Gewissen – teilen. Sie tragen aber auch oftmals selbst zu diesem Missverständnis bei, wenn sie dem (hier verkehrten) Ideal der Naturwissenschaften nachzueifern trachten. Wenn ein Astronom eine Mondfinsternis voraussagt, dann läßt sich dies sehr genau prognostizieren. Es ist dem Mond gleichgültig, ob man seine Verfinsterung von irgendeiner Ecke des Universums aus sieht oder nicht. Wenn aber ein Ökonom eine Prognose macht, dann bezieht sich das auf menschliches Verhalten. In der sozialen Welt gibt es so etwas wie eine „sich selbst erfüllende Prophezeiung". Wenn alle Anleger auf dem Börsenparkett an einen Kurssturz glauben und deshalb verkaufen, dann werden die Kurse fallen. Prognosen in der Ökonomie haben also einen ganz anderen Charakter als in den Naturwissenschaften. Wenn die Prognosen scheitern – was sie oftmals tun –, dann liegt das nicht nur daran, daß die Gesetze in der Menschwelt sehr variabel und veränderlich sind, es liegt auch daran, daß die Prognosen von den Wirtschaftseinheiten selbst für ihre Pläne benutzt werden. Scheiternde Prognosen sind also ein Ausdruck der Entscheidungsfreiheit. Der Mond hat keine Entscheidungsfreiheit, deshalb kann man sein Verhalten sehr genau berechnen. Bei Menschen, bei sozialem Verhalten ist das eben anders. Die Ökonomie als Wissenschaft ist nicht „weicher", sie ist nur anders als die Naturwissenschaft."

Quelle: Brodbeck (2001).

(2) Die Realwissenschaften wiederum lassen sich einteilen in **Kultur**- und **Naturwissenschaften**. Kultur (‚cultura animi') bezeichnet dabei – vereinfacht gesprochen – das von Menschen originär Geschaffene oder absichtlich Gepflegte, wohingegen die Natur „selbst entstanden" ist. Anstelle von „Kultur"wissenschaften spricht man bisweilen auch von „Geistes"wissenschaften.

Dieser Einteilung zufolge wäre nicht die Materie („res extensa"; = Erfahrungsobjekt der Naturwissenschaften), sondern der **menschliche Geist** („res cogitans") das Erfahrungsobjekt der „Geistes"wissenschaften – und damit auch der Betriebswirtschaftslehre (vgl. Fülbier 2004, S.266). Nicht minder plausibel wäre es allerdings, wenn man „Kultur" – und mithin das **„von Menschen Geschaffene"** – als Erfahrungsobjekt wertete.

‚Food for thought'	**Betriebswirtschaftslehre als spezielle „Kultur"wissenschaft?**

Es ist „unbedingt erforderlich, daß die BWL eine sehr viel höhere Sensibilität gegenüber kulturellen Einflußfaktoren entwickelt und daß in die Informations-, Entscheidungs- und Gestaltungskonzepte sowie in der betriebswirtschaftlichen Theorienbildung kulturelle Aspekte einbezogen und reflektiert werden, ja zum beherrschenden Theorieansatz in der BWL werden. Der Kulturschock bewirkt, daß sich in der BWL verstärkt der Prozeß zur Psychologisierung und zur Soziologisierung durchsetzen wird, ob dies den Betriebswirten passen wird oder nicht. Die BWL wird sich vor dem Hintergrund dieser Entwicklung insoweit verändern, als sie in ihrem theoretischen Selbstverständnis dann nicht mehr eine angewandte Naturwissenschaft darstellt, sondern zu einer spezialisierten Kulturwissenschaft wird, die gerade in dieser Ausformung ein wichtiges Zukunftspotential sowohl für das Fach, aber darüber hinaus auch für die Unternehmen und für die Gesellschaft insgesamt bildet."

Quelle: Meissner (1997, S.11f.).

1.3.2 Abgrenzung von Volks- und Betriebswirtschaftslehre

Weitaus schwieriger ist es, die Erfahrungsobjekte von Volks- und Betriebswirtschaftslehre zu differenzieren. Dies gilt insbesondere für die in der Volkswirtschaftslehre angesiedelte **Mikroökonomik**, die sich mit den **„Aktivitäten der einzelnen Wirtschaftseinheiten"** (Raffée 1974, S.24) auseinandersetzt, zu denen neben den privaten Haushalten bzw. Konsumenten und dem Staat auch die Unternehmen gehören. Deren wirtschaftliches Handeln aber ist auch Gegenstand der **Betriebswirtschaftslehre**, weshalb es schwer fällt, v.a. die Mikroökonomik eindeutig abzugrenzen bzw. zuzuordnen. Raffée (1974, S.25) legte deshalb bereits in den 1970er Jahren nahe, Mikroökonomik und Betriebswirtschaftslehre gleichzusetzen. Deren Erfahrungsobjekt ist demnach die **„einzelwirtschaftliche Betrachtung der Dispositionen über knappe Güter"**. Diese Position greift allerdings zu kurz, da zur Mikroökonomie auch die Mikrotheorie der Haushalte (= Haushaltstheorie) und die Mikroökonomie des Staates (= Teilbereich der Finanzwissenschaften) gehören.

1.3.3 Ähnlichkeiten und Schnittmengen mit benachbarten Wissenschaftsdisziplinen

Die Identität der wissenschaftlichen Disziplin Betriebswirtschaftslehre ist in den vergangenen Jahren insbesondere auch vor dem Hintergrund des wachsenden Einflusses der **Verhaltenswissenschaften** diskutiert worden (vgl. Behrens 1993, Sp.4768). Zunächst glaubte bzw. forderte man, „das traditionelle Erkenntnisobjekt der Betriebswirtschaftslehre muß [bzw. darf] durch die Berücksichtigung von Erkenntnissen der formalen Entscheidungstheorie, der Verhaltenswissenschaften (Soziologie, Psychologie, Sozialpsychologie), der Ingenieurwissenschaften (Kybernetik), der Volkswirtschaftslehre, der Arbeitswissenschaften und des Arbeitsrechts nicht tangiert werden, wenn diese Disziplinen als **Hilfswissenschaften** zur Lösung betriebswirtschaftlicher Fragestellungen herangezogen werden" (Wöhe 1985, S.36). Tatsächlich aber bildet die Betriebswirtschaftslehre heutzutage zahlreiche Schnittmengen mit **benachbarten Wissenschaftsdisziplinen**, nicht zuletzt mit Soziologie, Psychologie und Rechtswissenschaft. Dieser Umstand veranlasste Wissenschaftler, wie Albach (1991, S.3), bereits zu Beginn der 1990er Jahre zu der Klage: „Die Lektüre manchen Lehrbuchs der Betriebswirtschaftslehre vermittelt nicht unbedingt den Eindruck, dass es sich um eine ökonomische Disziplin handele. In manchem Lehrbuch der Organisationslehre, des Personalwesens und des Marketing kommt das Wort Kosten seltener vor als das Wort Verhalten."

Nicht zuletzt aus diesem Grund gab es in der Vergangenheit weitere Versuche, das Erkenntnisobjekt der Betriebswirtschaftslehre stärker ein- bzw. abzugrenzen, indem man **zusätzliche Identitätsprinzipien** einführte, z.B.

- **Gewinnmaximierung** als erwerbswirtschaftliches Prinzip oder
- **rationales** Verhalten.

Derlei Abgrenzungsversuche sind allerdings nicht trennscharf und – wie folgendes Beispiel eindrucksvoll belegt – auch nur bedingt geeignet (bzw. realistisch!). Weitere Beispiele und Begründungen der „**subjektiven Rationalität**" menschlicher Entscheidungen finden sich zuhauf (vgl. z.B. Engelhard 1999), wobei insbesondere die Analysen von Kahneman/Tversky (1982) Berühmtheit erlangten.

‚Food for thought' **Der „rational agierende Mensch" als Fiktion**

„Auswählen als Dauerzustand – Aktien, elektronische Dienste, Aufträge, Jobs, Fernsehprogramme, Bildungsangebote. [...] Damit ließe sich noch locker umgehen, wenn der Mensch wenigstens halb so rational wäre, wie es die ökonomische Theorie annimmt. Wenn mehr für ihn stets besser wäre. Wenn er seine vielen Optionen tatsächlich gegeneinander abwägen würde. Doch so ist er nicht, wie Forscher wissen, die sich den Menschen als Entscheidungswesen näher angeschaut haben. Und wenn wir uns selbst betrachten, müssen wir ihnen recht geben.

Entscheidungen würden nicht gemacht, sie „quellen auf", sagt Reinhard Selten: „Wir können die eigene Entscheidung nicht voll verstehen und nicht ganz kontrollieren." Jahrzehntelang hat der Bonner Nobelpreisträger für Ökonomie in Experimenten getestet, wie Menschen sich etwas aussuchen. Resultat: Entscheidungen sind nicht nur von Stimmungen abhängig, sondern auch von der Reihenfolge, in der die Optionen wahrgenommen werden – egal, ob es sich um Socken oder Strategien handelt.

Entscheidungen sind beeinflußt davon, wieviel wir schon in eine Lösung investiert haben, und das sollte für ein rationales Wesen nichts bedeuten. Menschen mögen mitunter gar Produkt A lieber als B, dieses lieber als C, aber C wieder lieber als A – rational ein Unding, für unsereins ganz normal. Und dieses Verhalten läßt sich nicht abstellen oder abtrainieren, wie der Psychologe Daniel Kahneman und seine Mitstreiter ein um das andere Mal herausgefunden haben. Dahinter stehen über Jahrtausende eingeübte Muster, vielleicht sogar neuronale Verbindungen im Hirn. Wir sind nicht in der Lage, rational mit Wahrscheinlichkeiten umzugehen; deshalb können wir auch nicht verläßlich bestimmen, was unseren Zielen am ehesten entspricht.

Oft versuchten die Menschen, ihr Verhalten im nachhinein als rational zu erklären, meint Reinhard Selten – aus Mangel an Einsicht in die eigenen Motive und Unzulänglichkeiten. Doch sei es wichtig, genau damit seinen Frieden zu machen. Diesen Frieden zu finden ist schwer. Denn um die Sonnenseiten der neuen Ökonomie zu nutzen, müßten wir kontinuierlich die eigene Entscheidung überprüfen und optimieren. Es gehört nicht viel Verwegenheit zu der Vermutung, daß dann andere Teile der Persönlichkeit an Gewicht verlieren – das Verlangen nach Autonomie zum Beispiel."

Quelle: Heuser (1999, S.47).

Zahlreiche Forschungsbemühungen in Fachbereichen wie Marketing, Personal, Organisation oder jüngst in der Finanzwirtschaft („**Behavioral Finance**") belegen, dass sich die betriebswirtschaftliche Forschung immer stärker interdisziplinär ausrichtet – und im Übrigen auch ausrichten muss. Einige Beispiele mögen hier genügen:

- Bereits Ende der 1960er Jahre begründete Werner Kroeber-Riel im deutschsprachigen Raum die **verhaltenswissenschaftliche Schule** (vgl. Forschungsgruppe Konsum und Verhalten 1994; Kroeber-Riel 1975). Deren Aufmerksamkeit gilt und galt weniger den kognitiven, als vielmehr den aktivierenden und emotionalen Facetten des Verhaltens von Nachfragern.
- Der Denktradition der **Verhaltenswissenschaften** war auch Staehle (1999) verpflichtet, der sein Lehrgebiet (Unternehmensführung und Management) ebenfalls nicht aus der klassischen betriebswirtschaftlichen Perspektive analysierte.

'Food for thought' **„Behavioral Finance"**

„An der Börse spricht man von „**Hausfrauen-Hausse**", wenn Anfänger und Kleinanleger – zumeist zu spät – vermehrt investieren. Aber nicht nur sie; auch und gerade Fonds-Manager treffen regelmäßig vorhersagbare Fehlentscheidungen. Diese sind systematisch und im übrigen derart gravierend, daß man sie nicht als letztlich vernachlässigbare Abweichungen vom neo-klassischen Rationalitätsmodell hinnehmen kann, sondern selbst als Forschungsobjekt betrachten sollte. Der **verhaltensorientierte** Zweig der Kapitalmarktforschung, der diese Aufgabe übernommen hat, identifizierte u.a. folgende Anomalien (vgl. z.B. Oehler 1992):

- Dem **Konjunktionsfehler** erlagen in einem Experiment Fonds-Manager, Finanzanalytiker und Aktienhändler gleichermaßen: Er besagt, daß plausibel miteinander verbundene Vorgänge bzw. Ereignisse für besonders wahrscheinlich gehalten werden. Im vorliegenden Fall sorgte dieser Effekt bspw. dafür, daß die Befragten das Ereignis „Dow Jones und Nikkei Index sinken bis Jahresende" für wahrscheinlicher hielten als jedes der beiden Einzelereignisse für sich genommen. Da es sich hierbei aber um eine bedingte Wahrscheinlichkeit handelt, müßte die Gesamtwahrscheinlichkeit rationalerweise geringer sein als jede der Einzelwahrscheinlichkeiten.
- Der **Dispositionseffekt** sorgt dafür, daß Aktien, die sich nach dem Kauf positiv entwickelt haben, risikoavers, „Verlierer" aber risikofreudig behandelt werden. Während insb. Privatanleger Gewinner-Aktien in einer Art von magischem Denken („das kann auf Dauer nicht gut gehen", „man soll nicht unmäßig sein") häufig vorschnell, d.h. ohne Bezug zu fundamentalen Daten oder chart-technischen Signalen verkaufen, behandeln sie Aktien, deren Kurs gefallen ist, zumeist ganz anders, nämlich risikofreudig: Obwohl keine Trendwende zu erkennen ist, im Gegenteil, die Nachrichtenlage einen weiteren Kursverlust wahrscheinlich erscheinen läßt, wird an dieser Aktie festgehalten. Psycho-logisch ermöglicht dies, den „Verlust nicht realisieren" und damit eine Fehlentscheidung eingestehen zu müssen. Offensichtlich orientieren sich die meisten Anleger nicht an der Gesamtrendite ihres Portfolios, sondern versuchen, einen Verlust mit ein und derselben Aktie wieder zu kompensieren. Dies ermöglicht es ihnen, ihre Kontroll-Illusion aufrecht zu erhalten, d.h. vor sich selbst und anderen auch weiterhin als Kenner der Materie zu gelten, der sich auch im Einzelfall nicht irrt. Vielen Menschen ist dieser subjektive Nutzen weitaus wichtiger als die Möglichkeit, die durch den Verkauf des Verlustbringers wieder verfügbaren Mittel für den Kauf aussichtsreicherer Wertpapiere einsetzen und so den Verlust indirekt ausgleichen zu können.
- Vorzugsweise männliche Anleger neigen zu **'over-confidence'**: Sie überschätzen ihre Urteilsfähigkeit. Paradoxerweise ist aber gerade dieser Effekt für die Funktionsfähigkeit der Börse unabdingbar. Warum sonst sollten auf diesem Markt so viele Käufer und Verkäufer zusammenkommen, wenn nicht in der festen Überzeugung, cleverer zu sein als die meisten anderen?
- Die Mehrzahl der Anleger betreibt auch **keine systematische Risikostreuung**; denn sonst müßten sie in ihrem Portfolio verschiedene Anlageformen und -

regionen berücksichtigen. Vielmehr ist der **‚home bias'** weit verbreitet: Wertpapiere von heimischen (d.h. vertrauten) Unternehmen werden übergewichtet. Dies wiederum verstärkt die Abhängigkeit von der Binnenkonjunktur, die sowohl das Arbeitseinkommen der Anleger als auch deren Kapitaleinkünfte überproportional beeinflußt."

Quelle: Müller/Kornmeier (2002a, S.458f.).

Wegen der zahlreichen Überschneidungen mit anderen Disziplinen fordern manche Fachvertreter (vgl. z.B. Deters 1990; Schneider 1983; 1981), die Betriebswirtschaftslehre dürfe ihr **traditionelles Erkenntnisobjekt** nicht aufgeben. Da heute niemand mehrere Wissenschaften gleichzeitig beherrschen könne (z.B. Betriebswirtschaftslehre **und** Psychologie oder Betriebswirtschaftslehre **und** Soziologie), sei die Qualität der entsprechenden Forschung nicht gut genug (sog. **Dilettantismus-Debatte**). Deshalb sollte die Betriebswirtschaftslehre ihr Erkenntnisobjekt auf ökonomische Fragestellungen begrenzen (vgl. Behrens 1993, Sp.4768). Natürlich ist die von Schneider (1983) zu Beginn der 1980 Jahre angesprochene Gefahr des Dilettantismus nicht von der Hand zu weisen. Fraglich aber ist, ob es besser wäre, wenn sich stattdessen andere Disziplinen (z.B. Psychologie, Soziologie) des **vakanten** Überschneidungsbereichs annähmen. Und wenn sie dies täten: Woher stammt deren **Kompetenz** in Betriebswirtschaftslehre?

1.3.4 Allgemeine und Spezielle Betriebswirtschaftslehren

Die Betriebswirtschaftslehre an sich wird unterteilt in Allgemeine Betriebswirtschaftslehre und Spezielle Betriebswirtschaftslehren. Seit Beginn der 1970er Jahre wirkt man verstärkt darauf hin, die **Speziellen Betriebswirtschaftslehren** auszubauen. Dabei gab man die früher übliche **institutionelle Gliederung** (= nach Wirtschaftszweigen), z.B. Industriebetriebslehre, Bankbetriebslehre, Öffentliche Betriebswirtschaftslehre, Versicherungsbetriebslehre (vgl. Abb. 3), weitgehend auf, um sie überwiegend durch eine Gliederung zu ersetzen, die den **einzelnen Unternehmensfunktionen** Rechnung trägt, z.B. Beschaffung, Logistik, Marketing, Produktion usw. (vgl. Schneider 1999, S.22f.). Vereinzelt orientieren sich Spezielle Betriebswirtschaftslehren an der **Genese** der Unternehmen (vgl. Abb. 3), man denke etwa an Unternehmensgründung oder -sanierung oder an die Betriebswirtschaftslehre kleiner und mittelständischer Unternehmen. Während einige Spezielle Betriebswirtschaftslehren, wie Organisation, Personal, Unternehmensführung oder Marketing, sich immer stärker zu **interdisziplinären Managementwissenschaften** entwickeln, die nicht nur Wissen schaffen, sondern auch **Gestaltungsempfehlungen** geben, konzentrieren sich andere Teilbereiche, z.B. Investition oder Finanzierung, stärker darauf, **Modelle** und **Theorien** zu **entwickeln**, etwa zum Kapitalmarktgleichgewicht.

Abb. 3: Allgemeine und Spezielle Betriebswirtschaftslehren

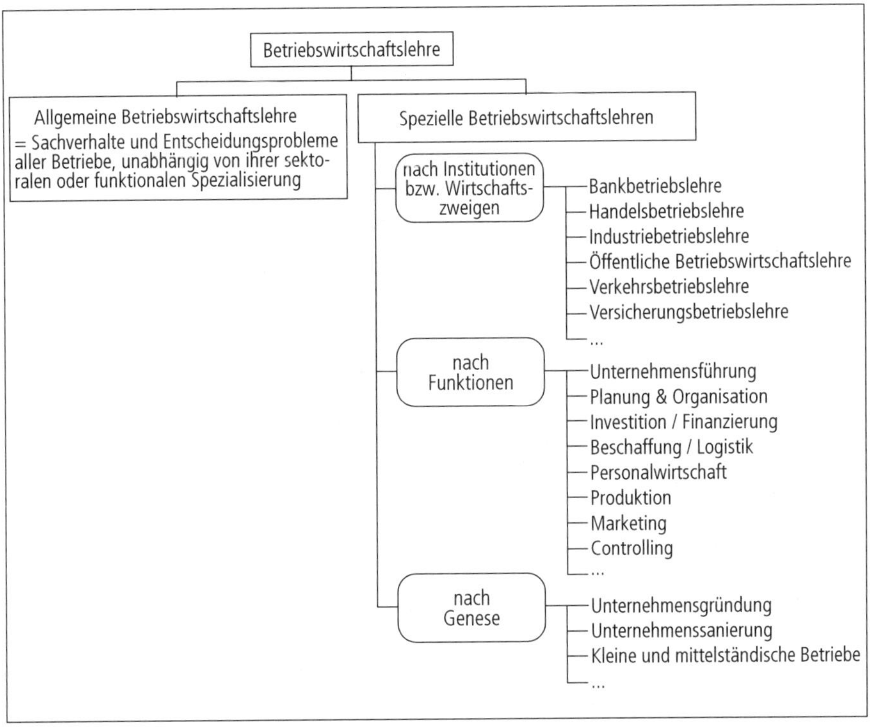

Im Gegensatz zu den Speziellen Betriebswirtschaftslehren befasst sich die **Allgemeine Betriebswirtschaftslehre** grundsätzlich mit jenen Sachverhalten und Entscheidungsproblemen, die alle Betriebe – unabhängig von ihrer sektoralen oder funktionalen Spezialisierung – bewältigen müssen (vgl. Abb. 3). Bea u.a. (2006; 2005; 2004) etwa vermitteln in drei Bänden den **Wissensstand**, der ihrer Überzeugung nach notwendig ist, um die wirtschaftlichen Existenzprobleme eines Unternehmens bzw. Betriebs zu erfassen und zu lösen:

- **Grundfragen** des Fachs (Gegenstand, Methoden, Wissenschaftsprogramme, Rahmenbedingungen des Wirtschaftens, Unternehmensentscheidungen, Ethik),
- **Führung** des Unternehmens (Planung und Steuerung, Organisation, Controlling, Information),
- **Leistungsprozess** des Unternehmens (Beschaffung und Logistik, Fertigungswirtschaft, Marketing, Investition, Finanzierung, Personalwirtschaft).

Zu den Aufgaben der Allgemeinen Betriebswirtschaftslehre gehört auch, die von den Speziellen Betriebswirtschaftslehren gewonnenen Erkenntnisse zusammenzuführen und zwar i.S. der **gemeinsamen Elemente** der unterschiedlichen Richtungen des Faches (vgl. Hochschullehrer der Westfälischen Wilhelms-Universität Münster 1989, S.657):

- Grundbegriffe betriebswirtschaftlicher **Analyse** und **Gestaltung** (z.B. Wirtschaftlichkeit / Produktivität, Rentabilität / Liquidität, Risiko / Flexibilität),
- grundlegende **Denkprinzipien** (z.B. Denken in Kosten / Nutzen-Relationen, in Veränderungen, in vernetzten Ursache / Wirkungs-Beziehungen, in Mittel / Zweck-Beziehungen, in unsicheren Relationen),
- Prinzipien der **Lenkung** von Wirtschaftseinheiten (z.B. Prinzipien von Entscheidungslehre, Planung, Organisation, Führung und Controlling),
- Prinzipien der **Abbildung** von Prozessen und Transaktionen (z.B. Prinzipien der Dokumentation, Rechenschaftslegung).

1.4 Aufgaben und Ziele der Betriebswirtschaftslehre als Ausgangspunkt wissenschaftlicher Arbeiten

1.4.1 Betriebswirtschaftslehre als reine vs. angewandte Wissenschaft

Viele Betriebswirte sind der Auffassung, dass Sozialwissenschaften – wie im Übrigen wohl alle Wissenschaften – dazu beitragen sollen, dass Menschen ihr Leben besser bewältigen (vgl. z.B. Nieschlag u.a. 1997, S.671). Indessen vertritt die **‚Scientific community'** sehr unterschiedliche Positionen zu Aufgaben bzw. Zielen der Betriebswirtschaftslehre (vgl. z.B. Raffée 1995, Sp.1668f.). Ganz generell lassen sich zwei Lager ausmachen (vgl. Fülbier 2004, S.267f.):

(1) Für die Vertreter der **reinen** (bzw. theoretischen oder erklärenden) **Wissenschaft** ist der Erkenntnisfortschritt die einzig maßgebliche Richtschnur. Das Ziel einer jeden Wissenschaft – und damit auch der Betriebswirtschaftslehre – sollte demnach „lediglich" darin bestehen, **neues Wissen** zu **sammeln** („Wissenschaft als Selbstzweck").

(2) Die Anhänger der **angewandten Wissenschaft** hingegen verfolgen v.a. die „**bessere Lebensbewältigung**" als (Meta-)Ziel; dieses soll dadurch erreicht werden, dass man die gewonnenen Erkenntnisse **praktisch umsetzt** („Wissenschaft als Mittel zum Zweck").

‚Food for thought'	**Wissen ist Macht**

„Während der reine Erkenntniszweck in der Antike und ihren „Leitwissenschaften" Philosophie oder Logik noch vorherrschend war, änderte sich die Zielausprägung nach einem eher glaubens-, denn wissensgesteuerten Mittelalter erst mit der beginnenden Neuzeit. Dort gewann die praktische Umsetzung wissenschaftlicher Erkenntnisse eine immer stärkere Bedeutung. In diese Zeit ist auch das Francis Bacon zugeschriebene Zitat „Wissen ist Macht" angesiedelt, das die Beherrschung natürlicher Prozesse durch Wissen(schaft) betont. Es verwundert deshalb nicht, dass die beginnende Neuzeit mit dem Aufstieg der Naturwissenschaften einherging."

Quelle: Fülbier (2004, S.267).

In der älteren, aber auch in der jüngeren Vergangenheit wurde sehr intensiv diskutiert, welche(s) **Ziel(e)** die Betriebswirtschaftslehre verfolgen soll. Bekanntheit erlangt haben dabei insbesondere die **wissenschaftstheoretischen Auseinandersetzungen** zwischen Schmalenbach und Rieger bzw. zwischen Gutenberg und Mellerowicz. Und auch noch Jahrzehnte später wurde (und wird) bisweilen über Position und Rolle der Betriebswirtschaftslehre gestritten (vgl. z.B. Albach 1991; Kappler 1988a; Walter-Busch 1985) – mitunter sogar heftig (vgl. z.B. Dichtl 1983; Schneider 1983).

Rückblick

Die Betriebwirtschaftslehre: Reine oder angewandte Wissenschaft?

„Die erste bedeutende Kontroverse zwischen einer anwendungsorientierten und einer theoretischen Orientierung in der BWL ist mit den Namen Schmalenbach und Rieger verbunden. Schmalenbach verlangt, daß die BWL praktisch verwertbares Wissen zur Verfügung stellen muß. In diesem Sinne spricht er von „Kunstlehre" (Schmalenbach 1911/12). Rieger (1928) lehnt dagegen als Wissenschaftler praktische Empfehlungen ab. Die BWL ist für ihn eine reine Wissenschaft.

Im Rahmen einer Auseinandersetzung zwischen Gutenberg und Mellerowicz lebte die Kontroverse über die reine und angewandte BWL in den 50er Jahren wieder auf. Der Standpunkt von Mellerowicz entspricht dem von Schmalenbach: „Ursprung und Zweck der Betriebswirtschaftslehre ist die einzelbetriebliche Praxis" (Mellerowicz 1952, S.146). Sie gehen von empirischen Gegebenheiten aus und generalisieren stellenweise. Gutenberg geht dagegen von einer Theorie aus. In Anlehnung an Theorien der neoklassischen Nationalökonomie hat er eine in sich geschlossene Theorie der BWL auf hohem Abstraktionsniveau entwickelt (Gutenberg 1951). Er lehnt nicht wie Rieger die Anwendung der Theorie auf betriebliche Probleme ab, seine Empfehlungen haben aber einen eher illustrativen und exemplarischen Charakter."

Quelle: Behrens (1993, Sp.4768f.).

Ganz generell aber lässt sich festhalten, dass die Mehrheit der Betriebswirte heute die Auffassung vertritt, dass ihre Disziplin eine praktisch angewandte Wissenschaft – eine „**Kunstlehre**" (Schmalenbach 1911/1912) – ist (vgl. z.B. Raffée 1974, S.64). Sie soll **praktische Aussagen** für die Gestaltung in Unternehmen bereitstellen (Gestaltungsaufgabe) und damit letztlich dazu beitragen,

- auf betrieblicher Ebene das „**Knappheitsproblem**" zu **lösen** (vgl. Fülbier 2004, S.267),

- die wirtschaftliche **Leistungsfähigkeit** von Unternehmen zu **verbessern** (vgl. Frank 2003, S.283) bzw.
- den **Menschen** bei der Bewältigung ihrer **Daseinsprobleme** zu **helfen** (vgl. Heinen 1992, S.15).

‚Food for thought'

Praxisorientierung als Problem der Betriebswirtschaftslehre?

„Praxisorientierung wird häufig so interpretiert, dass sich Wissenschaft singulärer praktischer Probleme annimmt und zu ihrer Lösung beiträgt. Ein solcher Anspruch lässt sich in den Wirtschaftswissenschaften gut einlösen, da es eine erhebliche Nachfrage nach anwendungsorientierten Forschungsprojekten und nach einschlägigen Beratungsleistungen gibt. Gleichzeitig bietet eine entsprechend ausgerichtete Forschung ein hohes Legitimationspotential – nicht nur, weil Praxisorientierung häufig per se positiv bewertet wird, sondern weil sie auch geeignet ist, Drittmittel einzuwerben. Es bleibt allerdings die Frage, wie sich bei einer solchen Strategie eine überzeugende Abgrenzung zu außerwissenschaftlichen Beratungsangeboten realisieren lässt [z.B. zu Beratungsunternehmen; Anmerk. d. Verf.] [...] Gerade Disziplinen wie die Betriebswirtschaftslehre [...] laufen Gefahr, sich von ihrer Praxis so sehr vereinnahmen zu lassen, dass Ausschau danach, wie Unternehmen auch gestaltet sein könnten, behindert wird."

Quelle: Frank (2003, S.286f.).

1.4.2 Zielsystem der Betriebswirtschaftslehre

Das Zielsystem der Betriebswirtschaftslehre lässt sich anhand des in Abb. 4 dargestellten vierstufigen Ansatzes konkretisieren, den Chmielewicz (1994, S.8ff.) für die Wirtschaftswissenschaften ganz allgemein entwickelt hatte:

- Mit der Präzisierung von Begriffen und Definitionen verfolgt die „**Begriffslehre**" (= 1. Stufe) ein Ziel, das Ausgangspunkt aller weiteren Stufen des Zielsystems – und mithin „essentialistisch" – ist.
- Das Ziel „Identifikation von Ursache / Wirkungs-Zusammenhängen" steht im Mittelpunkt der „**Wirtschaftstheorie**" (= 2. Stufe), die wiederum auf die „Begriffslehre" (= 1. Stufe) zurückgreifen muss, um theoretische Aussagen (Erklärungen, Prognosen) ableiten zu können.

Anders als die **reine** geht die **angewandte Wissenschaft** (hier also die Betriebswirtschaftslehre) über diese beiden Stufen hinaus, indem sie Unternehmen bei der **Gestaltung** Hilfestellung leistet (vgl. Abb. 4):

- Die „**Wirtschaftstechnologie**" (= 3. Stufe) überträgt die Ursache / Wirkungs-Zusammenhänge (= 2. Stufe) in gestaltende Ziel / Mittel-Systeme (sog. Finalanalyse; vgl. Gutenberg 1991, S.5f.).

- Im Zentrum der „**Wirtschaftsphilosophie**" (= 4. Stufe) steht die Formulierung sog. Werturteile; diese werden benötigt, um das bzw. die Ziele (der Ziel / Mittel-Systeme) vorzugeben.

Abb. 4: Zielsystem der Betriebswirtschaftslehre

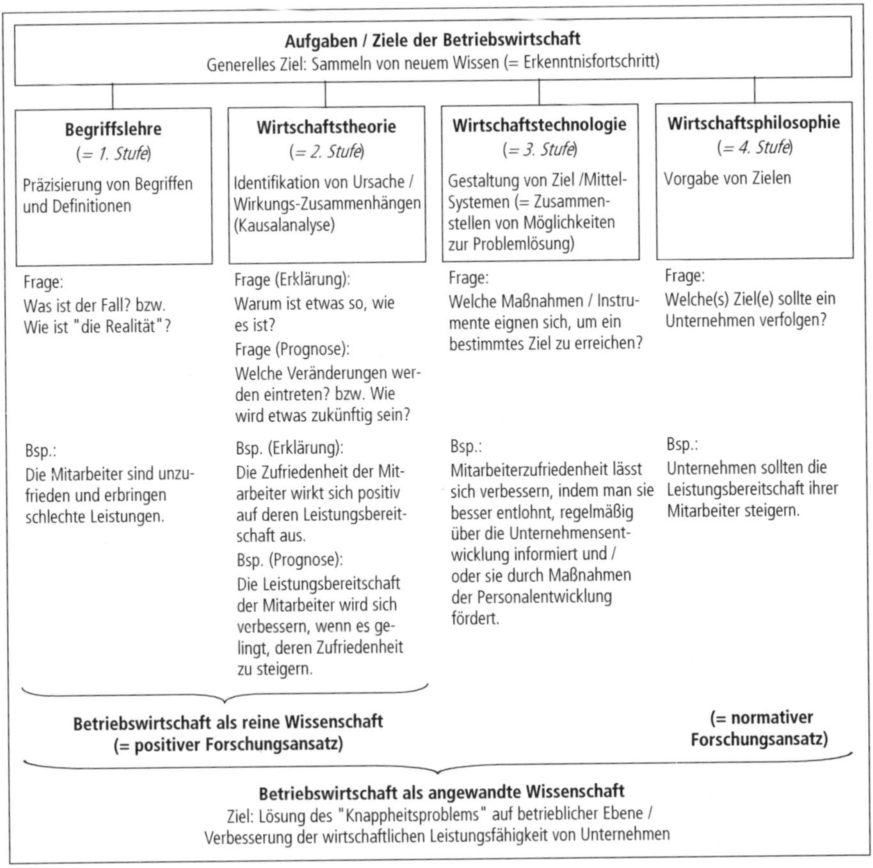

Quelle: eigene Darstellung auf der Basis von Chmielewicz (1994, S.8ff.).

Schlagwort	**Werturteile**

„In der betriebswirtschaftlichen Diskussion wird häufig die folgende von Albert (1967) stammende Klassifikation verwendet: Werturteile im Basisbereich, Objektbereich und Aussagenbereich.

- Werturteile im **Basisbereich** sind eine Voraussetzung für jede Forschertätigkeit. Sie entstehen beispielsweise durch das ausgesprochene oder praktizierte Bekenntnis zu wissenschaftstheoretischen Auffassungen und durch die Auswahl der Forschungsprobleme.

- Bei Werturteilen im **Objektbereich** geht es um wissenschaftliche Aussagen über Werte, z.B. um Analysen von Wettbewerbsnormen oder Untersuchungen der Zielsysteme von Unternehmungen. Werte sind hier Objekte wissenschaftlicher Untersuchungen.
- Bei Werturteilen im **Aussagenbereich** geht es dagegen um Wertungen im Rahmen wissenschaftlicher Aussagen über Objekte. Es wird gefragt, ob wissenschaftliche Aussagen wertfrei sein müssen. Dieses Problem ist gemeint, wenn über das Werturteilsproblem in der BWL diskutiert wird."

Quelle: Behrens (1993, Sp.4770f.).

‚Food for thought'

Der Werturteilsstreit: Darf Betriebswirtschaftslehre Handlungsempfehlungen geben?

Anderen Wissenschaften vergleichbar entzündete sich im sog. Werturteilsstreit zu Beginn des 20. Jahrhunderts eine Debatte „darüber, ob ein Wirtschaftswissenschaftler Empfehlungen aussprechen darf oder nicht. Empfehlungen beruhen immer auf Wertungen. Wertungen bleiben aber subjektiv begründet. Wer auf der Grundlage einer Wertung eine Empfehlung gibt, der schreibt etwas vor, er argumentiert also normativ (Norm = Gesetz, Vorschrift). Die Ökonomen Carl Menger und Max Weber vertraten den Standpunkt, daß normative Aussagen nicht Teil der Wirtschaftswissenschaft sein sollten, Gustav Schmoller dagegen beharrte auf der Pflicht der Ökonomen, auch normativ argumentieren zu müssen. [...] Nun wäre es für die Wirtschaftswissenschaften unmöglich, ohne normative Aussagen auszukommen. Der Grund liegt darin, daß in den Sozialwissenschaften allgemein menschliches Verhalten untersucht wird, und aus dieser Untersuchung ergeben sich Schlußfolgerungen über Vor- und Nachteile dieses Verhaltens. [...] Es gab [in der Betriebswirtschaftslehre] sogar einen Vertreter – Eugen Schmalenbach -, der rein deskriptive Aussagen in der BWL gänzlich ablehnte und die Betriebswirtschaftslehre nicht als Wissenschaft, sondern als Kunstlehre interpretierte. Eine Kunstlehre ist eine Sammlung von praktischen Ratschlägen, von Handlungsanleitungen. Heute verwendet man hierfür eher den Ausdruck „management sciences".

Beispiel: Die Verrechnung von kausal nicht zurechenbaren Gemeinkosten hat unterschiedliche Auswirkungen auf die Preisgestaltung, die interne Leistungsbewertung, aber auch auf das Controlling.

- Geht man von der Norm aus, daß die Controlling-Funktion Priorität habe, so wird man vielleicht eine Zuschlagskalkulation mit individuell variablen Zuschlagssätzen vorziehen.
- Will man innerbetriebliche Leistungsströme nach einem einheitlichen Kalkulationsschema bewerten, so wird man sich vielleicht auf eine formal-mathematische Lösung konzentrieren.

Es gibt in der BWL auch den Versuch einer Synthese, den vor allem Eberhard Witte vorgeschlagen hat. Danach untersucht man zahlreiche Unternehmen deskriptivempirisch nach den Methoden der empirischen Wissenschaft. Man wählt dann die erfolgreichen Unternehmen aus, wählt also als Norm einen Erfolgsindikator oder einen Index, und empfiehlt dann jene Methoden (der Organisation, des Controlling, des Rechnungswesens usw.), die gemessen an dieser Norm die erfolgreichsten waren. [...] Heute hat sich dieser Gedanke unter dem Stichwort benchmark durchgesetzt: Man wählt für verschiedenste betriebliche Bereiche die erfolgreichsten Methoden aus unterschiedlichen Branchen zum Vergleichsmaßstab (benchmark). Deskriptive und normative Aussagen stehen hier nicht in Widerspruch; vielmehr setzen normative Aussagen, Ratschläge für Unternehmen und Politik sogar wissenschaftlich gesichertes Wissen voraus."

Quelle: Brodbeck (2001).

Manche Forscher erachten neben der Wertung auch ein (bzw. zwei) weitere(s) Erkenntnisziel(e) als bedeutsam (vgl. z.B. Raffée 1974, S.16). Wissenschaft dürfe sich demnach nicht alleine darauf beschränken, Wissen zu schaffen und Gestaltungsempfehlungen zu geben, sondern müsse auch

- **Kritik am Bestehenden** üben und außerdem
- **Utopien** entwerfen.

Damit ist gemeint, dass etwa Spekulieren und Querdenken ebenso Bestandteile der Betriebswirtschaftslehre sein sollten wie wissenschaftliche Überlegungen zu **Sinn** und **Ethik** (vgl. Schmid 1996, S.76). Ein wesentlicher Grund, warum Wissenschaftler wie Raffée (1995, Sp.1669) oder Kappler (1988a/b) diese – nicht von allen Mitgliedern der ‚Scientific community' geteilte – Auffassung vertreten, ist sehr plausibel: Forscher, die nur die klassischen vier Erkenntnisziele verfolgen, **verharren** gezwungenermaßen bei der **Bestandsaufnahme**, da sie keine neuen Wege aufzeigen, sondern nur die vorhandenen beschreiben, erklären usw. D.h. die Wissenschaft **hinkt** der Praxis **hinterher**. Schmid (1996, S.77f.) hat den konkreten Nutzen der utopischen Funktion am Beispiel „Medizin" eindrucksvoll verdeutlicht.

‚Food for thought'

Kann die BWL mit den klassischen Erkenntniszielen die Probleme der Zukunft lösen?

„Nehmen wir an, die Medizin als Wissenschaft würde sich darauf beschränken, Ärzte zu fragen, wie sie bestimmte Krankheiten diagnostizieren, welche Behandlungsschritte sie vornehmen oder vielleicht auch, welche Medikamente sie verschreiben. Und nehmen wir weiter an, die Medizin als Wissenschaft würde dann [...] den Erfolg und den Mißerfolg unterschiedlicher Diagnoseverfahren, Behandlungsmethoden und Medikamentenverschreibungen feststellen. Nehmen wir noch weiter an, die Medizin als Wissenschaft würde auf der Basis solcher Befragungen von Ärzten dann Empfehlungen über die Behandlung von Krankheiten abgeben. Jeder wird feststellen, dass eine solchermaßen verstandene Wissenschaft lediglich das jeweils in der Vergangenheit Praktizierte in die Zukunft fortschreiben würde.

Wo blieben neue Diagnoseverfahren, wenn sie noch nicht von den befragten Ärzten angewandt werden? Wo blieben neue Behandlungsmethoden? Und wo bliebe die Suche nach neuen Medikamenten? Die Medizin macht unter anderem deswegen Fortschritte, weil sie ihre Empfehlungen nicht nur aus der Vergangenheit und nicht nur aus Durchschnittswerten des bereits Praktizierten herleitet. [...] Die Mainstream-Betriebswirtschaftslehre im allgemeinen [... hat] durch das Festhalten am Beschreiben und Erklären und durch das Bestreben, daraus die Zukunft zu gestalten, die Tendenz, vergangenheitsorientiert und damit auch konservativ zu argumentieren. An dieser Aussage ändert auch die in den letzten Jahren so populäre Literatur zum Benchmarking, die im Prinzip trotz der „Orientierung an den Besten" eine Vergangenheitsorientierung aufweist, nichts."

Quelle: Schmid (1996, S.77f.).

1.4.3 Grundlegende Fragestellungen wissenschaftlicher Arbeiten in der Betriebswirtschaftslehre

Begriffslehre und Wirtschaftstheorie versuchen zu ergründen, wie bzw. warum etwas so ist, wie es ist (= **positiver Forschungsansatz**); die Wirtschaftsphilosophie hingegen fragt danach, wie etwas sein sollte (= **normativer Forschungsansatz**). Letztere umfasst folglich alle in Abb. 4 dargestellten Stufen, wohingegen positive Forschungsansätze die wirtschaftstheoretische Stufe nicht überschreiten. In der betriebswirtschaftlichen Forschung finden sich beide Herangehensweisen, weil sie für wissenschaftliches Argumentieren – und damit für die **wissenschaftliche Arbeit** an sich – gleichermaßen bedeutsam sind (vgl. Fülbier 2004, S.267). Allerdings mag das Gewicht der Ansätze unterschiedlich verteilt sein; bspw. erachten die meisten Vertreter der Betriebswirtschaftslehre die Beschreibung (= Deskription) als weitaus weniger bedeutsam als die Erklärung von Sachverhalten (= **Explikation**), da man auf diesem Weg Aussagen über **Ursache / Wirkungs-Beziehungen** gewinnen kann (vgl. Lingnau 1995, S.125), z.B.: Welche Faktoren beeinflussen die Kundentreue? Welche Strategien / Instrumente sind am besten geeignet, Umsatz oder Gewinn eines Unternehmens zu steigern? usw.

Schlagwort	**Normativer vs. positiver Forschungsansatz am Beispiel „Rechnungslegungsforschung"**

Die normativ ausgerichtete betriebswirtschaftliche Forschung ist insbesondere effizienzorientiert und versucht bspw. „Reformvorschläge zur Verbesserung des Bilanzrechts durch wie auch immer gemessene Effizienzvorteile zu begründen. [...] In dem Bereich der Rechnungslegungsforschung sind aber auch positive Forschungsfragen denkbar. Dies gilt z.B. für die Frage, warum das deutsche Bilanzrecht eher vom Gläubiger-, denn Anteilseignerschutz geprägt ist, oder auch für Untersuchungen, die die Kapitalmarktreaktionen auf bestimmte Bilanzierungsvorschriften anhand veröffentlichter Jahresabschlüsse börsennotierter Unternehmungen zu messen versuchen."

Quelle: Fülbier (2004, S.268).

Abb. 5 verdeutlicht zusammenfassend, welche wesentlichen Arten von **Fragestellungen** sich aus dem Zielsystem der Betriebswirtschaftslehre für die Gestaltung wissenschaftlicher Arbeiten ableiten lassen. Im Allgemeinen ist eine wissenschaftliche Arbeit jedoch ein **Hybrid**, der sich nicht nur ausschließlich mit Beschreibung **oder** Erklärung **oder** etwa Prognose beschäftigt, sondern mit **mindestens zwei** Arten von Fragestellungen. Darüber hinaus dürfen – und sollen – auch die „Kritik am Bestehenden" sowie der Entwurf von Utopien mit einfließen – eine **fundierte Argumentation** vorausgesetzt.

1.5 Stellenwert wissenschaftstheoretischer Ansätze für die Gestaltung wissenschaftlicher Arbeiten

Die bisherigen Ausführungen haben u.a. verdeutlicht, dass **Erkenntnisfortschritt** zu den wesentlichen Aufgaben einer Wissenschaft wie der Betriebswirtschaftslehre gehört. Unbeantwortet blieb indessen, WIE man die Betriebswirtschaftslehre aus wissenschaftstheoretischer Sicht betreiben sollte, um neue Erkenntnisse zutage zu fördern. Allerdings kann man auch diese Frage nicht eindeutig beantworten, da sich in der betriebswirtschaftlichen Forschung unterschiedliche Auffassungen von Erkenntnistheorie (= **Epistemologie**) bzw. Wissenschaftstheorie widerspiegeln (vgl. zum Folgenden insbes. Fülbier 2004, S.268f.). Da Letztere aus der sog. Epistemologie hervorgegangen ist, lohnt sich zunächst der Blick auf wesentliche erkenntnistheoretische Positionen. Diese sind für die vorliegende Themenstellung bspw. insofern bedeutsam, als sie der Betriebswirtschaftslehre und deren Theorien verschiedene **Rollen** bzw. Aufgaben zuweisen.

1.5.1 Bedeutung wesentlicher erkenntnistheoretischer Positionen für die Betriebswirtschaftslehre

Die im Folgenden dargelegten Ansätze der Erkenntnistheorie lassen sich – vereinfacht (!) – in einem zweidimensionalen Koordinatensystem darstellen (vgl. Abb. 6) – vereinfacht deshalb, weil die beiden Dimensionen (Rationalismus vs. Empirismus und Realismus vs. Konstruktivismus) streng genommen **nicht** unabhängig voneinander sind.

Abb. 5: Arten von Fragestellungen in wissenschaftlichen Arbeiten

	Beschreibung	Erklärung	Prognose	Technologie
• **Wesentliche Aufgabe**	• Differenziert wahrnehmen • Beschreibung eines bestimmten Zustands / Prozesses	• Begreifen / Erklären durch Verstehen der Zusammenhänge	• Zukünftige Ereignisse / Zustände vorhersagen • Abschätzen der Folgen	• Gestaltungsmaßnahmen zur Zielerreichung
• **Zentrale Frage(n)**	• Wie lässt sich die derzeitige Lage der Dinge konkret beschreiben? • Was ist der Fall? • Wie sieht „die Realität" aus? • Sieht „die Realität" wirklich so aus?	• Warum ist dieses Ergebnis eingetreten? • Warum ist etwas der Fall?	• Was wird geschehen, wenn A eintritt? • Wie wird etwas zukünftig sein / aussehen? • Welche Veränderungen werden eintreten?	• Welche Maßnahmen (z.B. Strategien, Instrumente) sind geeignet, um ein bestimmtes Ziel zu erreichen?
• **Typische Elemente**	• Definition von Begriffen • Klassifikation (z.B. Bildung von Kundensegmenten) • Deskriptive Datenanalyse	• Erklärung realer Sachverhalte • Suche nach Ursache / Wirkungs-Beziehungen • Hypothesen- / Theorienbildung	• Vorhersage von Ereignissen, Verhalten, (Markt-) Entwicklungen usw. • Vorhersage von Wirkungen (z.B. Werbewirkung)	• Praktische Probleme aufgreifen und lösen • Gestaltungsempfehlungen für die Praxis • Verbesserung betrieblicher Entscheidungen
• **Beispielhafte Themenstellungen**	• Welche Unternehmen betreiben Outsourcing? • Wie hat sich die Zahl der Senioren in Deutschland seit Ende des 2. Weltkriegs entwickelt? • Mit welchen Strategien betreten Großunternehmen den chinesischen Markt?	• Warum betreiben manche Unternehmen Outsourcing, manche nicht? • Warum hat sich in Deutschland seit Ende des 2. Weltkriegs die Zahl der Senioren / die Bevölkerungsstruktur verändert? • Warum entscheiden sich Großunternehmen, die den chinesischen Markt betreten, für unterschiedliche Strategien? Welche erweisen sich dabei als erfolgreich?	• Welche Unternehmen werden – mit Blick auf die sich ändernden Rahmenbedingungen – in Zukunft Outsourcing betreiben? • Wie wird sich die Zahl der Senioren in Deutschland in Zukunft entwickeln? Welche Konsequenzen gehen damit einher? • Welche Strategien werden Großunternehmen zukünftig nutzen, um den chinesischen Markt zu betreten?	• Mit welchen Maßnahmen kann man Unternehmen im Rahmen ihres Outsourcing unterstützen? • Wie lässt sich das Bevölkerungsgleichgewicht in Zukunft sicherstellen? • Welche Maßnahmen / Strategien sollten Großunternehmen ergreifen, wenn sie auf dem chinesischen Markt erfolgreich bestehen wollen?

Abb. 6: Vereinfachte Darstellung wesentlicher erkenntnistheoretischer Positionen

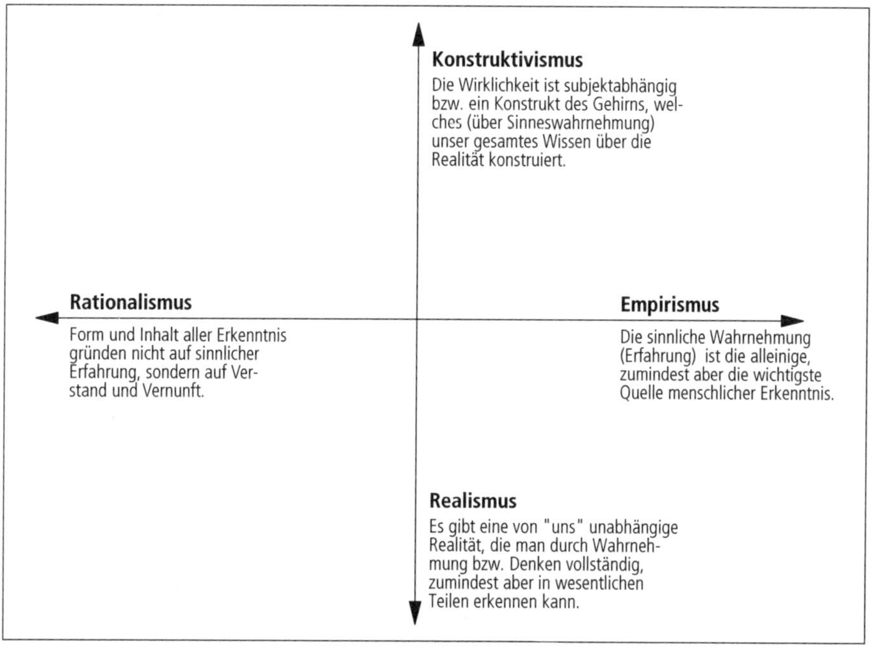

Quelle: in Anlehnung an Singer/Willimczik (2002).

1.5.1.1 (Naiver) Realismus

Vertreter des (epistemologischen) Realismus gehen davon aus, dass es eine **von „uns" unabhängige** Realität gibt, die man durch **Wahrnehmung** bzw. Denken vollständig, zumindest aber in wesentlichen Teilen erkennen kann (vgl. Haug 2004, S.95). Mit anderen Worten: Menschen können die Dinge, Phänomene bzw. Ereignisse in der Realität so wahrnehmen, „wie sie sind".

Schlagwort **Ebenen der Realität in der Wissenschaftstheorie**

Wissenschaftstheoretische Überlegungen berühren drei Ebenen der Realität: objektive, subjektive und sprachliche Realität. „Traditionell ist die Unterscheidung in objektive und subjektive Realität.

- ‚**Objektive Realität**' bezeichnet die materielle Welt, die unabhängig und außerhalb vom menschlichen Bewußtsein existiert.
- Der Mensch kann die materielle Welt aber nur subjektiv erfassen, d.h. durch seine Sinnesorgane und das Bewußtsein. Die rekonstruierte materielle Welt im Subjekt wird ‚**subjektive Realität**' genannt.

- Diese Einteilung muß ergänzt werden. Wissenschaft drückt sich in Sprache aus. Daher muß als dritte Realitätsebene die ‚**sprachliche Realität**' eingeführt werden. Damit ist die Wiedergabe von Teilen der subjektiven Realität in Aussagen gemeint."

Quelle: Behrens (1993, Sp.4763).

Realisten würden bspw. in einer betriebswirtschaftlichen Theorie den Versuch sehen, einen Teil der Realität objektiv **abzubilden**, indem man z.B. den tatsächlichen Aufbau und die einzelnen Funktionen eines Unternehmens **veridikal** beschreibt.

‚Food for thought'

Impliziter naiver Realismus in der empirischen Sozialforschung: Ausgewählte Beispiele

„Ein impliziter naiver Realismus liegt dann vor,

- wenn Ergebnisse empirischer Sozialforschung unkritisch wahrgenommen werden,
- wenn kleine und nicht zufällig gezogene Stichproben übergeneralisiert und die Umfrageergebnisse auf die Allgemeinbevölkerung projiziert werden, oder
- wenn die Antworten auf unstandardisierte oder standardisierte Fragen als Manifestationen der „wahren" Einstellungen, Absichten oder Verhaltensweisen der Befragten interpretiert werden,

wenn also die Daten aus qualitativen oder quantitativen Befragungen für eine direkte Beobachtung der „Wahrheit" gehalten werden."

Quelle: Haug (2004, S.95).

Die Sichtweise des Realismus ist charakteristisch für alle wissenschaftstheoretischen Ansätze, die nicht relativistisch argumentieren, d.h. auch für den kritischen Rationalismus (vgl. Haug 2004, S.95). Allerdings belegen zahlreiche **verhaltenswissenschaftliche Befunde** (z.B. aus der kognitiven Psychologie), dass die Perspektive der Realisten in dieser radikalen Form nicht haltbar ist. Demnach nehmen Menschen nur einen – zumeist sehr kleinen – Teil der Informationen wahr, den ihre Umwelt bereitstellt (= **selektive Wahrnehmung**). Überdies ist das Wahrgenommene nicht immer wirklichkeitsgetreu (**‚veridikal'**), sondern mehrdeutig (**‚ambigue'**) und anfällig für Täuschungen aller Art (vgl. hierzu Müller/Kornmeier 2002a, S.451ff.).

1.5.1.2 (Radikaler) Konstruktivismus

Vertreter des (radikalen) Konstruktivismus **leugnen**, dass eine von „uns" unabhängige Realität **erkennbar** ist und widersprechen somit dem (naiven) Realismus. Ihres Erachtens ist „die Wirklichkeit" **subjekt**abhängig: Ein **Kon-**

strukt des Gehirns, welches (über Sinneswahrnehmung) unser gesamtes Wissen über die Realität konstruiert (vgl. Haug 2004, S.97; Roth 1995, S.306). Aus dieser Haltung kann man indessen nicht schließen, dass der (radikale) Konstruktivismus „eine Welt dort draußen" leugnen würde. Vielmehr betont er, dass die Realität lediglich durch Beobachtung zugänglich ist – und damit zwangsläufig (**subjektiv**) interpretiert wird. Denn Menschen gewinnen Erkenntnis durch Information, die sie aus Daten „konstruieren", die ihnen wiederum von ihren Sinnesorganen geliefert werden.

Da folglich Wissen bzw. Wissenserwerb an Menschen gebunden ist, lässt sich keine subjektunabhängige Realität beschreiben. Die Ergebnisse empirischer Forschung liefern demnach keine objektive Erkenntnis, sondern „subjektive Konstrukte", die im Gehirn der Forscher bzw. im System der Wissenschaft durch „**selbstreferentielle Prozesse**" gebildet werden (vgl. Haug 2004, S.97).

‚Food for thought'

Sehen wir „die Realität" objektiv – so wie sie ist? Oder konstruieren wir eine „subjektive Realität"?

„(1) Der Mensch ist funktionell (z.B. physiologisch) ganz und gar nicht dafür gerüstet, die gewaltige Fülle verfügbarer Informationen zu verarbeiten und komplexe Problemstellungen rational zu lösen. Aufgrund kognitiver und / oder motivationaler Engpässe behilft er sich deshalb zumeist mit verschiedenen Vereinfachungsstrategien (vgl. Slovic u.a. 1977; Taylor 1975). Selbst wenn der Mensch sich bemüht, rational zu entscheiden (‚bounded rationality'), muß er Gedankengänge simplifizieren, Argumentationsketten verkürzen, oberflächliche Schlußfolgerungen ziehen etc., um trotz

- übergroßer Informationsfülle,
- qualitativem Informationsdefizit und
- Zeitmangel

Entscheidungen treffen zu können (vgl. Simon 1976, S.79ff.). Ging man bislang davon aus, daß das Gehirn zumindest „versucht", exakt zu arbeiten, so vergleicht die aktuelle hirn-physiologische Forschung dieses Organ mittlerweile eher mit einem Zufallsgenerator (vgl. Leach/Carpenter 2001) [...] In komplexen Entscheidungssituationen (z.B. Wettbewerbsanalyse) oder wenn es ihnen an Zeit, Geld bzw. fundierten Informationen mangelt, greifen deshalb auch Manager nachweisbar auf „kognitive Heuristiken" zurück. Mintzberg u.a. (1976) haben die insb. von der kognitiven Sozialpsychologie beschriebenen Vereinfachungsstrategien für das Management unter dem Stichwort ‚strategic cognition' erschlossen. Solche „Kurzschlüsse" bzw. „Daumenregeln" sind mit Blick auf die genannten Restriktionen zwar unumgänglich und zumeist sogar nützlich; sie können aber auch schwerwiegende Fehlentscheidungen provozieren (vgl. Tversky/Kahneman 1974).

„Seit einem halben Jahrhundert erforschen Wissenschaftler, wie unser Gehirn Entscheidungen trifft. Ihre Untersuchungen zeigen, daß wir gewohnheitsmäßig, aber unbewußt bestimmte Verfahren nutzen, um die Komplexität unserer Entscheidungen in den Griff zu bekommen. Diese heuristischen Techniken erfüllen in den meisten Situationen ihren Zweck. Wenn wir Entfernungen schätzen, verlassen wir uns z.B. auf ein Prinzip, das Sichtbarkeit mit Nähe gleichsetzt: Je deutlicher ein Objekt erscheint, desto näher ist es. Diese einfache Regel hilft uns bei den zahllosen Fällen, in denen wir tagtäglich Entfernungen abschätzen müssen. Doch [hat ...] die Forschung eine ganze Reihe von Ungenauigkeiten in unseren Entscheidungsprozessen aufgedeckt. Einige sind sensorische Fehl-Interpretationen wie beim Schätzen der Entfernung, andere beruhen auf Vorurteilen oder stellen einfach Anomalien unseres Denkens dar. Was diese Fallen so gefährlich macht, ist ihre Unsichtbarkeit. Weil sie fest in unseren Denkprozessen verankert sind, erkennen wir sie nicht einmal, wenn wir mitten hineintappen" (Hammond u.a. 1999, S.91).

(2) Auch aus einem anderen Grund entscheidet und handelt der Mensch nicht (streng oder ausschließlich) rational: Er verfolgt, bewußt oder unbewußt, bestimmte Motive, hat Präferenzen und Interessen, die allesamt im Dienste der Inszenierung seines Selbst- und Weltbildes stehen. [...] Kahneman/Tversky (1982) kamen in umfassenden Versuchsreihen zu dem Schluß, daß das (natur-)wissenschaftliche Methodenrepertoire (z.B. Wahrscheinlichkeitstheorie, Deduktion) nicht geeignet ist, das „Alltagsdenken" von Privatpersonen und Managern angemessen zu analysieren. [...]

(3) Das Konzept der „Konstrukte", das Kelly (1955) in seine kognitive Persönlichkeitstheorie eingeführt hat, hilft uns, dieses Phänomen (= Primat des Subjektiven) zu verstehen. Damit ist i.S. des Konstruktivismus die individuelle Art und Weise jedes Einzelnen gemeint, die Welt wahrnehmend subjektiv zu konstruieren und zu interpretieren. „Subjektiv" bedeutet dabei nicht nur „abweichend von den objektiven Bedingungen", sondern in eine ganz bestimmte Richtung abweichend. Wer davon überzeugt ist, daß „die Welt schlecht ist", wird zahllose Beweise für seine These finden können. Die Gegenposition, die vom Guten im Menschen ausgeht, lässt sich indessen genau so gut belegen. Aus Sicht der Konstruktivisten kann Unternehmenskultur als die von der Mehrzahl der Mitglieder eines Unternehmens praktizierte bzw. angestrebte Art und Weise der Realitätskonstruktion verstanden werden.

Wie die attributionstheoretische Forschung gezeigt hat, kommt es dabei zumeist zum ‚self-serving-bias': zum selbstwertdienlichen Irrtum. Konkret bedeutet dies: Gewöhnlich strebt der wahrnehmende Mensch nicht nach wirklichkeitsgetreuer Abbildung der Realität; weit wichtiger ist es ihm auch dabei, seine persönlichen Bedürfnisse zu befriedigen: So wird zwar kaum ein Manager ernsthaft die Bedeutung des Wettbewerbs bestreiten und damit zusammenhängend die Notwendigkeit, Konkurrenzforschung zu betreiben. Tatsächlich aber beobachtet und analysiert nicht einmal jedes zweite Unternehmen seine Wettbewerber systematisch (vgl. Simon 1988a, S.6), wobei Anspruch und Realität besonders weit auseinanderklaffen, wenn es darum geht, Einblick in Gesamtstrategie und F&E-Konzept der Konkurrenten zu erlangen. Was auf den ersten Blick irrational erscheinen mag, kann bei näherer Betrachtung durchaus sinnvoll sein („subjektiv rational"). Für einen risikoscheuen Manager bspw., dem aus emotionalen Gründen sehr an einer konstanten und damit leicht vorhersehbaren Umwelt gelegen ist, kann es „rational" sein, keine Konkurrenzforschung zu betreiben; denn deren wichtigstes – und ihm unerwünschtes – Ergebnis würde vermutlich lauten: Das Konkurrenzumfeld ändert sich fortwährend; darin können nur solche Unternehmen dauerhaft überleben, die mit der Dynamik der Märkte (= Instabilität) konstruktiv umzugehen wissen, z.B. indem sie sich eine flexible Organisationsstruktur geben, fortwährende (Produkt-)Innovation betreiben oder in die regelmäßige Fort- und Weiterbildung ihrer Mitarbeiter investieren. So gesehen sind alle Menschen bestrebt, sich rational zu verhalten: Nur wird das, was als rational gilt, subjektiv interpretiert."

Quelle: Müller/Kornmeier (2002a, S.466ff.).

Konstruktivisten würden bspw. leugnen, dass eine Theorie der Betriebswirtschaftslehre etwas Existierendes (z.B. die Struktur eines Unternehmens oder dessen Beziehungen zu seinen ‚Stakeholder') **objektiv** bzw. ‚veridikal' beschreibt. Als „Produkte unserer Geistestätigkeit" sind Theorien allenfalls **„nützliche Fiktionen"**, weshalb sich der Wert einer Theorie danach bemisst, wie gut sie sich eignet, um Vorhersagen und praktische Handlungsempfehlungen abzuleiten.

Kritiker unterstellen, dass sich der radikale Konstruktivismus selbst **widerspreche**; denn: Obwohl er einerseits behauptet, dass man keine objektive Erkenntnis gewinnen kann, greift er andererseits auf eben solche Erkenntnisse zurück (z.B. Befunde der Kognitionspsychologie), um seine Theorie zu untermauern. Gegner dieser erkenntnistheoretischen Richtung kritisieren überdies, dass man dem radikalen Konstruktivismus zufolge **keine** wissenschaftlichen Erkenntnisse gewinnen könne, weil die Wirklichkeit nicht direkt wahrnehmbar sei.

1.5.1.3 (Klassischer) Rationalismus

Anhänger des (klassischen) **Rationalismus** vertreten die Auffassung, dass Form und Inhalt aller Erkenntnis nicht auf sinnlicher Erfahrung, sondern auf **Verstand** und **Vernunft** gründen (vgl. z.B. Schülein/Reitze 2005, S.59ff.; Ruß 2004, S.25ff.). Da es keine voraussetzungs- oder theoriefreie Erfahrung gebe, müsse einer Beobachtung stets eine Theorie vorausgehen. Mit anderen Worten: Die Erkenntnis, die ein Betriebswirt aufgrund von Beobachtungen oder Experimenten sammelt, ist nur deshalb möglich, weil sie durch vorhandene Theorien, Hypothesen, Vermutungen bzw. Erwartungen angeregt wurde.

Dieser u.a. in der Logik bestimmende Ansatz basiert konsequent auf der **Deduktion** (**„vom Allgemeinen auf das Besondere"**): Mit Hilfe der vorhandenen Erkenntnis wird folglich eine andere abgeleitet – und zwar völlig unabhängig von Beobachtungen in der Realität (= Erfahrungen). Besonders bedeutsam ist die **deduktiv-nomologische Erklärungsmethode** – eine spezielle Form der Deduktion (vgl. Lingnau 1995, S.126). Bei diesem Ansatz wird aus

- mindestens einer **nomologischen Aussage** (= Gesetzesaussage) und
- mindestens einer **Randbedingung** (= Antezedenzbedingung)

auf die zu erklärende Beobachtung geschlossen (vgl. Popper 1994, S.31ff.). Gesetzesaussage und Randbedingung werden als **Explanans**, der zu erklärende Sachverhalt als **Explanandum** bezeichnet. Antezedenzbedingung und Explanandum sind singuläre Aussagen, die Gesetzmäßigkeit hingegen ist eine generelle Aussage. Die Sachlage, die der Randbedingung zugrunde liegt, nennt man auch **Ursache**, den Sachverhalt, auf dem das Explanandum basiert, auch **Wirkung**.

Popper (1994, S.451) hat die deduktiv-nomologische Erklärungsmethode u.a. anhand des folgenden Beispiels verdeutlicht:

Gesetzesaussage / nomologische Aussage:	Alle Menschen sind sterblich.	**Explanans**
Randbedingung / Antezedenzbedingung:	Sokrates ist ein Mensch.	
Schlussfolgerung:	Sokrates ist sterblich.	**Explanandum**

Der **konkrete Nutzen** dieser Erklärungsmethode zur Lösung **betriebswirtschaftlicher** Probleme ist allerdings vergleichsweise begrenzt (vgl. Raffée 1989, S.21), da es in den Wirtschaftswissenschaften allgemeingültige Gesetzesaussagen nicht gibt und „vermutlich nie geben wird“ (Schneider 1987, S.583).

1.5.1.4 Empirismus

Vertreter des **Empirismus** sehen in der sinnlichen Wahrnehmung (= Erfahrung) die wichtigste Quelle menschlicher Erkenntnis (vgl. z.B. Schülein/Reitze 2005, S.65ff.; Chalmers 2001, S.35ff.). Demnach ist eine betriebswirtschaftliche Theorie eine Zusammenfassung der durch Beobachtung, Befragung oder Experiment gemachten **Erfahrung**. Diese wiederum sollte möglichst zuverlässig erworben sein.

Der Empirismus (als Gegenbewegung zu dem seit der antiken Wissenschaft bestimmenden Rationalismus) entstand erst in der beginnenden Neuzeit, als man sich bewusst vom Mittelalter (das stark vom christlichen Glauben geprägt war) abwendete. Indem er die Verbindung von Glaube und Wissen auflöste, leitete der Empirismus den Aufschwung der Naturwissenschaften und den **Übergang** vom Mittelalter in die Neuzeit ein. Quelle der Erkenntnis ist nicht mehr die Deduktion, sondern die **Induktion**: Man beobachtet – vorzugsweise mit Hilfe eines Experiments – einzelne Fälle und schließt dann aus einer endlichen Anzahl an Beobachtungen auf ein zugrunde liegendes Gesetz („**vom Besonderen auf das Allgemeine**“).

Im Gegensatz zu Autoren wie etwa Mellerowicz (1973, S.67ff.), der die Induktion den betriebswirtschaftlichen Methoden subsumierte, lehnt jedoch die Mehrheit der Betriebswirte diesen Weg zur Begründung genereller Aussagen ab: Aus einer endlichen Zahl (singulärer) Beobachtungen, sei sie auch noch so groß, kann man kein allgemeingültiges Gesetz ableiten und dessen Wahrheit begründen (vgl. Chmielewicz 1994, S.89).

‚Food for thought'

„Gibt es die lilafarbene Kuh?“ oder „Der fehlerhafte Schluss mit der Induktion“

„Auf einer Zugfahrt durch die Schweiz wacht ein Reisender nur einmal auf und sieht eine lilafarbene Kuh. Welche Erkenntnisse können zulässigerweise aus dieser Beobachtung gewonnen werden? Es ist offensichtlich, daß der allgemeine Satz „alle Kühe haben die Farbe lila“ genauso unzulässig ist wie dieselbe Behauptung mit räumlicher Einschränkung, also „in der Schweiz haben alle Kühe die Farbe lila.“ Doch auch weitere Konkretisierungen führen zu keinen gültigen Schlußfolgerungen.

So ist etwa der Schluß „in der Schweiz gibt es lilafarbene Kühe“ unzulässig, da das Vorhandensein mehrerer Kühe nicht aus der Beobachtung einer einzelnen Kuh folgt. „Während meiner Zugfahrt gab es in der Schweiz lilafarbene Kühe“ bedeutet zwar eine korrekte zeitliche Einschränkung; denn für die Zeit vor und nach der Zugfahrt können keine Aussagen getroffen werden, doch wird die zuvor geäußerte Kritik hiervon nicht berührt. Der einzig zulässige, weil nicht wahrheitserweiternde Schluß liegt in der genauen Wiedergabe des beobachteten Sachverhalts. Doch auch die vermeintlich präzise Aussage „während meiner Bahnfahrt gab es in der Schweiz genau eine lilafarbene Kuh“ ist nicht zulässig, da nicht ausgeschlossen ist, daß es noch mehr lilafarbene Kühe gibt.

Wenn man es ganz genau nimmt, hat der Reisende außerdem lediglich eine Kuh gesehen, die auf der ihm zugewandten Seite lilafarben war. So müßte die Aussage korrekt lauten: „Während meiner Bahnfahrt gab es in der Schweiz mindestens eine Kuh, die auf mindestens einer Seite lilafarben war.“ Diese Aussage stellt keine wahrheitserweiternde Schlußfolgerung mehr dar, sondern beschreibt präzise die Beobachtung. Mit Hilfe von Deskriptionen ist also eine über das Beobachtete hinausgehende Erkenntnisgewinnung nicht möglich.“

Quelle: Lingnau (1995, S.126f.).

Zu den bedeutsamen Weiterentwicklungen des Empirismus bis in das 20. Jahrhundert gehören **Positivismus** und **Neopositivismus**. Beide sind insofern wichtig, als sie – im Gegensatz zum „reinen Empirismus“ – nicht nur die Erfahrung, sondern auch die Existenz menschlichen **Bewusstseins** akzeptieren. Auch Ordnen und Sortieren der Erkenntnisse, Basis für die Entwicklung einer Theoriesprache, gewinnen an Bedeutung (vgl. Behrens 1993, Sp. 4764).

Schlagwort **Positivismus und Neopositivismus**

„Im Positivismus des 19. und 20. Jh. werden im wesentlichen wieder Thesen aufgegriffen, die schon von Empiristen formuliert worden sind. In Abgrenzung zum Empirismus wird die Bedeutung der Empfindung und des Bewußtseins stärker gewichtet. Realität ist danach das, was mit den Empfindungen korrespondiert. Erkenntnisse basieren auf dem durch Erfahrung Gegebenen, d.h. auf dem Positiven, das aus Empfindungen entsteht und daher wahrnehmbar und eindeutig ist. Es wird weder nach dem „Wesen" einer Tatsache noch nach „wirklichen" Ursachen gefragt. Tatsachen können nur so hingenommen werden, wie sie in den Empfindungen gegeben sind. Jede Form von Metaphysik wird abgelehnt.

Der Neopositivismus entstand in den 20er und 30er Jahren dieses Jh. Seine Entwicklung ist eng mit der Gruppe „Wiener Kreis" verbunden, zu der u.a. Schlick, Carnap und Neurath gehören. Im Vergleich zum Positivismus erfolgen keine Überlegungen mehr über Empfindungen und Bewußtsein. Man geht von Elementarerlebnissen aus, denen Elementarsätze entsprechen. Sprache erhält daher eine zentrale Bedeutung. Anders ausgedrückt: An die Stelle von psychologischen Fragen treten logische Untersuchungen von Aussagen über die reale Welt. Man nennt diese Richtung daher auch „Logischer Positivismus" und „Logischer Empirismus". I.S.d. positivistischen Auffassung werden nur solche Aussagen als wissenschaftliche Aussagen zugelassen, die in sinnlich wahrnehmbare (naturwissenschaftlich beobachtbare) Gegebenheiten übersetzt werden können. Diese Aussagen werden Protokollsätze, Elementarsätze oder auch Beobachtungsaussagen genannt."

Quelle: Behrens (1993, Sp.4764).

1.5.2 In der Betriebswirtschaftslehre dominierende Ansätze

Mit Blick auf die beiden wichtigsten in Kap. 1.5.1 diskutierten Ansätze lässt sich festhalten: Klassischer Rationalismus und klassischer Empirismus (mit Positivismus und Neopositivismus als Weiterentwicklungen) unterscheiden sich zwar in der Erkenntnisquelle (Vernunft / Deduktion vs. Beobachtung / Induktion) fundamental, weisen aber dennoch gewisse **Gemeinsamkeiten** auf: Beide suchen „nach letzten und sicheren Fundamenten des Wissens" (Kern 1979, S.16) und sind durchaus optimistisch, dass es grundsätzlich möglich ist, Erkenntnis zu gewinnen. Insgesamt aber lässt sich mit Schmid (1996, S.83) festhalten, dass beide in der Wissenschaftstheorie als überwunden gelten; die „reine Deduktion" gibt es demnach ebenso wenig wie die „reine Induktion".

Insbesondere zwei wissenschaftstheoretische Ansätze prägen die heutige Betriebswirtschaftslehre (vgl. Fülbier 2004, S.268; Steinmann/Scherer 2000, S.1056ff.):

- der u.a. von Lorenzen (1974) (Erlanger Schule) vertretene geisteswissenschaftlich geprägte **Konstruktivismus** und
- der **Kritische Rationalismus** (vgl. Popper 1989), der gewissermaßen eine Kombination und Weiterentwicklung von klassischem Rationalismus und Neopositivismus darstellt, und der sich demnach auch aus Elementen von Deduktion und Induktion speist.

Mittlerweile bekennt „sich eine Vielzahl von Forschern in der Betriebswirtschaftslehre, wie etwa Albach, Chmielewicz, Witte oder Schanz – zumindest auf dem Papier – entschieden" (Schmid 1996, S.84) zum Kritischen Rationalismus. Manche bezeichnen die Betriebswirtschaftslehre deshalb als „**Geisteswissenschaft** mit **naturwissenschaftlichem** Instrumentarium" – denn der Kritische Rationalismus war zunächst v.a. auf die Naturwissenschaften ausgerichtet. Mit gewissen Unschärfen lässt sich festhalten:

- Der Konstruktivismus bzw. die aus ihm hervorgegangene analytische Wissenschaftstheorie legt das Hauptaugenmerk auf **meta-theoretische** Fragen sowie deren Verbindungen mit der Empirie.
- Der Kritische Rationalismus rückt vorzugsweise **methodologische** Fragen in den Mittelpunkt, z.B. „Wie kann man Theorien formulieren, prüfen bzw. ändern?".

Für die Betriebswirtschaftslehre ist die hier getroffene Unterscheidung bspw. insofern bedeutsam, als die **Rolle von Theorien** je nach wissenschaftstheoretischer Perspektive ein unterschiedliches Gewicht erhält.

Wissen | **Weitere wissenschaftstheoretische Ansätze**

Neben den hier dargestellten gibt es **zahlreiche weitere** wissenschaftstheoretische Ansätze. Aus verschiedenen Gründen (z.B. vergleichsweise geringe Relevanz für die Betriebswirtschaftslehre) sollen lediglich **einige** von ihnen skizziert werden.

- Der **Sozialkonstruktivismus** geht davon aus, dass wissenschaftliche Erkenntnis nicht unabhängig von der sozialen Situation des Forschers gesehen werden kann. Demnach seien selbst naturwissenschaftliche (vermeintlich objektive) Tatsachen vom sozialen Umfeld des Forschers geprägt (d.h. z.B. von Mitarbeitern, Forschungsinstitut, sozio-geographischem Umfeld usw.).
- Die **marxistische Wissenschaftstheorie** behauptet, dass die jeweils dominierende Ideologie die wissenschaftliche Erkenntnis gleichfalls maßgeblich beeinflusst: Die in der Wissenschaft „herrschende Meinung" sei demnach auch „Meinung der Herrschenden". In der wissenschaftstheoretischen Diskussion spielt dieser Ansatz trotz des Zusammenbruchs des Sozialismus noch immer eine nicht unwesentliche Rolle.
- Der **feministischen Wissenschaftstheorie** zufolge ist wissenschaftliche Erkenntnis auch Ausdruck der in einer Gesellschaft vorherrschenden Meinung ü-

ber die Geschlechter, ohne deren kritische Reflektion Wissenschaft zu keinen brauchbaren Ergebnissen komme.

1.5.2.1 Konstruktivismus

Neben dem (stark dominierenden) Kritischen Rationalismus, der sich v.a. auf die (modell-)theoretische Herleitung von Hypothesen und deren Überprüfung an der Realität stützt, bereichern auch Elemente des Konstruktivismus die Betriebswirtschaftslehre (vgl. zum Folgenden u.a. Fülbier 2004, S.268ff.). Trotz desselben Namensbestandteils darf allerdings der Erlanger Konstruktivismus **nicht** mit dem Radikalen Konstruktivismus (als Kritik des naiven Realismus; vgl. Kap. 1.5.1.2) verwechselt werden. Die Erlanger Ausrichtung repräsentiert in erster Linie ein **Wissenschaftsprogramm** bzw. eine wissenschaftstheoretische Schule, die Wissenschaft und Wissenschaftstheorie kritisch betrachtet. Zu den zentralen Aufgaben des Erlanger Konstruktivismus gehört es, eine **intersubjektiv nachvollziehbare Wissenschaftssprache** (z.B. Begriffe, deskriptive / normative Aussagen) zu konstruieren, um sprachliche Missverständnisse zu vermeiden (vgl. Schnell u.a. 2005, S.109). Als Verfahren schlägt er einen Diskurs vor: Wissen entsteht demnach durch **Argumentation** – idealerweise indem die daran beteiligten Experten zu einem übereinstimmenden Ergebnis gelangen. Auf Basis theoretischer Überlegungen und Argumente versucht man, mit Hilfe der Deduktion **Schlussfolgerungen** und **(Tendenz-)Aussagen abzuleiten**. Da allerdings (auch) der Konstruktivismus davon ausgeht, dass

- Menschen i.d.R. keinen (deterministischen) Gesetzmäßigkeiten folgen (im Gegensatz zu naturwissenschaftlichen Phänomenen) und
- ihre Argumentationsleistungen fehlbar sind,

betrachtet er die auf der Deduktion basierenden Aussagen keineswegs als unumstößlich (vgl. u.a. Lorenzen 1974).

Für das wissenschaftliche Arbeiten lässt sich Folgendes festhalten: Wer zur Erkenntnisgewinnung den deduktiven Ansatz zugrunde legt, übernimmt einen **theoretischen Bezugsrahmen** bzw. eine **Theorie**. Mit Blick auf die Grenzen dieses Ansatzes liegt es aber nahe, die Gültigkeit der daraus ableitbaren Aussagen an der Realität zu **prüfen**.

1.5.2.2 Kritischer Rationalismus

(1) Grundgedanke

Menschliche Vernunft ist diesem Ansatz zufolge grundsätzlich fehlbar (= „**Fallibilismus**"), weshalb die Ergebnisse rationalistischer Begründung auch nicht unumstößlich sind (vgl. z.B. Schülein/Reitze 2005, S.149ff.; Chalmers 2001, S.51ff.). Da sich Wissen als fehlerhaft erweisen kann, ist es nur **vorläufig**. Wie Popper (1994), der bedeutendste Vertreter des Kritischen Rationalismus, bildhaft erklärt, kann man aus dem Umstand, dass bislang nur weiße Schwäne zu beobachten waren, keineswegs die Aussage „Alle Schwäne sind weiß." ableiten. S.E. ist die Induktion für die Sozialwissenschaften **ungeeignet**: Aus Beobachtungen oder Experimenten (= induktiv) kann man keine generalisierbaren Aussagen bzw. Gesetzmäßigkeiten ableiten.

Der Umstand, dass sich eine Aussage niemals sicher bestätigen lässt (= **Verifikation**) und es folglich nicht möglich sein wird, „die" Wahrheit zu finden, ist für Popper (1994) jedoch kein Anlass zu Pessimismus, da „wir von unseren Fehlern lernen" (Popper 1994, S.XXV) und uns der Wahrheit zumindest annähern können. Ziel eines Wissenschaftlers muss es aber in jedem Fall sein, unablässig nach **Wahrheit** zu **suchen** (vgl. Popper 1994, S.225) und – falls sich eine Aussage als fehlerhaft erweist (= **Falsifikation**) – geeignete Maßnahmen zu deren Korrektur einzuleiten (= **methodischer Rationalismus**). Idealerweise sucht man zu diesem Zweck nach Hypothesen, die

- dem „**Popper-Kriterium** der Falsifizierbarkeit" entsprechen und
- einer logischen Prüfung auf **Widerspruchsfreiheit** standhalten.

Ersteres bedeutet, dass die Aussagen so zu formulieren sind, dass sie an der Realität **scheitern können**, d.h. man muss die Hypothesen durch beobachtbare Sachverhalte (= empirisch) überprüfen – und widerlegen (= falsifizieren) können. Hierin zeigt sich im Übrigen der Einfluss des Neopositivismus auf den Kritischen Rationalismus. Wenn es nicht gelingt, sie empirisch zu widerlegen, so gilt die Hypothese bzw. die darauf aufbauende Theorie **vorläufig** als bestätigt.

Schlagwort **„Kritischer Rationalismus"**

Die Bezeichnung dieser insbesondere von Albert (1975) und Popper (1969) begründeten wissenschaftstheoretischen Richtung lässt sich folgendermaßen erklären:

- Der Begriff „**Rationalismus**" betont die Bedeutung des theoretischen Denkens und grenzt diese Richtung damit von Empirismus und (Neo-)Positivismus ab.
- „**Kritisch**" weist darauf hin, dass es wichtig ist, Aussagen durch Falsifikation empirisch in Frage zu stellen bzw. zu kritisieren.

Quelle: Behrens (1993, Sp.4765).

Die auf den ersten Blick überraschende Forderung nach Falsifizierbarkeit ist durchaus plausibel; denn nicht falsifizierbare Problemlösungen können nie an der Realität scheitern und wären deshalb wertlos. Umgekehrt gewinnt eine

Aussage mit zunehmendem **Falsifizierbarkeitsgrad** (= je eher sie an der Realität scheitern kann) an Wert. Ein Beispiel verdeutlicht den Sachverhalt.

- Die Aussage „Unternehmen, die 10% ihres Jahresumsatzes in Forschung & Entwicklung (F&E) investieren, erwirtschaften einen im Vergleich zu ihren Wettbewerbern überdurchschnittlich hohen Gewinn oder auch nicht" kann zwar an der Realität geprüft werden, aber nicht an ihr scheitern. Sie ist folglich **wertlos**.
- Beschränkt man die Aussage indessen auf „Unternehmen, die 10% ihres Jahresumsatzes in F&E investieren, erwirtschaften einen im Vergleich zu ihren Wettbewerbern überdurchschnittlich hohen Gewinn", so hat sie an **Wert** gewonnen, da die Aussage an der Realität scheitern kann.
- Präzisiert man die Aussage weiter (z.B. „Unternehmen, die 10% ihres Jahresumsatzes in F&E investieren, erwirtschaften einen im Vergleich zu ihren Wettbewerbern 25% höheren Gewinn"), so nimmt einerseits der **Informationsgehalt** zu, während andererseits die Wahrscheinlichkeit wächst, dass sich die Aussage als falsch erweist, d.h. falsifiziert wird.

(2) Vorgehensweise

Dem Kritischen Rationalismus zufolge vollzieht sich Erkenntnisgewinnung in wissenschaftlichen Arbeiten in folgenden **Schritten** (vgl. Popper 1989):

1. Für einen erklärungsbedürftigen **Kausalzusammenhang**, d.h. ein in der Realität beobachtetes Problem, formuliert man Lösungsvorschläge in Gestalt von Hypothesen (zur Entstehung von Hypothesen vgl. Kap. 2.3).
2. Durch empirische **Tests** werden dann ggf. einige Hypothesen falsifiziert und damit eliminiert.

Ziel dieser Vorgehensweise ist es, durch das ständige **Bilden** und **Eliminieren** von Hypothesen Gesetzesaussagen zu finden, die sich in der Realität bewährt haben (= „nomologische Hypothesen").

1.5.2.3 Kritischer Rationalismus oder Konstruktivismus?

Angesichts der wissenschaftlichen Methodenvielfalt und des wissenschaftstheoretischen **Potentials** beider Ansätze wäre es verkehrt, wenn man sich ausschließlich auf die vom Kritischen Rationalismus dominierte Forschung beschränkte (vgl. Fülbier 2004, S.269). Auch stößt, wie das folgende Beispiel belegt, die empirische Forschung an ihre Grenzen.

‚Food for thought'	**Praxisorientierung in der Betriebswirtschaftslehre: Schwachstellen des Kritischen Rationalismus**

„Gegen diese idealisierte Vorgehensweise gibt es eine Reihe von Einwänden. Der erste betrifft die Praxis der Forschung: Praxisorientierte Forschung in der Betriebswirtschaftslehre [...] ist zumeist nicht mit einer empirischen Evaluation der jeweils aufgezeigten Handlungskonsequenzen verbunden. Ein weiterer Einwand ergibt sich aus der Betrachtung tatsächlich durchgeführter empirischer Untersuchungen, deren erkenntnisfördernde Wirkung seit langem bezweifelt wird, weil sie sich zumeist auf eine stark vereinfachte Abbildung der Wirklichkeit konzentrieren (vgl. Frank 1997). Hinter diesen Einwänden verbirgt sich der Verdacht, dass das vom Kritischen Rationalismus vorgeschlagene Vorgehen nicht umsetzbar ist: Die empirische Überprüfung der Konsequenzen alternativer Handlungsoptionen ist nicht nur mit dem Problem konfrontiert, die jeweils untersuchten Wirkungszusammenhänge zu isolieren. Darüber hinaus ist an den Aufwand solcher Verfahren zu denken, der eine umfassende Untersuchung sämtlicher Handlungsalternativen i.d.R. verbietet. Aus der Sicht der Praxis ist die u.U. beträchtliche zeitliche Dauer solcher Untersuchungen auch kaum hinnehmbar: Bis eine differenzierte Evaluation vorliegt, mögen die jeweils analysierten Handlungsoptionen ihren Reiz verloren haben."

Quelle: Frank (2003, S.283).

Insgesamt lässt sich konstatieren, dass in der Betriebswirtschaftslehre Theorie und Empirie nicht ohne einander auskommen, ja sich gegenseitig bedingen (vgl. Abb. 7). So kann man aus einer Theorie bzw. einem theoretischen Gerüst Hypothesen ableiten, welche anschließend empirisch überprüft werden. Ebenso ist denkbar, dass ein empirisches Problem den Anstoß für die Entwicklung neuer Theorien liefert. Theorie und Empirie sind demnach eng miteinander **verwoben**, ja sogar **gleichwertig**: Barwise (1995, S.G32) formulierte deren enge Beziehung bildhaft, indem er sie als **„rechten und linken Fuß"** beschrieb.

Abb. 7: Zusammenspiel von Theorie und Empirie

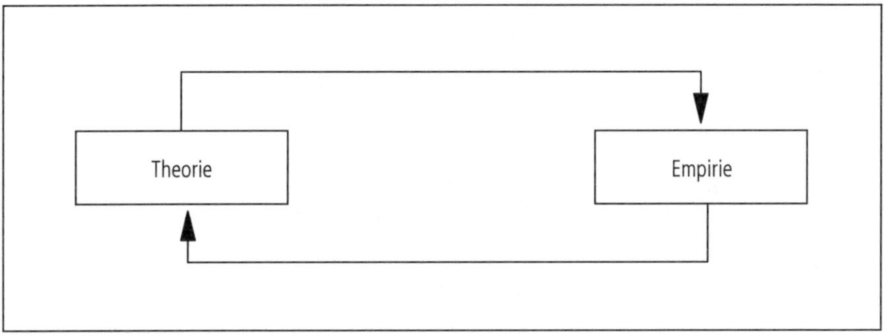

Quelle: eigene Darstellung auf der Basis von Marr (1983, S.31).

2 Grundbegriffe der Wissenschaftstheorie: Wesentliche Elemente einer wissenschaftlichen Arbeit

2.1 Aussagen

Die bisherigen Ausführungen haben u.a. verdeutlicht, dass das wesentliche Ziel einer jeden Wissenschaft darin besteht, den **Wissensvorrat** der Gesellschaft zu vergrößern, indem man systematisch neue Erkenntnisse zu gewinnen versucht. Konkret bedeutet dies bspw.,

- die vielfältigen Ereignisse in der Natur oder im menschlichen Zusammenleben zu **sammeln**, zu **ordnen** und zu **systematisieren**,
- Zusammenhänge zu erkennen und **Aussagen** über deren innere Verbundenheit zu machen (z.B. nomologische Aussagen),
- **Erklärungen** zu finden und Konsequenzen bzw. **Gestaltungsempfehlungen** abzuleiten.

Im Mittelpunkt stehen demnach **Aussagen** unterschiedlicher Art. Diese sind (anhand bestimmter Kriterien) zu kritisieren und zu bewerten.

Die Wissenschaftstheorie unterscheidet zahlreiche **Arten** von Aussagen (vgl. Abb. 8), die für das wissenschaftliche Arbeiten jeweils eine mehr oder minder große Rolle spielen und deshalb im Folgenden skizziert werden (vgl. hierzu auch Raffée 1974, S.29ff.). Da v.a. der **Umgang** mit Aussagen entscheidend ist (z.B. kritische Distanz zu den in der Theorie gefundenen Aussagen bzw. Erkenntnissen), wird dieser Aspekt gleichfalls eingehend gewürdigt.

2.1.1 Arten von Aussagen

Im Folgenden werden die aus wissenschaftlicher Sicht bedeutsamsten Arten skizziert. Hierzu gehört nicht die „Leerformel" (Bsp.: „Alle Konsumenten handeln rational oder nicht."); denn als **inhaltsleere Aussage** ist sie für die Wissenschaft kaum geeignet: Sie schließt nichts aus, ist sehr wenig bzw. nicht informativ und kann einem empirischen Sachverhalt folglich kaum widersprechen.

Abb. 8: Arten von Aussagen

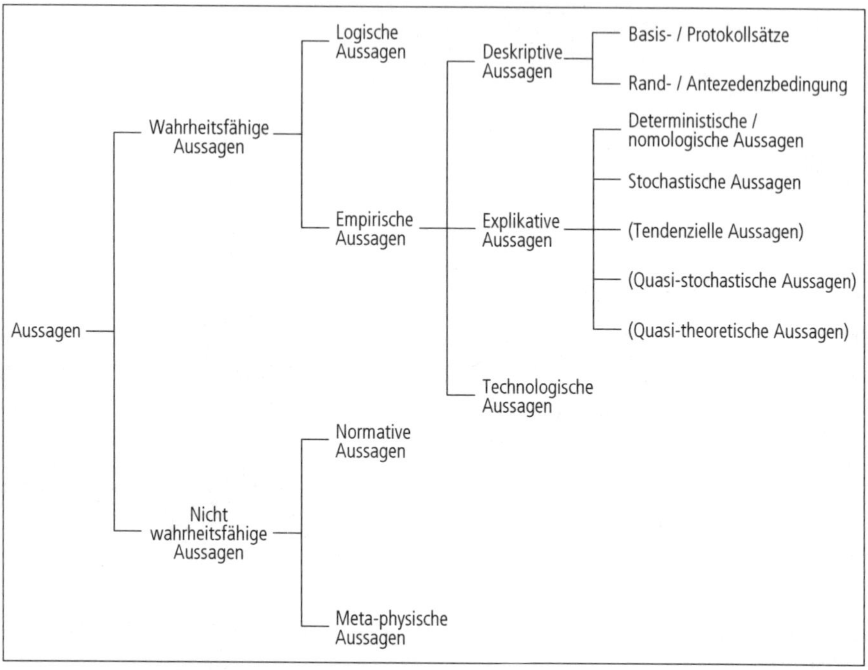

Quelle: auf der Basis von Nienhüser/Magnus (2003, S.10ff.); Raffée (1974, S.37).

2.1.1.1 Grundlegende Einteilung

(1) Logische Aussagen
Dabei handelt es sich um wahrheitsfähige Aussagen, deren Wahrheitsgehalt (= „logische Wahrheit" bzw. „L-Wahrheit") mit den Regeln der Logik überprüft werden kann (**logische Konsistenz**). Wenn man bspw. postuliert, dass A größer als B ist und B größer als C, dann folgt daraus unmittelbar, dass A auch größer als C ist.

(2) Empirische Aussagen
Anders als logische, meta-physische oder normative Aussagen, die allesamt **nicht-empirisch** sind, werden Aussagen über einen **realen Sachverhalt** als **empirisch** bezeichnet. Sie sind informativ und überdies wahrheitsfähig, d.h. die Wahrheit empirischer Aussagen ist überprüfbar, indem man sie mit der **Realität** konfrontiert (= „faktische Wahrheit" bzw. „F-Wahrheit"). Beispielsweise lässt sich die Aussage „Die DaimlerChrysler AG erwirtschaftete 2004 einen höheren Jahresüberschuss als die Volkswagen AG." prüfen, indem man die beiden Werte (DaimlerChrysler AG = 2.466 Mio. € vs. Volkswagen AG = 505 Mio. €) einander gegenüberstellt.

(3) Normative Aussagen
Sie legen fest, wie etwas sein soll („**Soll-Aussagen**") und verkörpern bspw. das von einer Gemeinschaft akzeptierte Werturteil (z.B. „Du sollst nicht töten!"). Da sie eine bestimmte Handlung empfehlen bzw. Sachverhalte bewerten, sind normative Aussagen **wertsetzend**, jedoch **nicht wahrheitsfähig**. Dass sie anhand des Wahrheitskriteriums nicht geprüft werden können, bedeutet indessen nicht, „dass eine Prüfung unmöglich oder nicht sinnvoll wäre – im Gegenteil: Die Frage, ob wir das tatsächlich auch tun sollen, was wir tun können, ist wichtig und kann aus der wissenschaftlichen Diskussion nicht ausgegrenzt werden. Normative Aussagen kann man – sehr vereinfacht gesagt – prüfen, indem man die Folgen der Ziele und Mittel diskutiert. Handlungen, deren Mittel und / oder Ziele und / oder Nebenwirkungen nicht akzeptabel sind, sollten nicht realisiert werden" (Nienhüser/Magnus 2003, S.11).

Die Betriebswirtschaftslehre sowie deren Fachbereiche (z.B. das Marketing) verstehen sich als **praktisch-normative** Disziplin; d.h. die Betriebswirtschaftslehre soll (praktische) Empfehlungen geben, mit welchen Mitteln ein Unternehmen seine Ziele optimal erreichen kann. Da es sich i.d.R. aber nicht um Vorschriften, sondern um **Empfehlungen** handelt, sprechen Wissenschaftler, wie H. Albert, in diesem Zusammenhang statt von praktisch-normativen von **quasi-normativen** Aussagen (= **präskriptive** Aussagen).

(4) Meta-physische Aussagen
Aussagen wie „Es gibt einen Gott!" sind wissenschaftlich (noch) nicht prüfbar – und damit empirisch gehaltlos: Meta-physische Aussagen sind nicht „F-wahrheitsfähig", können aber, z.B. in Form eines neuen Weltbilds, die **Formulierung** realwissenschaftlicher Theorien oder die **Entwicklung** neuer praktischer Problemlösungen **anstoßen**.

2.1.1.2 Deskriptive Aussagen

Deskriptive (= beschreibende) Aussagen gehören zur Gruppe der empirischen Aussagen und beschreiben einzelne Sachverhalte (sog. **singuläre Ereignisse**). Sie beantworten die Frage „Was war bzw. was ist der Fall?" (z.B. „Die DaimlerChrysler AG erwirtschaftete 2004 einen Umsatz von 142,06 Mrd. €."). Deskriptive Aussagen haben einen speziellen **Raum / Zeit-Bezug** und behaupten demnach, dass ein Sachverhalt zu einer bestimmten Zeit in einem bestimmten Raum zu beobachten ist (vgl. Lingnau 1995, S.125).

Schlagwort	**Beobachtungssätze**

„Betrachten wir den Satz: „Die Firma Good Performance hat im Jahr 1995 einen Gewinn nach Steuer in Höhe von 1,3 Mio. DM erwirtschaftet." Sicherlich ist das eine Tatsache. Aber jeder Betriebswirt weiß, wie man diese Tatsache „gestalten" kann, etwa durch unterschiedliche Wertansätze bei Abschreibungen usw. Selbst die „nackten Zahlen des Rechnungswesens" erfassen Daten nur in einem ganz bestimmten Schema. Gemäß diesem Schema gibt es viele Ereignisse in der Firma, die rechnerisch gar nicht erfaßt werden, gleichwohl aber den Gewinn beeinflussen. In der Wissenschaftstheorie spricht man deshalb nicht von einer reinen, unbefleckten Empirie, man spricht vielmehr von Beobachtungssätzen. Das heißt, alle Tatsachen sind eigentlich Beschreibungen. Und abhängig von unterschiedlichen Beschreibungen erscheinen auch unterschiedliche Tatsachen."

Quelle: Brodbeck (2001).

Deskriptive und explikative (= erklärende) Aussagen sind empirische Aussagen, d.h. wahrheitsfähige Aussagen über reale Sachverhalte, deren Wahrheitsgehalt geprüft werden kann, indem man sie mit der Realität vergleicht (vgl. Raffée 1974, S.29). Dass sie auch **„intersubjektiv" nachprüfbar** sein müssen, besagt dabei nichts anderes, als dass jeder sachverständige Dritte dies durch Beobachtung feststellen können muss.

Schlagwort **Intersubjektive Überprüfbarkeit von Ufos**

Intersubjektive Überprüfbarkeit bezieht sich auf die Fakten, aber auch auf die Schlussfolgerungen, die man aus einer Theorie gewöhnlich zieht. Beide – Fakten und Schlussfolgerungen – „müssen einer intersubjektiven Überprüfung standhalten [...] „Intersubjektiv" heißt: Für prinzipiell alle Menschen beobachtbar, prinzipiell wiederholbar; es heißt aber auch: Schlußfolgerungen müssen für andere nachvollziehbar sein, also gewissen logischen Regeln des Argumentierens gehorchen. Beispiel: Es gibt zahlreiche Berichte über Ufos. Es handelt sich, wenn wir die Zeugen als glaubwürdig einstufen, um „Beobachtungen", insofern auch um „Tatsachen". Es gibt auch eine Theorie: Ufos seien [...] extraterrestrische Maschinen zum intergalaktischen Verkehr. Für viele Ufo-Anhänger wird diese Theorie durch ihre individuelle Beobachtung bestätigt. Es ist aber bislang nicht gelungen, die Beobachtungen intersubjektiv zu bestätigen; die Beobachtungen sind einseitig (nur sichtbare Phänomene, es fehlen überprüfbare Wirkungen: außerirdische Gegenstände usw.). Auch ist die zugehörige Theorie keineswegs die einzig mögliche. Es gibt auch psychologische Theorien über Ufos (Wahrnehmungsstörungen, Halluzinationen, Projektionen des kollektiven Unbewußten usw.). Ähnliches gilt für viele Phänomene der Psi-Forschung."

Quelle: Brodbeck (2001).

Deskriptive Aussagen beschreiben jeweils Ereignisse, die die Prognosen bestätigen oder zurückweisen und bilden somit die Basis der empirischen Erkenntnis. Sie werden deshalb als **Basis**- bzw. **Protokollsätze** bezeichnet (vgl. Raffée 1974, S.35). Im deduktiven Erklärungsmodell kommen sie als **Rand**- bzw. **Antezedenz-Bedingung** vor (vgl. Kap. 1.5.1.3).

2.1.1.3 Explikative Aussagen

Explikative Aussagen sind zwar in gewisser Weise ebenfalls beschreibend, beziehen sich aber nicht auf singuläre Sachverhalte, sondern auf einen umfassenderen Ausschnitt der Realität. Explikative Aussagen sind **generelle Sätze**, mit denen man die Frage „Warum ist das der Fall?" beantworten kann (vgl. Raffée 1974, S.30ff.). Mit ihrer Hilfe leitet man aus theoretischen Gesetzmäßigkeiten und gewissen Randbedingungen einen bestimmten Sachverhalt auf logisch-deduktivem Weg ab (= „**Hempel / Oppenheim-Schema**"). In ihrer strengen Form haben sie **keinen „Raum / Zeit-Bezug"**, d.h. sie gelten „immer und überall".

Schlagwort **Raum / Zeit-Bezug**

Aussagen (über Wahrnehmungen, Beobachtungen) ohne speziellen Raum / Zeit-Bezug werden als nomologische Hypothesen oder Gesetzeshypothesen (generelle Sätze) bezeichnet. „Ohne speziellen Raum / Zeit-Bezug" meint dabei, dass sie **immer** (= kein Zeitbezug) und **überall** (= kein Raumbezug) gelten, z.B. „Alle Menschen sind sterblich" (Popper 1994, S.451). Allerdings sind solche Gesetzeshypothesen in den Wirtschaftswissenschaften praktisch nicht vorhanden.

Quelle: Lingnau (1995, S.125).

Wie folgende Zusammenstellung von **Generalisierungen** aus dem Marketing verdeutlicht (vgl. Abb. 9), sind deterministische Aussagen, die in ganz eindeutiger Weise Ursache und Wirkung verknüpfen, jedoch **nicht** die Regel. Aus diesem Grund werden im Folgenden nicht nur sog. **nomologische Aussagen** erklärt, sondern auch stochastische und tendenzielle Aussagen. Deren **Informationsgehalt** und **Reichweite** sind zwar nicht so groß wie bei nomologischen Aussagen, ihr Risiko, an der Realität zu scheitern, ist dafür aber geringer.

Schlagwort **Generalisierungen**

In der in Abb. 9 dargestellten Übersicht werden solche Aussagen bzw. empirischen Befunde als **verallgemeinerbar** betrachtet, die (vgl. Bass/Wind 1995, S.G1ff.)

- auf mindestens zwei Studien beruhen,
- Muster bzw. Regelmäßigkeiten aufweisen, d.h. unter verschiedenen Bedingungen zu demselben bzw. einem vergleichbaren Ergebnis führen (= **Konsistenz**),
- sich verbal, mathematisch oder graphisch beschreiben lassen (= **Darstellbarkeit / Analysierbarkeit**),
- nur aus solchen Studien abgeleitet wurden, die höchsten Qualitätsansprüchen genügen (= **Qualität**),

- von verschiedenen Autoren festgestellt wurden (= **Objektivität**).

Die Generalisierungen stammen aus einer Sonderausgabe der Zeitschrift „**Marketing Science**" von 1995, in welcher namhafte Marketing-Wissenschaftler aus dem anglo-amerikanischen Raum ihre mit Hilfe der **Meta-Analyse** bzw. verwandten Verfahren gewonnenen generalisierbaren Aussagen veröffentlicht hatten.

Abb. 9: Generalisierbare Aussagen am Beispiel „Marketing"

Thema	Quelle	Generalisierbarer Befund
Diffusion	Mahajan u.a. (1995)	Die bedingte Wahrscheinlichkeit bzw. Adoptionsrate zum Zeitpunkt T entspricht dem Bass-Modell zufolge $p + q \cdot F(T)$, d.h. die Adoptionsrate hängt von der Zahl der bisherigen Adoptoren ab.
Wahlverhalten	Ehrenberg (1995)	Wiederholungskauf und Markenwechselverhalten von Konsumenten lassen sich mit Hilfe der Dirichlet-Verteilung beschreiben.
	Uncles u.a. (1995)	Konsumenten wählen im Regelfall aus einer kleinen Menge von Marken, für welche die langfristige Kaufwahrscheinlichkeit hoch ist. Die Entscheidung für den Kauf einer bestimmten Marke ist unabhängig von der zuletzt gekauften Marke. Dies bedeutet, dass die Wahl einer Marke gewöhnlich eine Entscheidung nullter Ordnung darstellt.
	Meyer/Johnson (1995)	Die Bewertung von (Produkt-)Merkmalen verläuft nicht-linear und hängt von einem Referenzpunkt (z.B. Eigenschaften eines früher gekauften Produkts) ab.
Marktreaktion (kurzfristig)	Kalyanaram/ Winer (1995)	• Referenzpreise beeinflussen die Nachfrage konsistent und signifikant. • Konsumenten reagieren stärker auf Preissteigerungen als auf Preissenkungen.
	Lodish u.a. (1995)	• Es ist unwahrscheinlich, dass größerer Werbedruck genügt, um den Absatz auszuweiten. • Dass sich nichts ändert, ist doppelt so wahrscheinlich wie eine Zunahme der Nachfrage. • Die Wahrscheinlichkeit, dass die Nachfrage wächst, vergrößert sich, wenn das Unternehmen seine Copy- und Mediastrategie ändert. • Wenn zunehmender TV-Werbedruck im Jahr des Einsatzes einen signifikanten Einfluss hatte, so ist während der zwei folgenden Jahre der Einfluss auf den Abverkauf durchschnittlich doppelt so groß (Grund: höhere Kaufrate).
	Kaul/Wittink (1995)	• Die Verwendung bzw. Ausweitung der preisbezogenen Werbung vergrößert die (Preis-)Sensitivität der Konsumenten und zwingt die (Handels-)Unternehmen zu Preissenkung. • Zunahme der nicht-preisbezogenen Werbung mindert die Preissensitivität der Konsumenten.

(wird fortgesetzt)

(Fortsetzung)

Thema	Quelle	Generalisierbarer Befund
Marktreaktion (kurzfristig)	Ehrenberg (1995)	Die Preiselastizität für nahezu substituierbare Marken beträgt -2,6.
	Blattberg u.a. (1995)	• Zeitliche begrenzte Preisreduktionen im Einzelhandel steigern den Absatz substantiell. • Marken mit größerem Marktanteil reagieren auf Aktionen des Einzelhandels weniger elastisch. • Die Häufigkeit von Preisaktionen des Handels verändert den Referenzpreis der Konsumenten. • Je häufiger der Handel Preisaktionen einsetzt, desto weniger wirkt die einzelne Aktion. • Die „Kreuz-Werbe-Elastizität", d.h. die Wirkung der Werbung für eine Marke auf eine zweite, ist asymmetrisch. • Werbung für qualitativ hochwertige Marken beeinflusst schwächere Marken disproportional. • Durch Werbung unterstützte Verkaufsförderungsaktionen können die Häufigkeit des „Ladenbesuchs" steigern.
	Rao u.a. (1995)	Konkurrenten führen ihre Werbemaßnahmen weitgehend unabhängig voneinander durch.
Marktreaktion (langfristig)	Lal/Padmanabhan (1995)	• Auf lange Sicht sind die Marktanteile der meisten Produkte konstant. • Die relativen Ausgaben für Werbung gleichen sich für die meisten Produkte langfristig an. • Bei Produkten, deren Marktanteil einen bestimmten Trend aufweist, ist es schwierig, den Einfluss der relativen Werbeausgaben auf die Veränderung des Marktanteils zu bestimmen.
Markenbewusstsein	Laurent u.a. (1995)	Für alle Produktklassen gilt: Die drei Maße zur Erfassung von Markenbewusstsein (‚aided recall', ‚spontaneous', ‚top of mind') lassen sich in einen linearen Zusammenhang bringen, indem man jedes Maß einer logistischen Transformation unterwirft.
Distribution	Reibstein/Farris (1995)	Die Beziehung zwischen dem Marktanteil einer Marke und ihrem Distributionsgrad folgt einem konvexen Verlauf.
Kundenzufriedenheit	Fornell (1995)	• Die Schiefe der Verteilungsfunktion von Kundenzufriedenheit ist negativ. • Querschnittsanalysen sprechen dafür, dass die Beziehung zwischen Marktanteil und Kundenzufriedenheit nicht positiv ist (häufig sogar negativ).
Forschung und Entwicklung (F&E)	Boulding/Staelin (1995)	Ein Unternehmen benötigt Fähigkeit und Willen, wenn es aus seinen strategischen Aktionen einen Nutzen ziehen möchte. Beispielsweise wird bei zunehmenden Ausgaben für F&E die Nachfrage nur dann anwachsen, wenn das Unternehmen nicht nur die Fähigkeit, sondern auch den Willen besitzt, aus der F&E-Investition tatsächlich auch einen Vorteil zu ziehen.

(wird fortgesetzt)

(Fortsetzung)

Thema	Quelle	Generalisierbarer Befund
Verhandlungen	Eliashberg u.a. (1995)	Verhandlungspartner, die ihre Aufgabe darin sehen, ein Problem gemeinsam zu lösen, agieren näher am Pareto-Optimum, d.h. sie generieren im Durchschnitt mehr effiziente Übereinkünfte als diejenigen, die ihre Aufgabe nicht darin sehen, Probleme gemeinsam zu lösen.
Zeitpunkt des Markteintritts	Kalyanaram u.a. (1995)	• In Konsumgüter- und Investitionsgütermärkten, welche in der Reifephase sind, ▷ korrelieren die Reihenfolge des Markteintritts und der Marktanteil negativ. ▷ schwindet der Vorteil des Pioniers (= größerer Marktanteil) im Laufe der Zeit. ▷ haben die Pioniere tendenziell eine breitere Produktlinie als die späten Folger. • Beim erstmaligen Kauf ist der Pionier gegenüber dem ‚follower' im Vorteil, wenn die Produktqualität sehr ähnlich ist. • Fähigkeiten und Ressourcenprofile des Markt-Pioniers unterscheiden sich von denen der „Frühen Folger" und der „Späten Folger". • Die langfristige Überlebensrate (der Marke) ist unabhängig vom Zeitpunkt des Markteintritts.

Quelle: Bass/Wind (1995, S.G4f.); eigene Übersetzung; entnommen: Müller/Kornmeier (2002b, o.S.).

(1) Nomologische Aussagen (Gesetzesaussagen; theoretische Aussagen; Gesetzeshypothesen)

Dabei handelt es sich um eine spezielle Form der explikativen Aussage, deren Gültigkeit durch die bisherigen Erfahrungen bestätigt wird. Sie behauptet, dass bestimmte empirisch nachprüfbare **Wirkungen** immer dann eintreten, wenn bestimmte **Ursachen** (Randbedingungen) gegeben sind. Gesetzesaussagen sind generelle Sätze **ohne speziellen Raum / Zeit-Bezug** (d.h. „immer und überall wenn ..., dann ..."). Sie beantworten die Frage **„Warum ist das der Fall?"**. Theoretische Aussagen sind Bestandteil einer Theorie, d.h. eines Systems aus Hypothesen. Auch hier gilt das **Wahrheitskriterium**.

Wie folgendes Beispiel belegt, ist der Umstand, dass sie **keinen** speziellen Raum / Zeit-Bezug haben, sehr bedeutsam. Nehmen wir an, die Aussage „Unternehmen, in denen die Mitarbeiter nach dem Prinzip „Management by Objectives (MbO)" geführt werden, sind erfolgreicher als Unternehmen, die dieses Prinzip nicht verfolgen." sei nomologisch; diese Gesetzesaussage müsste dann

• bereits in der **Vergangenheit** gegolten haben und auch „in aller **Ewigkeit**" noch Gültigkeit besitzen,

- für alle **Unternehmen weltweit** gelten, egal ob in den USA, Peru, China, Australien, Deutschland, Russland, Norwegen oder etwa Togo.

Deterministische Aussagen verknüpfen bestimmte Ursachen und Wirkungen in ganz eindeutiger Weise. Sie sind deshalb sehr präzise und haben einen sehr hohen empirischen **Informationsgehalt**. Allerdings ist das Risiko, dass sie scheitern (= Falsifikation), relativ groß.

Schlagwort **Nomologische Aussage ≠ Gesetz**

Gesetzesaussagen (nomologische Aussagen) und die in der Betriebswirtschaftslehre nicht unüblichen sog. Gesetze sind vollkommen getrennt voneinander zu sehen (vgl. Schanz 1988, S.29f.).

- Das „**Gesetz der Fixkostendegression**“ bspw. reproduziert eine rein **definitorische** Abhängigkeit (= operationale Definition; vgl. Kap. 2.2.2.1). Denn wenn man die Fixkosten unabhängig von irgendeiner Bezugsgröße (z.B. Produktionsmenge) definiert, dann **müssen** die Fixkosten pro Stück **zwangsläufig** sinken, falls die Produktionsmenge wächst.
- Auch das „**Ausgleichsgesetz der Planung**“, demzufolge ein Unternehmen seine Planung am jeweiligen Engpass auszurichten hat, ist keine nomologische Aussage. Vielmehr handelt es sich um eine **Handlungsempfehlung**.

Quelle: Lingnau (1995, S.128).

(2) Stochastische Aussagen

Menschen handeln zumeist situativ und nur ausnahmsweise rational. Ihr Verhalten folgt nicht immer bestimmten Gesetz- bzw. Regelmäßigkeiten – jedenfalls nicht in einem deterministischen Sinne (vgl. z.B. Zinkhan/Hirschheim 1992, S.80ff.). Gewöhnlich muss man sich deshalb mit stochastischen Aussagen (= **Wahrscheinlichkeitsaussagen**; Verteilungsgesetz) begnügen. Weil also die in den Sozial- bzw. Verhaltenswissenschaften formulierten Aussagen i.d.R. (allenfalls) probabilistischer Natur sind, beanspruchen sie auch nicht, generell gültig zu sein (vgl. Kieser 1995, S.8).

Stochastische Aussagen sind zwar **weniger leicht** falsifizierbar, aber dennoch informativ und empirisch prüfbar. Dabei wird **vom Einzelfall abstrahiert**.

Beispiel: „Wenn der Marktführer den Preis um 1% anhebt, dann sinkt die Nachfrage nach seinem Produkt mit einer Wahrscheinlichkeit von 95% um 0,5%.“

(3) Tendenzielle Aussagen

Lässt sich weder eine deterministische Aussage formulieren noch eine stochastische (weil die Abweichungen in der Realität **keinem Verteilungsgesetz** folgen), so kann man eine **Tendenzaussage** treffen. Dabei wird weder eine eindeutige Ursache / Wirkungs-Beziehung unterstellt, noch wird eine objektive, d.h. berechenbare und nachprüfbare Wahrscheinlichkeit genannt. Die tendenzielle Aussage drückt demnach lediglich eine **nicht näher quantifizierte Vermutung** über einen bestehenden Zusammenhang aus. Allerdings lehnen es einige Wissenschaftler ab, Tendenzaussagen den explikativen empirischen Aussagen zu subsumieren, da sie **empirisch nicht prüfbar** und demnach auch nicht falsifizierbar sind. Analog zu dem oben angeführten Beispiel könnte man etwa formulieren: „Wenn der Marktführer den Preis seines Produkts anhebt, dann sinkt häufig die Nachfrage nach seinem Produkt".

Tendenzaussagen kommen in der Betriebswirtschaftslehre sehr oft vor. Das folgende Beispiel stammt aus dem Internationalen Marketing – genauer gesagt aus der sog. Herkunftsland- bzw. ‚Country of origin'-Forschung. So hat Liefeld (1993, S.120ff.) in einer **Meta-Analyse** (vgl. Kap. 3.3) insgesamt 22 seit 1965 durchgeführte Experimente betrachtet und davon ausgehend folgende **(Tendenz-)Aussagen** zur Bedeutung des Herkunftslandes für das Konsumentenverhalten formuliert.

Praxis

Tendenzaussagen am Beispiel „Einfluss des ‚Country of origin' auf das Konsumentenverhalten"

- In der überwiegenden Zahl der Fälle beeinflusst das Herkunftsland die Bewertung bzw. die Entscheidung für ein bestimmtes Produkt. Allerdings variieren die Effekte je nach Produkt bzw. Untersuchungsdesign teilweise erheblich.
- Das Herkunftsland spielt sowohl bei Konsumgütern (z.B. PKWs, PCs, Videorecorder, CD-Player, Kameras, Armbanduhren, Fruchtsaft, Kaffee, Zigaretten) als auch bei Investitionsgütern (z.B. Gabelstapler) eine signifikante Rolle.
- Die Qualität einheimischer Produkte wird grundsätzlich besser bewertet als jene von ausländischen Produkten. Bei diesen wiederum lässt sich folgende Präferenzrangfolge beobachten. Produkte ‚made in USA' liegen in der Gunst der Konsumenten vor (West-)Deutschland und Japan, die wiederum vor den Ländern Nordeuropas rangieren. Es folgen Südeuropa → Sonstige Länder im Pazifischen Becken → Osteuropa → Südamerika → Übriges Asien → Afrika.
- Herkunftsland-Effekte sind im Wesentlichen dann zu erwarten, wenn die Güter technisch komplex sind, der Mode unterliegen und / oder teuer sind.
- Einheimische Produkte werden insbesondere von älteren männlichen Käufern, die eine weniger qualifizierte Ausbildung haben und fremde Länder eher selten bereisen, bevorzugt.
- Personen, die ein bestimmtes Produkt (sehr) gut kennen (= großes Produktwissen) beurteilen dieses anhand zahlreicher Eigenschaften; für die Kontrastgruppe (= geringes Produktwissen) ist die Information „Herkunftsland" bedeutsamer.
- Je mehr Informationen ein Konsument während seines Entscheidungsprozesses berücksichtigt, desto weniger beachtet er das Herkunftsland.
- Konsumenten, die die Produktherkunft zeitgleich mit weiteren Informationen

(z.B. Preis, Leistungsspektrum) erfahren, betrachten das Land lediglich als ein Merkmal unter vielen. Werden sie jedoch schon über das Herkunftsland in Kenntnis gesetzt, noch bevor sie die übrigen Informationen erhalten, beeinflusst dieses die Produktbeurteilung stärker.

Quelle: Liefeld (1993, S.120ff.); entnommen: Müller/Kornmeier (2002b, o.S.).

(4) Quasi-stochastische Aussagen

Werden tendenzielle Aussagen in irgendeiner Weise quantifiziert, sind sie empirisch prüfbar und rücken in die Nähe von stochastischen Aussagen. Weil das zugrunde liegende **Verteilungsgesetz** jedoch auch in diesem Fall **unbekannt** ist, werden sie, die quantifizierten Tendenzaussagen, als quasi-stochastisch bezeichnet.
Beispiel: „Wenn der Marktführer den Preis um 1% anhebt, dann sinkt die Nachfrage nach seinem Produkt mit großer Wahrscheinlichkeit um 0,5%."

(5) Quasi-theoretische Aussagen

In Betracht kommen schließlich auch quasi-theoretische Aussagen. Diese vermindern das Risiko, dass eine Aussage an der Realität scheitert, indem

- die **Wenn-Komponente erweitert** und dadurch die Zahl der möglichen Falsifikatoren herabgesetzt wird (Bsp.: „Wenn der Marktführer den Preis um 1% anhebt **und** der zweitgrößte Konkurrent seinen Preis beibehält, dann ...") und / oder
- die **Dann-Komponente weniger präzise** formuliert wird (Bsp.: ..., dann sinkt mit großer Wahrscheinlichkeit die Nachfrage nach seinem Produkt.").

2.1.1.4 Technologische Aussagen (Ziel / Mittel-Aussagen)

Technologische Aussagen werden auch als „Ziel / Mittel-Aussagen" bezeichnet, weil sie Mittel nennen, mit denen man ein bestimmtes Ziel erreichen kann. Sie

- können anhand des **Wahrheitskriteriums** geprüft werden,
- sind im Allgemeinen **konkreter** als Gesetzesaussagen (da sie sich auf Ziele beziehen und über geeignete Mittel informieren),
- sind **informativ**, weil sie darüber Auskunft geben, **dass** eine bestimmte Handlung zum Ziel führt,
- sind „**nicht-normativ**", weil sie keine Antwort auf die Frage geben, ob das, was getan werden **kann**, auch getan werden **soll**.

2.1.1.5 Zusammengesetzte Aussagen

(1) Erklärungen

Zusammen mit Prognosen gehören Erklärungen zu den **wichtigsten Formen** zusammengesetzter Aussagen (vgl. Abb. 10). Sie bestehen aus

- **deskriptiven** Aussagen und
- **Gesetzesaussagen**.

Angenommen, man will folgendes **Ereignis erklären**: „Die Nachfrage nach Produkt X ist im vergangenen Monat zurückgegangen". In diesem Fall liegt es nahe, zunächst nach einer Gesetzes- bzw. **nomologischen Aussage** zu suchen, in welcher die Dann-Komponente das zu erklärende „Phänomen" (hier = Rückgang der Nachfrage) enthält. Nehmen wir an, wir fänden das folgende **mikroökonomische Gesetz**: „Steigt der Preis für ein Produkt X, dann sinkt die entsprechende Nachfrage." (= Gesetzes- bzw. nomologische Aussage). Falls im vergangenen Monat der Preis von Produkt X tatsächlich gestiegen ist (= Antezedenz-Bedingung), hätte man eine **Erklärung** für das Ereignis.

Häufig wird vorausgesetzt, dass die Gesetzesaussage wahr ist; ebenso wichtig aber ist, dass das zu erklärende Ereignis und die Randbedingung(en) tatsächlich **der Realität entsprechen** (vgl. Nienhüser/Magnus 2003, S.11). Dieser Umstand ist nicht immer so leicht zu prüfen, wie das hier dargestellte Beispiel suggerieren mag. Überdies ist selbstverständlich darauf zu achten, dass das Explanandum **logisch korrekt** aus Gesetzesaussage und Randbedingung abgeleitet wird.

Abb. 10: Entwicklung der Nachfrage bei einer Preisänderung als erkenntnistheoretisches Problem

		Erkenntnisziel	
		Erklärung	**Prognose**
Nomologische Hypothese, Gesetzesaussage	• Steigt der Preis für ein Produkt X, dann sinkt die entsprechende Nachfrage.	gesucht	gegeben
Randbedingung (= Antezedenz-Bedingung)	• Der Preis für Produkt X ist im vergangenen Monat gestiegen.	gesucht	gegeben
Explanandum (= Ereignis; Phänomen)	• Die Nachfrage nach Produkt X ist im vergangenen Monat zurückgegangen.	gegeben	gesucht

Quelle: eigene Darstellung auf der Basis von Raffée (1974, S.34).

(2) Prognosen

Wie Abb. 10 verdeutlicht, kann man ein Ereignis auch **prognostizieren**, vorausgesetzt Randbedingung(en) und Gesetzesaussage(n) sind bekannt (vgl. z.B. Chmielewicz 1994; Raffée 1974, S.33). Beispielsweise lässt sich mit Hilfe

- der **Gesetzesaussage** „Steigt der Preis eines Produkts, dann sinkt die entsprechende Nachfrage." und
- der **Information** (= Randbedingung), dass sich Produkt X verteuert hat,

folgern, dass die entsprechende Nachfrage zurückgehen wird. Prognosen sind ebenfalls wahrheitsfähig; ihre Herleitung kann logisch geprüft werden. Diese Form zusammengesetzter Aussagen spielt bei wissenschaftlichen Arbeiten ebenfalls eine sehr große Rolle. Lässt sich die Prognose in der Realität beobachten, gilt sie als bestätigt, andernfalls als zurückgewiesen bzw. „falsifiziert" (vgl. Raffée 1974, S.34).

2.1.2 Verwendung von Aussagen in wissenschaftlichen Arbeiten

2.1.2.1 Grundlegende Anforderungen

Wissenschaftlich Arbeiten bedeutet nicht, jede in einer Publikation (z.B. Fachzeitschrift, Dissertation) gefundene Aussage willfährig und obrigkeitsgläubig zu übernehmen (Motto: „Wenn der Herr Professor etwas schreibt, so ist dies immer richtig!"). Jeder Autor einer wissenschaftlichen Arbeit ist der **Wahrheit** verpflichtet und muss deshalb

- die von ihm zitierten Aussagen **kritisch hinterfragen** und **bewerten**,
- Bewertungsschema und -kriterien **transparent** und **nachvollziehbar** machen (vgl. Nienhüser/Magnus 2003, S.2). Mit Blick auf die Kriterien sind dabei u.a. folgende **Fragen** zu beantworten:
  - Ist die Argumentation **logisch**?
  - Kann man die Aussage grundsätzlich **widerlegen**?
  - Steht sie in **Einklang** mit bewährten Aussagen?
  - Ist die Aussage **empirisch** überprüfbar?

Erschwerend kommt hinzu, dass man in einer wissenschaftlichen Arbeit i.d.R. nicht nur eine einzige, sondern eine **Vielzahl** von Aussagen bewertet / kritisiert und zu einer möglichst starken, stringenten **Argumentationskette** zusammenfügt. Deren Stärke aber richtet sich nach dem schwächsten Glied.

‚Food for thought'

„Welche Aussage ist richtig?" oder
„Warum Argumentieren so wichtig ist"

Folgende beispielhaften Aussagen beziehen sich auf die Eignung der Lohnstückkosten als Indikator der Wettbewerbsfähigkeit. Sie belegen, dass man Themen (hier

= Indikatoren der Wettbewerbsfähigkeit) i.d.R. nicht nur aus einer Perspektive betrachten sollte.

1. Steigende Lohnstückkosten **gefährden** die internationale Wettbewerbsfähigkeit eines Landes, weil infolge des hohen Kostendrucks heimische Produkte immer schwieriger auf den Weltmärkten zu verkaufen sind.
2. Steigende Lohnstückkosten **sind keine Gefahr** für die Wettbewerbsfähigkeit eines Landes, wenn sich dessen Produkte selbst bei hohen Preisen auf dem Weltmarkt absetzen lassen.
3. In einheitlicher Währung gemessene Lohnstückkosten sind als Indikator für die internationale Wettbewerbsfähigkeit eines Landes **grundsätzlich ungeeignet**, weil die positive Wirkung wettbewerbspfleglicher Lohnabschlüsse in der Regel durch Aufwertungen konterkariert wird.

Quelle: Beyfuß (1997, S.5).

2.1.2.2 Gültigkeit und Verlässlichkeit von Aussagen

Wer, um seine Argumentation zu fundieren, Aussagen Dritter verwerten will, sollte zunächst prüfen, ob die entsprechenden **Informationen** gültig (= **valide**) und verlässlich (= **reliabel**) sind. Denn verständlicherweise beeinflussen diese beiden Eigenschaften die Qualität einer wissenschaftlichen Arbeit (bzw. die darin getroffenen Aussagen) in erheblichem Maße.

Entgegen der landläufigen Meinung sind Renommee und Bekanntheitsgrad von Autoren **kein Garant** für Reliabilität und Validität bzw. Informationsgehalt ihrer Aussagen. Der zwingend erforderliche **kritische Umgang mit Aussagen** darf deshalb auch vor Autoritäten und „Gurus" eines Fachgebiets nicht Halt machen. Wie Nienhüser/Magnus (2003, S.16f.) am Beispiel „Auf der Suche nach Spitzenleistungen" sehr anschaulich belegen, werden in der Betriebswirtschaftslehre bisweilen auch Autoren zitiert, auf deren Aussagen man sich besser nicht stützen sollte.

‚Food for thought'

Spitzenleistungen ohne „Auf der Suche nach Spitzenleistungen"

„In dem Buch „Auf der Suche nach Spitzenleistungen", welches eine relativ große Verbreitung gefunden hat, behaupten die Autoren (Peters und Waterman 1994), dass Unternehmen, die besonders erfolgreich sind, 8 Merkmale aufweisen (Primat des Handelns, Nähe zum Kunden, Freiraum für Unternehmertum, Produktivität durch Menschen, Sichtbar gelebtes Wertsystem, Bindung an das angestammte Geschäft, Einfacher, flexibler Aufbau und straff-lockere Führung). Dieses Buch wird oft zitiert. Begründungen von Aussagen durch die Ausführungen von Peters und Waterman sind jedoch aus wissenschaftlicher Sicht stark anzuzweifeln. Gegen die Gültigkeit ihrer Aussagen sprechen u. a. die folgenden Gründe (an dieser Stelle verkürzt dargestellt):

- Zunächst einmal wäre die grundsätzliche Argumentation, dass erfolgreiche Unternehmen die o.g. 8 Merkmale aufweisen müssen, nur dann überzeugend, wenn die Autoren zeigen könnten, dass nicht-erfolgreiche Unternehmen diese 8 Merkmale nicht aufweisen. Dieser Aspekt wird von Peters/Waterman (1994) ignoriert.
- Dann ist festzustellen, dass sich viele ihrer Behauptungen einer Überprüfung entziehen, weil die empirische „Untersuchung" nicht ausreichend dokumentiert wird.
- Darüber hinaus lassen sich für verschiedene Ausführungen logische Widersprüche aufzeigen.
- Weiterhin sind die Empfehlungen für die praktische Anwendung unbrauchbar, weil die Aussagen, trotz Präzision suggerierender Überschriften, viel zu vage bleiben.
- Schließlich aber, und dieser Punkt ist wohl besonders heikel, hat eine finanzwirtschaftliche Untersuchung der von Peters und Waterman als exzellent herausgestellten Unternehmen, die mit den 8 Merkmalen ausgestattet waren, gezeigt, dass diese wirtschaftlich deutlich weniger erfolgreich waren als eine Vergleichsgruppe. [...]

Hier wie in vielen Fällen ist eine kritische Analyse und ein distanzierter Umgang mit vordergründig „wissenschaftlichen" Befunden nötig. Fazit: Auch Aussagen von Autoren, die oft zitiert werden, sind auf ihre Gültigkeit zu prüfen."

Quelle: Nienhüser/Magnus (2003, S.16f.).

Abb. 11 vermittelt einen Eindruck davon, wie **vielfältig** (und wahr?) Aussagen zum selben Themenkomplex sein können. Da manche „Studien" bisweilen als „strategische Instrumente" eingesetzt werden, bspw. im Verteilungskampf von Interessengruppen (hier = Unternehmen / Gewerkschaften), variieren auch die Aussagen je nach Interessenlage: Je nachdem, ob – wie im vorliegenden Fall – „die" Unternehmer, „die" Gewerkschaften oder „die" Unternehmensberater das Wort ergreifen, sind die Lohnkosten entweder zu hoch, zu niedrig oder gar bedeutungslos (vgl. Abb. 11). Ergo: Auch wenn Aussagen mit „**harten Daten** und Fakten" belegt werden bzw. von einer bekannten Institution stammen, kann man daraus nicht unmittelbar schließen, dass sie gültig sind.

Die Beispiele verdeutlichen, wie bedeutsam es ist, die Korrektheit bzw. „Kraft" der Aussagen **kritisch** zu prüfen bzw. zu hinterfragen.

- Wer Aussagen aus der Literatur **anzweifelt**, muss dies entsprechend darlegen und **begründen** (Bsp.: „Die Aussage von Meier (2005, S.23) ist in der beschriebenen Form nicht haltbar, da ..."). Während diese Vorgehensweise die Wissenschaft **voranbringt**, wäre der umgekehrte Weg, in der Literatur nach Aussagen bestimmter Experten zu suchen und diese kritiklos zu übernehmen, **vollkommen unzweckmäßig**.

Abb. 11: Heterogene Aussagen zu ein und demselben Thema: Das Beispiel „Argumente zur Standort-Diskussion"

„Die" Unternehmer	**„Die" Gewerkschaften**	**„Die" Unternehmensberater**
Aussage: Die Lohnkosten in Deutschland sind zu hoch. Wenn die Gewerkschaften immer höhere Löhne fordern, während die Arbeitsproduktivität nicht in zumindest gleichem Maße wächst, schwächen sie die Wettbewerbsfähigkeit der deutschen Wirtschaft.	**Aussage:** Unternehmen müssen die Arbeit qualifizierter Mitarbeiter angemessen honorieren. Deutsche Arbeiter sind überdurchschnittlich qualifiziert, weshalb sie zu Recht mehr Lohn fordern. Außerdem beziehen sie weniger Netto-Lohn (= Lohn abzüglich Einkommensteuer, Rentenversicherung und Sozialleistungen) als Österreicher, Iren, Briten oder Spanier.	**Aussage:** Das Argument, die deutsche Wirtschaft werde von der Last der Lohnkosten erdrückt, verstellt den Blick auf die wirklichen Ursachen: Mangel an Innovationen und fehlende Bereitschaft, Strukturen zu reorganisieren. Unternehmen, die ihre Produktion lediglich aus Kostengründen ins Ausland verlagern, scheitern dort nicht selten, weil sie sich nicht an den Bedürfnissen des Marktes orientieren.
„Beweis": Arbeitskosten je Arbeiterstunde im internationalen Vergleich: 1996 Führungsposition von West-Deutschland mit 47,28 DM	**„Beweis":** Netto-Lohn im internationalen Vergleich: 1996 mit 19 DM Rang sieben; Luxemburg auf Rang eins mit 22 DM	**„Beweis":** Anteil der Personalkosten an den Produktionskosten: 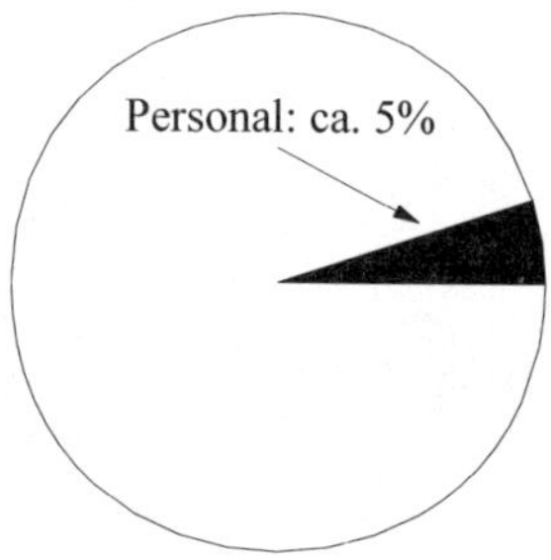
Quelle: *Institut der deutschen Wirtschaft*	*Quelle:* *Sedgwick Noble Lowndes-Studie (1997)*	*Quelle:* *McKinsey-Studie (vgl. Kluge 1996)*

Quelle: Müller/Kornmeier (2000, S.158).

- Wer Datenmaterial Dritter (= sekundärstatistische Daten; vgl. Kap. 3.4) verwendet, kann deren **Validität** zumindest ansatzweise **prüfen**, indem er die **Datenbasis** (d.h. Größe der Stichprobe, Verfahren zur Datenerhebung, Berechnungsmethode usw.) hinterfragt.
- Für die Wissenschaft förderlich wäre es auch, wenn man Aussagen, die sich (teilweise) widersprechen, nicht einfach ignoriert, sondern die entdeckten **Ungereimtheiten eingehend diskutiert**; denn möglicherweise sind die Unterschiede ja auf **Erhebungs**- oder **Interpretationsfehler** zurückzuführen. Im Übrigen sind entsprechende Aussagen u.U. auch dann nützlich, wenn man ihre **Reichweite** räumlich und / oder zeitlich **einschränkt**.

‚Food for thought'

Deutschland: Hochsteuer- oder Niedrigsteuer-Land? Zur Validität „harter" Fakten

„(1) Die weltweit präsente Wirtschaftsprüfungsgesellschaft KPMG wagte den Versuch, aus den Steuerbilanzen der Hersteller aus sieben Industriebranchen Durchschnittszahlen zu extrahieren und kam zu [verblüffenden] Ergebnissen [...]: Die in Deutschland produzierenden Betriebe rangierten im Jahre 1997 mit einer Steuerlast von 64,4% ihres steuerpflichtigen Einkommens weit vorn. Es folgten Italien mit 47,8%, Frankreich mit 38,9, die USA mit 36%. Es ist offensichtlich, daß die Gewerbesteuer die Steuerlast der deutschen Firmen kräftig erhöht. [...]

(2) Dem Bundesverband der Deutschen Industrie (BDI) kommen die Zahlen der KPMG natürlich gelegen, und er rechnet ergänzend vor, daß das Aufkommen aus der Gewerbesteuer seit Jahren – und trotz abgeschaffter Gewerbekapitalsteuer auch weiterhin – das Aufkommen sowohl aus der gewerblichen Einkommen-, als auch aus der Körperschaftssteuer übertrifft. Und dann setzt der BDI noch eins drauf: Für den Investor, der sich danach umsieht, wo er seine neue Fabrik bauen soll, komme es auf die effektive Grenzsteuerbelastung an, also auf die künftige Gewinnsteuerlast des neuen Betriebs. Nur in Japan, so der BDI, und Italien drücke diese effektive Grenzsteuerlast mehr als in der Bundesrepublik Deutschland. In den USA erreiche sie gerade 60% der deutschen, in den Niederlanden und selbst in der Schweiz um die 50, in Großbritannien 42 und in Schweden gerade mal 29% (für 1997). Der BDI macht nur eine einzige Konzession: In Deutschland darf gewinn- und somit steuermindernd relativ mehr abgeschrieben werden als in den meisten anderen westlichen Industrieländern.

(3) Den wohl intelligentesten internationalen Belastungsvergleich hat das Zentrum für Europäische Wirtschaftsforschung (ZEW) angestellt [...]. Die Mannheimer Betriebswirte simulierten einen Muster-Industriebetrieb und rechneten auf der Grundlage des jeweiligen nationalen Steuerrechts durch, wieviel Steuern er über zehn Jahre hinweg in verschiedenen Ländern zu zahlen habe. Das wiederum erstaunliche Ergebnis: In Deutschland fallen weniger Unternehmenssteuern an als in Frankreich und nur ein wenig mehr als in den USA. Die wahren Niedrigsteuer-Länder waren Großbritannien und Holland. Allerdings ist dieser virtuelle Betrieb keine Neugründung. Wäre er das, so ginge es ihm umgekehrt in Frankreich am besten. Westlich des Rheins ist die „steuerliche Investitionsförderung" so weit gediehen, daß in den ersten Jahren überhaupt keine Steuern anfallen."

Quelle: Münster (1999, S.25).

2.1.2.3 Überprüfbarkeit

Aussagen müssen überprüfbar und kritisierbar sein und dürfen sich etwaiger Kritik demnach nicht entziehen (vgl. Nienhüser/Magnus 2003, S.1f.). Für wissenschaftliche Arbeiten bedeutet dies, dass der Autor jeden Leser in die Lage versetzen muss, seine Aussagen **nachvollziehen** zu können. Das bedeutet: Man muss prüfen können,

- auf **welche Quellen** sich ein Autor stützt; denn jeder Leser soll grundsätzlich verstehen, wie die vom Autor verwendeten Aussagen (z.B. empirische Ergebnisse Dritter) zustande gekommen sind.
- ob der Verfasser einer wissenschaftlichen Arbeit die von einem anderen übernommenen Aussagen nicht aus dem **ursprünglichen Zusammenhang** gerissen hat.

Vor diesem Hintergrund ist auch verständlich, warum

- eine **korrekte Zitierweise** (incl. exakter **Angabe der Seite(n)**, wo die Aussagen zu finden sind) sowie
- die vollständige **Angabe der zitierten Quellen** im Literaturverzeichnis

unverzichtbare Bestandteile wissenschaftlicher Arbeiten sind.

Die Relevanz der hier angesprochenen Anforderung soll anhand des folgenden Beispiels aus einer alten Diplomarbeit verdeutlicht werden. Darin stand: „Im Jahr 2003 belief sich das Bruttosozialprodukt Deutschlands auf 2.405,9 Mrd. $, wobei 31,11% durch den Export erwirtschaftet wurden." Da indes der Autor nicht selbst bundesweite Erhebungen zum Bruttosozialprodukt, zur Exportquote usw. durchgeführt haben kann, muss er diese Zahlen, falls er sie nicht erfunden hat, von einer verlässlichen Quelle bezogen haben – vermutlich vom Statistischen Bundesamt oder bspw. vom Institute for Management Development (IMD), das jährlich das „World Competitiveness Yearbook" herausgibt. Wer in seinen Aussagen (konkrete) Zahlen präsentiert, muss die entsprechende(n) Quelle(n) angeben, da er ansonsten gegen die Gepflogenheit der Wissenschaft verstößt und damit einen **schwerwiegenden Fehler** begeht.

2.1.2.4 Reichweite von Aussagen

Wer wissenschaftlich argumentieren will, kann sich ggf. auch sog. empirischer Verallgemeinerungen (= **Generalisierungen**) bedienen (vgl. Kap. 2.1.1.3). Da aber (in den Sozialwissenschaften) nur wenige Aussagen generalisierbar sind und damit „immer und überall" gelten, muss der wissenschaftlich Arbeitende zunächst feststellen, in wie weit die Ergebnisse einer Studie auf einen anderen **Untersuchungskontext übertragbar** sind; d.h. man muss sich mit dem **Kontext** der jeweiligen Analyse konkret auseinandersetzen und prüfen, ob die dort getroffenen Einschränkungen und Voraussetzungen auch für die **eigene Themenstellung** gelten.

- Wenn man bspw. in einer Studie feststellt, dass 39% der untersuchten deutschen Großunternehmen regelmäßig ihre Mitarbeiter befragen, so verbietet sich die plakative Aussage: „Deutsche Großunternehmen befragen regelmäßig ihre Mitarbeiter".

- Theorien oder generalisierbare Aussagen werden häufig in einem Land bzw. in einem Kulturkreis (z.B. Westeuropa) geprüft und sind deshalb nicht ohne weiteres auf **andere Kulturen** (z.B. Japan, China) übertragbar.
- Wenn man in einer Studie erfährt, dass „viele **kleine und mittelständische Unternehmen** (KMU) den indirekten bzw. direkten Export oder die Lizenzvergabe als Markteintrittsstrategie bevorzugen“, so ist dieser Befund nicht generalisierbar: Es lässt sich daraus kein (!) Hinweis bspw. auf das Verhalten von **Großunternehmen** ableiten; denn zahlreiche Untersuchungen (vgl. z.B. Berger/Uhlmann 1985) belegen, dass vor allem die Unternehmensressourcen die Wahl der Markteintrittsstrategie beeinflussen. Und da es i.d.R. nicht den Großunternehmen, sondern vielmehr den KMU an Human- und Finanzkapital mangelt, bevorzugen diese nicht selten Markteintrittsstrategien, die eher wenig Ressourcen binden, z.B. den (in-)direkten Export oder die Lizenzvergabe. Selbstverständlich lässt die gefundene Aussage über das Verhalten der KMU **nicht den Umkehrschuss** zu; denn es ist durchaus denkbar, dass auch manche Großunternehmen exportieren oder Lizenzen vergeben.

Im Übrigen gilt: Auch ein Beispiel belegt nicht die Gültigkeit generalisierender Aussagen. Und selbst mehrere Beispiele liefern, wie Popper (1994) darlegt (vgl. Kap. 1.5.2.2), **keinen Beweis**. Sie bleiben letztlich auch nur Beispiele. Fraglos aber steigern sie Informationsgehalt und Anschaulichkeit, was sie zu wichtigen Bestandteilen wissenschaftlicher Arbeiten macht.

2.1.2.5 Kausalität

Zu prüfen ist ebenfalls, ob zwischen den in einer Aussage genannten Variablen tatsächlich ein **kausaler Zusammenhang** besteht, oder ob es sich bspw. lediglich um eine sog. **Scheinkorrelation** handelt. Wenn man in einer empirischen Studie bspw. feststellt, dass Arbeitszufriedenheit und Arbeitsleistung **positiv korrelieren** (= zusammenhängen), so kann man daraus keinesfalls unmittelbar den Schluss ziehen, dass Arbeitszufriedenheit die Arbeitsleistung steigert (vgl. Abb. 12; I).

- Denkbar wäre nämlich auch die **umgekehrte** Beziehung (vgl. Abb. 12; II): Die Arbeitskräfte sind wegen ihrer besseren Arbeitsleistung zufriedener, bspw. weil sie für diese Steigerung materiell (z.B. mehr Lohn) oder immateriell (z.B. Lob vom Vorgesetzten oder von den Kollegen) „entlohnt“ werden.
- Zwischen beiden Variablen könnte auch eine **wechselseitige** Beziehung bestehen (vgl. Abb. 12; III).
- Überdies kommt in Betracht, dass **zwischen** Arbeitszufriedenheit und Arbeitsleistung **ein dritter**, in der Analyse vernachlässigter Faktor steht. In

dem in Abb. 12 (Konstellation IV) dargestellten Fall würde die Arbeitszufriedenheit die Atmosphäre am Arbeitsplatz (= **intervenierende Variable**) verbessern, die wiederum die Mitarbeiter zu besserer Leistung beflügelt.

- Schließlich wäre möglich, dass **beide** Variablen von einem **dritten**, in der Analyse vernachlässigten Faktor beeinflusst werden (vgl. Abb. 12; V). Beispielsweise könnten Arbeitszufriedenheit und Arbeitsleistung gleichermaßen von einer verbesserten Ausstattung des Arbeitsplatzes (= **moderierende Variable**) profitieren (z.B. leistungsfähigere Computer, renovierte Büroräume).

Selbstverständlich ist es ebenso realistisch anzunehmen, dass nicht ein Faktor allein, sondern ein ganzes **Bündel** davon die beiden Variablen beeinflusst. Auch **Kombinationen** (z.B. Konstellation IV **und** V) sind denkbar.

Abb. 12: Kausalität als wissenschaftstheoretisches Problem

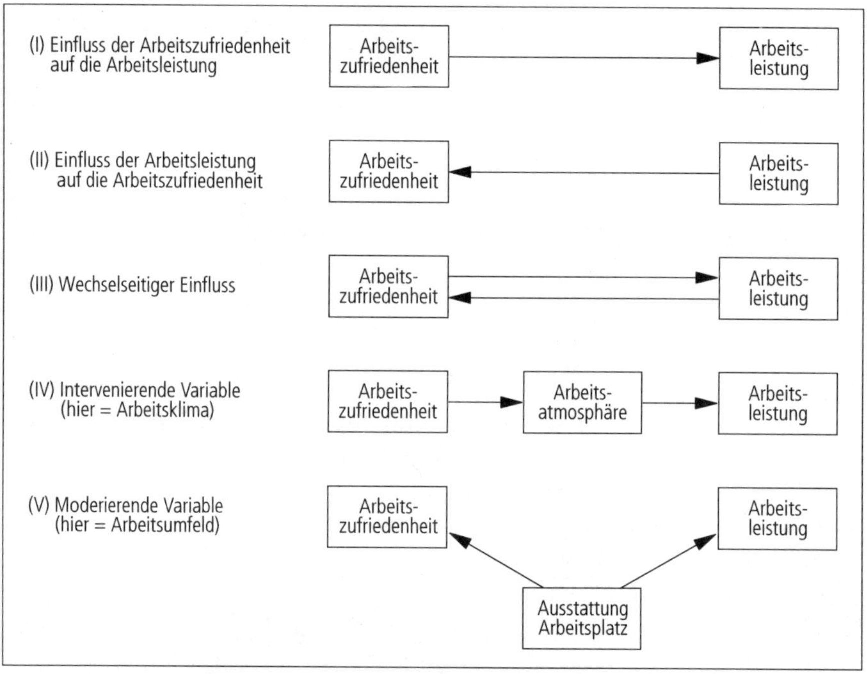

Die in einer empirischen oder theoretischen Aussage postulierte Kausalität muss folglich geprüft werden. Von einer **kausalen Beziehung** kann man ausgehen, wenn (vgl. Benninghaus 1990, S.274ff.; Lazarsfeld 1976)

- zwischen zwei Variablen X und Y eine **statistische** Beziehung besteht (= **‚association'**),
- Variable X der Variable Y **zeitlich** vorangeht (= **‚temporal precedence'**),

- der Einfluss sonstiger Variablen **kontrolliert** und deren mögliche Wirkung damit ausgeschlossen werden kann (= **‚lack of spuriousness'**; Ausschliessen von sog. **Scheinkorrelationen**).

Dass diese drei Bedingungen häufig nur **schwer** zu erfüllen sind (bspw. weil man zur Erfüllung der ‚temporal precedence' ein Experiment durchführen müsste; vgl. Kap. 3.5.3), versteht sich von selbst.

Neben den drei Anforderungen sollten auch **theoretische Überlegungen** die empirisch ermittelten Beziehungen stützen. Außerdem muss die **Ursache notwendig** sein, d.h. sie muss **zwangsläufig** zur Wirkung führen:

- Während bspw. der Faustschlag eines Boxers an den Kopf des Gegners die kausale Ursache dafür ist, dass dieser zu Boden geht,
- ist der Faustschlag des wutentbrannten Fußballtrainers gegen die Werbebande nicht die kausale Ursache dafür, dass seine Mannschaft ein Tor erzielt.

Vor dem Hintergrund der hier skizzierten Anforderungen muss man – um bei dem o.g. Beispiel (Hypothese: *„Arbeitszufriedenheit → Arbeitsleistung"*) zu bleiben – prüfen, ob die Untersuchung **tatsächlich** zu dem Ergebnis gelangt, dass

- zufriedene Mitarbeiter eine bessere Arbeitsleistung erbringen als unzufriedene Mitarbeiter, d.h. dass beide Variablen **zusammenhängen** (= **‚association'**),
- sich die Arbeitsleistung der Mitarbeiter erst dann verbesserte, **nachdem** sie zufriedener wurden (= **‚temporal precedence'**),
- die bessere Arbeitsleistung **nicht** durch andere Faktoren erklärbar ist, bspw. durch ein attraktiveres Arbeitsumfeld (z.B. Ausstattung mit leistungsfähigeren PCs) (= **‚lack of spuriousness'**).

Außerdem sollten **theoretische** Anhaltspunkte die empirisch festgestellte Beziehung untermauern, was in diesem Fall durchaus möglich wäre (vgl. hierzu z.B. Fischer 2006). Wer kausale Aussagen prüfen will, benötigt folglich zumindest **Grundkenntnisse** in den Verfahren der **empirischen Forschung** (z.B. Experiment, Befragung) und der Datenanalyse.

Das in Abb. 13 dargestellte Beispiel verdeutlicht, dass nicht nur empirisch ermittelte Zusammenhänge auf **Plausibilität** geprüft und **kritisch** betrachtet werden sollten, sondern auch die in der Literatur diskutierten **theoretischen Aussagen** über mögliche Beziehungen. Wenn bspw. die Literatur darauf verweist, dass Unternehmen mit geringem Auslandsgeschäft der ‚International Division' (= spezifische organisatorische Abwicklung des Auslandsgeschäfts) den Vorzug geben sollten (vgl. z.B. Welge 1984, S.392), so ist diese Aussage weit **weniger eindeutig** als man auf den ersten Blick meinen könnte (vgl. hierzu Müller/Kornmeier 2002a, S.643f.).

- Natürlich ist denkbar, dass diese Aussage zutrifft und die ‚International Division' bei begrenztem Volumen des Auslandsgeschäfts tatsächlich die angemessene Organisationsstruktur verkörpert (vgl. Abb. 13; **Situation I**), da für eine komplexere, stärker international ausgerichtete Struktur (z.B. Matrix-Organisation) übermäßig viele Ressourcen bereitzustellen wären.
- Ebenso plausibel aber ist **Situation II**, die eine Scheinkorrelation beschreibt. Eine „dahinter stehende" Variable (= unzureichendes ‚Commitment') sorgt demnach zum einen dafür, dass das Management die organisatorisch vergleichsweise einfache Lösung ‚International Division' beibehält (vgl. Abb. 13). Zum anderen bedingt das damit einhergehende begrenzte Engagement zugleich die geringe Exportquote.

Wenn Strategie und Struktur in Situation I **fälschlicherweise ursächlich** aufeinander bezogen werden, so deshalb, **weil sowohl** das begrenzte Volumen des Auslandsgeschäfts **als auch** die Präferenz für die ‚International Division' aus der Risikoaversion, dem Zeitmangel, dem fehlenden Know how oder negativen Erwartungen des Management erwachsen. Denn dieses erwartet vom Auslandsgeschäft lediglich unbefriedigende Erträge – was dann zur ‚self fulfilling prophecy' wird. Dieses Beispiel zeigt erneut, wie bedeutsam es ist, auch Aussagen aus der Literatur (hier = Aussagen über kausale Zusammenhänge) auf den Prüfstand zu stellen.

Abb. 13: Unternehmensstrategie → Unternehmensstruktur: Kausalität oder Scheinkorrelation?

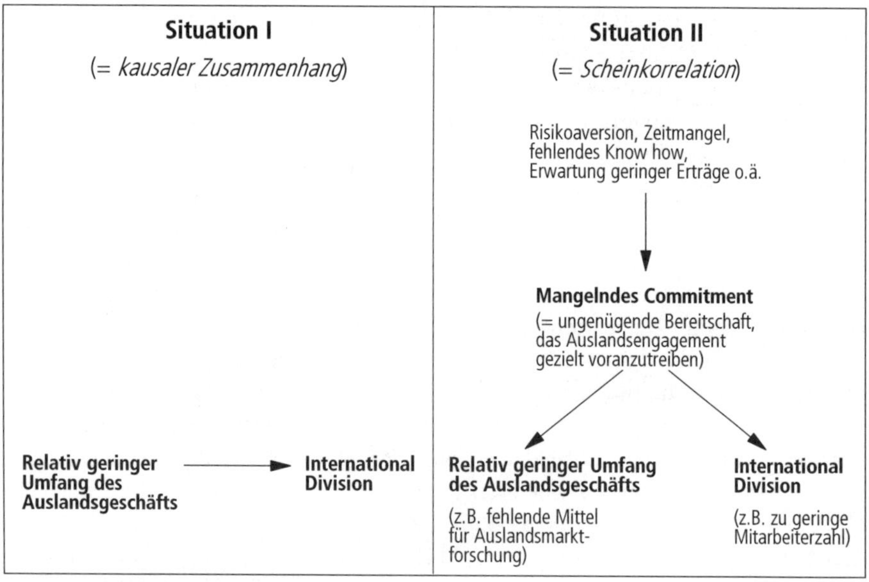

Quelle: Müller/Kornmeier (2002a, S.645).

2.2 Definitionen

2.2.1 Relevanz von Definitionen

Wissenschaften arbeiten nicht mit konkreten Ereignissen (bzw. Zuständen), sondern mit „**in Sprache gefasster Realität**", d.h. mit Aussagen über die Realität (vgl. Schnell u.a. 2005, S.50ff.). Da Dritte in der Lage sein sollen, die Ergebnisse der Wissenschaft nachzuvollziehen und zu kritisieren (vgl. Kap. 2.1.2), muss man die Begriffe, mit denen die in der Realität beobachtbaren Phänomene (Ereignisse, Zustände) beschrieben bzw. erklärt werden, **präzisieren**. Die hiermit angesprochenen Definitionen bzw. „Nominaldefinitionen" spielen in wissenschaftlichen Arbeiten demnach eine wichtige Rolle. Da aber gerade Studierende bisweilen dazu tendieren, die wesentlichen Funktionen einer Definition **falsch** zu interpretieren, soll im Folgenden anhand verschiedener Beispiele erklärt werden, welchen Zweck Definitionen tatsächlich zu erfüllen haben (vgl. hierzu auch Nienhüser/Magnus 2003, S.13ff.).

Wer sich in seiner wissenschaftlichen Arbeit bspw. mit „Internationalisierung" beschäftigt und deshalb zunächst verstehen bzw. beschreiben will, was mit „international" bzw. „Internationalisierung" konkret gemeint ist, wird von **Fülle** und **Heterogenität** der vorgeschlagenen Definitionen fast erdrückt. Folgende Beispiele mögen als Beleg für diese Aussage dienen:

- Die einen betrachten ein Unternehmen dann als „international", wenn es einen für seine Verhältnisse nicht unbedeutenden Teil der Leistungs- und Finanzierungsprozesse (bspw. Beschaffung von Vorleistungen bzw. Kapital oder Produktion) in mehr als einem Land bewerkstelligt (vgl. Segler 1986, S.11).
- Andere hingegen halten das Attribut „international" nur dann für angemessen, wenn sich das Unternehmen dauerhaft in einen Auslandsmarkt integriert. Dies wird in erster Linie durch Investitionen und die Aufnahme einer Produktionstätigkeit jenseits der Grenzen des eigenen Landes sichtbar (vgl. Pausenberger 1992, S.200).
- Wieder andere stufen ein Unternehmen dann als „international" ein, wenn dessen Auslandsgeschäft wesentlich dazu beiträgt, die Unternehmensziele zu erreichen und die Existenz des Unternehmens zu sichern (vgl. Perlitz 1995, S.11f.).

Trotz dieser – hier nur **auszugsweise** dargestellten – Vielfalt wäre es indessen verfehlt zu behaupten, man könne zum Thema „Internationalisierung" „nichts Konkretes" sagen – da sich ja selbst „die" Wissenschaft uneinig sei. Diese Gemengelage offenbart vielmehr, dass verschiedene Autoren, obwohl sie **denselben Begriff** verwenden, **Sachverhalte** behandeln, die zumindest in Teilen **verschieden** sind. Deshalb ist es unabdingbar zu analysieren, worüber sie konkret sprechen („Was ist **tatsächlich** gemeint?"), um anschließend jene

Publikationen auszuwählen, die für die eigene wissenschaftliche Arbeit geeignet sind.

Im Übrigen ist häufig auch gar nicht zu **erwarten**, dass alle dieselben Definitionen verwenden; denn wenn sich Vertreter **verschiedener Disziplinen** mit demselben Erkenntnisobjekt beschäftigen, so tun sie dies gewöhnlich aus der **Perspektive** des eigenen Fachs. Beispielsweise setzen sich nicht nur Betriebs- und Volkswirte mit Internationalisierung auseinander, sondern u.a. auch Vertreter aus Politologie und Wirtschaftsgeographie. Je nach wissenschaftlicher Tradition differenzieren die Autoren dann teils präziser, teils weniger genau (hier z.B. zwischen den verschiedenen Formen „international" tätiger Unternehmen).

Trotz dieser scheinbar „verfahrenen Situation" wäre es jedoch **falsch**, im weiteren Verlauf der Arbeit folgenden Weg einzuschlagen:

1. Die in der Literatur gesammelten Definitionen werden zunächst aufgezählt, um
2. dann die These aufzustellen, dass man angesichts der Heterogenität den Forschungsgegenstand nicht eindeutig definieren könne.
3. Die anschließende Entscheidung für die (dann doch) „richtige" Definition wird nicht eindeutig begründet und bleibt auch ohne Bedeutung, da
4. die betreffende Definition im weiteren Verlauf der Arbeit auch überhaupt nicht mehr zur Abgrenzung herangezogen wird.

Die hier skizzierte (nicht selten zu beobachtende) Vorgehensweise ist das Ergebnis einer Vielzahl von **Missverständnissen**, die im Folgenden **ausgeräumt** werden sollen (vgl. hierzu auch Nienhüser/Magnus 2003, S.13ff.): Eine Definition

- kann **nicht** „wahr" oder „falsch" sein,
- muss **eindeutig** sein,
- kann grundsätzlich **nicht „vollständig"** sein,
- sollte dem **Sprachgebrauch** entsprechen,
- muss **zweckmäßig** sein,
- sollte den betrachteten Gegenstand für die **gesamte** Arbeit **konsistent** abgrenzen.

‚Food for thought' **Warum Definitionen so wichtig sind**

„Beschreibungen und Theorien, bleiben leer, solange sie nicht mit empirischen Gehalt gefüllt sind, also nicht mit den Tatsachen konfrontiert werden. Aber bloße Tatsachen gibt es gar nicht, sie besitzen immer schon eine Form oder Struktur, z.B. durch den Rahmen einer Erhebung bei einer Befragung. Nur wenn man etwas weiß, kann man auch etwas beobachten. Eine Laie sieht in einem chemischen Labor definitiv nichts von dem, wovon die Chemiker reden. Hilary Putnam, einer der wichtigen derzeit lebenden Wissenschaftstheoretiker, nennt diese Position auch „internen Realismus". Real beobachtbar ist nur das, was zuvor in einem Begriffsschema definiert wurde. Beispiel: Wenn man jemand fragt, wie viele „Gegenstände" im Sekretariat eines Betriebs vorhanden sind, dann wird jeder eine andere Anzahl herausbekommen. Legt man aber einen begrifflichen Rahmen fest, z.B. Schreibstifte, Büromöbel etc., so erhält man ein eindeutiges, objektives Ergebnis."

Quelle: Brodbeck (2001).

2.2.2 Tatsächliche Anforderungen an Definitionen

2.2.2.1 Eindeutigkeit

Wohl jeder kennt das Kinderspiel „Mein Teekesselchen", das seinen Reiz aus den in der deutschen Sprache vorhandenen **Homonymen** zieht, d.h. aus Wörtern, die – obwohl gleich geschrieben – verschiedene Bedeutungen haben. So kann mit Blume nicht nur eine Pflanze gemeint sein, sondern auch Bierschaum oder der Schwanz eines Hasen. Einlagen wiederum sind nicht nur in Schuhen und Suppen, sondern auch auf Bühnen zu beobachten. Und Kronen finden sich nicht nur auf den Köpfen von Oberhäuptern, sondern auch in Bäumen, Zähnen und in den Geldbeuteln der Schweden. Beispiele wie diese verdeutlichen, dass es wichtig ist, eine **eindeutige Sprachregelung** zu finden.

Mitunter lässt sich ein Begriff durch eine sog. „**operationale Definition**" eindeutig abgrenzen. Dabei ersetzt man die **qualitativ-semantischen Bestandteile** teilweise oder weitgehend durch die Art und Weise, wie man diese Elemente **messen** kann. Beispielsweise ist der Begriff „Länge" erst dann wissenschaftlich nutzbar, wenn auch Messeinheit (z.B. cm), Messvorgang und Randbedingungen (z.B. Außentemperatur) angegeben werden, da sie die „Länge" eines Messobjekts beeinflussen können (vgl. Bridgman 1922). In der Betriebswirtschaftslehre nutzt man dieses Prinzip sehr häufig, v.a. zur „Operationalisierung" von sog. **theoretischen Konstrukten** (vgl. Kap. 2.4.4.3). Auch bei der Bildung von **Kennzahlen** spielt die operationale Definition eine wichtige Rolle; im Marketing etwa verwendet man sie u.a., um die numerische Distributionsquote zu bestimmen (= Verhältnis der „Verkaufsstellen, die ein bestimmtes Produkt **vertreiben**" zu „allen Verkaufsstellen, die dieses Produkt vertreiben **könnten**"; vgl. Schneider 2006, S.150).

2.2.2.2 Übereinstimmung mit dem Sprachgebrauch

Plausiblerweise muss die gewählte Definition mit dem Sprachgebrauch übereinstimmen, was mit Blick auf den wissenschaftlichen Anspruch nichts anderes bedeutet, als dass man sich der **fachspezifischen Termini** bedient. Nicht zuletzt aus diesem Grund verbietet es sich gewöhnlich, für wissenschaftliche Arbeiten auf **populärwissenschaftliche Werke**, wie den Brockhaus, das Grosse Universallexikon, Bertelsmanns Neues Universallexikon oder Meyers Grosses Taschenlexikon, zurückzugreifen; denn diese Publikationen wenden sich an ein breites, relativ unspezifisches Publikum und beschreiben die entsprechenden Stichwörter deshalb auf einer eher oberflächlichen, allgemeinen und **wenig substanziellen** Ebene.

Wer sich an den betriebswirtschaftlichen Sprachgebrauch (die ‚Lingua franca') halten will, sollte folglich auf speziell für die Betriebswirtschaftslehre verfasste **Lexika** (vgl. z.B. Birker 2005; Schneck 2005; Thommen 2004; Lück 2004), **Handwörterbücher** bzw. **Handbücher** zurückgreifen – vorzugsweise auf die zu den verschiedenen betriebswirtschaftlichen **Disziplinen** veröffentlichten

- Lexika (z.B. „Lexikon der internen Revision", „Lexikon des Rechnungswesens", „Lexikon des Controlling" u.v.a.m.),
- Handbücher (z.B. „Handbuch der Konzernrechungslegung", „Handbuch Unternehmungsführung", „Handbuch Internationales Management", „Handbuch industrielles Beschaffungsmanagement" u.v.a.m.) und
- Handwörterbücher.

Praxis	**Handwörterbücher zur Betriebswirtschaftslehre (Auszug)**

- Handwörterbuch der Betriebswirtschaft
- Handwörterbuch der Finanzwirtschaft
- Handwörterbuch der Führung
- Handwörterbuch der Öffentlichen Betriebswirtschaft
- Handwörterbuch der Organisation
- Handwörterbuch der Planung
- Handwörterbuch der Produktionswirtschaft
- Handwörterbuch der Rechnungslegung und Prüfung
- Handwörterbuch der Revision
- Handwörterbuch des Bank- und Finanzwesens
- Handwörterbuch des Marketing
- Handwörterbuch des Personalwesens
- Handwörterbuch des Rechnungswesens
- Handwörterbuch Export und internationale Unternehmung
- Handwörterbuch Unternehmensführung und Organisation
- Handwörterbuch Unternehmensrechnung und Controlling

2.2.2.3 Zweckmäßigkeit

Eine Definition ist keine Frage der „Wahrheit“, sondern eine „zweckmäßige Sprachregelung“ (vgl. Raffée 1974, S.37; Szyperski 1962, S.36ff.). Denn letztlich soll sie dem Leser v.a. verdeutlichen,

- **welchen Sachverhalt** man betrachten möchte, und
- wie man ihn von anderen Tatbeständen **abgrenzen** will.

Welche Abgrenzung (‚definitio' = lat. Abgrenzung) zweckmäßig ist, kann indessen nur beurteilen, wer den **Kontext** des betreffenden Problems kennt.

Beispiel I: Wer sich etwa mit dem Thema „Globalisierung“ auseinandersetzt, wird feststellen, dass je nach **Perspektive** völlig verschiedene **Sachverhalte** angesprochen werden. Je nach Standpunkt könnte man ggf. eine Definition wählen, die sich an eine der in Abb. 14 aufgeführten Bedeutungen anlehnt.

Abb. 14: Perspektivenvielfalt als Ursache für den Bedeutungshof „Globalisierung“

Perspektive	Bedeutung
1. Globalisierung von Finanzen und Kapitalbesitz	• Deregulierung der Finanzmärkte, internationale Kapitalmobilität, Anstieg der Firmenfusionen und -aufkäufe, Globalisierung des Aktienbesitzes in der Frühphase
2. Globalisierung der Märkte und Marktstrategien	• Weltweite Integration der Geschäftsabläufe, Etablierung integrierter Operationen im Ausland (incl. F&E und Finanzierung), globale Suche nach Komponenten und strategischen Allianzen
3. Globalisierung von Technologie und der damit verbundenen F&E bzw. des Wissens	• Technologie als Schlüsselfaktor; Entstehung globaler Netzwerke innerhalb einer oder zwischen mehreren Firmen dank der Fortschritte in Informationstechnologie und Telekommunikation. Globalisierung als Prozess der „Toyotisierung" / ‚lean production'
4. Globalisierung von Lebensformen und Konsummustern sowie des Kulturlebens	• Transfer und Transplantation der vorherrschenden Lebensweisen, Angleichung des Konsumverhaltens, Rolle der Medien, *GATT*-Regeln werden auf Kulturaustausch angewandt
5. Globalisierung von Regulierungsmöglichkeiten und politischer Steuerung	• Reduzierte Rolle nationaler Regierungen und Parlamente; Versuche, eine neue Generation von Regeln und Institutionen für die globale Steuerung zu schaffen
6. Globalisierung als politische Einigung der Welt	• Staatenzentrierte Analyse der Integration der Weltgesellschaften in ein globales wirtschaftlich-politisches System unter Leitung einer Zentralmacht
7. Globalisierung von Wahrnehmung und Bewusstsein	• Sozio-kulturelle Prozesse, die sich am „Eine Welt"-Modell, der „globalistischen" Bewegung, dem Weltbürgertum orientieren

Quellen: Die Gruppe von Lissabon (1997, S.49); erweitert und revidiert auf der Basis von Ruigrok/van Tulder (1993); entnommen: Müller/Kornmeier (2002a, S.15); leicht modifiziert.

Beispiel II: Zweckmäßig könnte (!) es sein, bei der Analyse von „Globalisierungs-Strategien in der Chip-Industrie" nicht alle Länder der Erde unter die Lupe zu nehmen, sondern nur jene, die für die Chip-Industrie weltweit **entscheidend** sind, d.h. den Großteil der Produktion bzw. Nachfrage auf sich vereinigen. Möglicherweise würde man dabei feststellen, dass der überwiegende Teil dieser Länder zur sog. Triade gehört, d.h. zu jenen drei Wirtschaftsräumen (= EU, Japan, Nordamerika), die noch heute ca. 80% des weltweiten Bruttosozialprodukts erwirtschaften. Mit anderen Worten: „Global" könnte in diesem Fall „Länder der Triade" (zzgl. z.B. China, Taiwan) bedeuten.

Beispiel III: Zweckmäßig könnte es sein, ein „internationales Unternehmen" bzw. ein „international tätiges Unternehmen" als das zu betrachten, was es seinem **Wortsinn** nach ist: ein Unternehmen, das sein Engagement „zwischenstaatlich" ausrichtet und „nicht national begrenzt". Demnach wäre ein Unternehmen dann „international", wenn es auch jenseits der eigenen Staatsgrenzen Interaktionsbeziehungen unterhält und dementsprechend „in irgendeiner Weise grenzüberschreitend" tätig ist (vgl. z.B. Dülfer 1999, S.7).

2.2.2.4 Konsistenz

Wer sich für eine bestimmte Verwendung entschieden hat, sollte diese Definition im weiteren Verlauf seiner Arbeit auch **beachten** und **konsistent** verwenden, es sei denn, er erklärt dem Leser, wann und warum es zweckmäßig ist, von der ursprünglich gewählten Definition abzuweichen. Zu beachten ist ebenfalls, dass auch die Autoren, deren Aussagen man in seiner Arbeit aufgreift und „verarbeitet", mit **demselben Begriff denselben Sachverhalt** meinen. Das in Abb. 15 dargestellte Beispiel zeigt am Beispiel „**Mitarbeiterloyalität**", welche Folgen es zeitigt (z.B. Vergleichbarkeit, Relevanz der Aussagen usw.), wenn ein und derselbe Begriff unterschiedlich definiert wird.

2.2.3 Vermeintliche Anforderungen

2.2.3.1 „Wahrheit"

Eine Definition **muss nicht** wahr sein, d.h. an der Realität prüfbar. Sie ist lediglich eine sprachlich formulierte **Gleichung** – mit dem zu erläuternden Begriff auf der einen Seite und dessen Umschreibung auf der anderen (vgl. Abb. 16). So lässt sich die Definition, dass man ein Unternehmen dann als „international" bezeichnet, wenn es sich durch **Direktinvestition dauerhaft** in einen Auslandsmarkt **integriert**, auch formal (als Gleichung) ausdrücken:

Definiendum = df. (Definiens$_A$; Definiens$_B$; ...; Definiens$_N$) bzw.

Definiendum (internationales Unternehmen) = df. (dauerhaft; Integration; Direktinvestition).

Abb. 15: Mögliche Konsequenzen unterschiedlicher Definitionen am Beispiel „Mitarbeiterloyalität"

	Version I	Version II	Version III
Definition	„Ein Mitarbeiter ist loyal, wenn er seinen Arbeitgeber in absehbarer Zeit nicht wechseln will."	„Ein Mitarbeiter ist loyal, wenn er sich an sein Unternehmen gebunden fühlt.	„Ein Mitarbeiter ist loyal, wenn er seit längerer Zeit für sein Unternehmen arbeitet."
Operationalisierung (= Messung; z.B. mit Hilfe einer Befragung)	„Wie groß ist die Wahrscheinlichkeit, dass Sie Ihren Arbeitgeber in absehbarer Zeit wechseln werden?"	„Haben Sie schon einmal daran gedacht, Ihren Arbeitgeber zu wechseln?"	„Seit wie vielen Jahren sind Sie für Ihren derzeitigen Arbeitgeber tätig?"
Konsequenz	∅ 18,6%	ja = 65,3% nein = 34,7%	∅ 14,6 Jahre

Abb. 16: Definiendum und Definiens als Bestandteile einer Definition

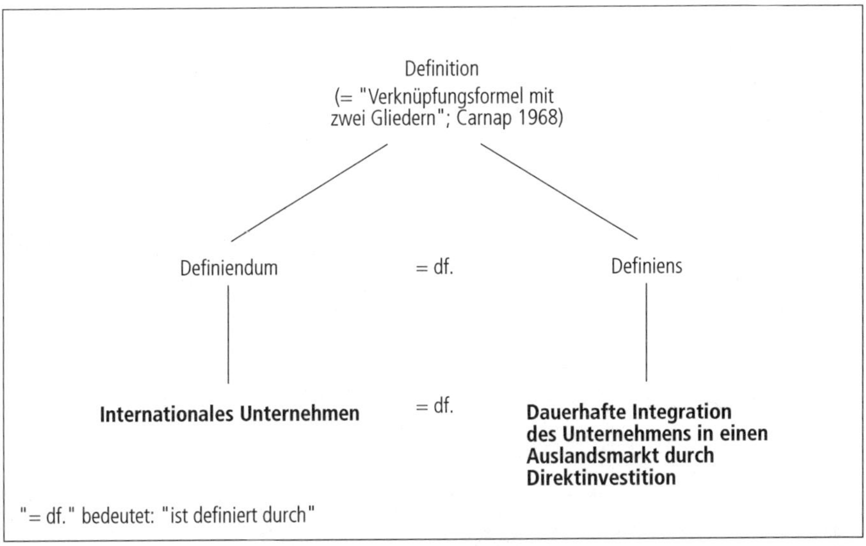

Quelle: eigene Darstellung auf der Basis von Raffée (1974, S.27).

Beide Teile einer Definition (Begriff und Erläuterung) müssen demnach denselben Sachverhalt beschreiben. Dass eine Definition nicht wahr sein muss, versteht, wer sich folgende beispielhaften Definitionen vor Augen führt:

„Nixen = Wassergeister, die den Menschen Schaden und Tod bringen",
„Alben = germanische Naturgeister".

Alle Definitionen sind demnach lediglich **sprachliche Festlegungen**, die indessen **nichts** über die **Realität** aussagen. In diesem Zusammenhang wird bisweilen auch zwischen intensionaler und extensionaler Bedeutung unterschieden (vgl. Schnell u.a. 2005, S.52):

- Die **intensionale** Bedeutung eines Begriffs (= Intension, Inhalt des Begriffs) umfasst jene Merkmale, die gegeben sein müssen, damit man Subjekte bzw. Objekte mit diesem Begriff bezeichnen kann.
- Die **extensionale** Bedeutung (= Extension, Umfang des Begriffs) beschreibt den Anwendungsbereich des Begriffs und umfasst demnach alle Subjekte bzw. Objekte, welche die Intension erfüllen.

Beispielsweise wäre die **Intension** von Alben „germanisch" und „Naturgeister"; die **Extension** hingegen ist äußerst unpräzise und vage, weil die Menge der Objekte, auf welche man den Begriff anwenden könnte, empirisch unbestimmt ist (jedenfalls waren bis heute keine Alben in der Realität zu beobachten).

Insgesamt lässt sich festhalten, dass man mehr oder minder frei festlegen kann, was unter einem bestimmten Begriff bzw. Sachverhalt zu verstehen sein soll. Ob dieser tatsächlich existiert bzw. „wahr" ist, ist nicht bedeutsam. Beispielsweise ist die Definition

„Assessment Center = Wettbewerbsstrategie, mit der sich ein Unternehmen sowohl Kosten-, als auch Qualitätsvorteile verschaffen will"

nicht falsch. Da man den beschriebenen Sachverhalt aber **gewöhnlich** als „Outpacing-Strategie" bezeichnet, wäre diese Definition nicht sinnvoll: Sie weckt beim Leser andere Assoziationen und würde ihn auf eine falsche Fährte bringen.

2.2.3.2 „Vollständigkeit"

Definitionen sind selten vollständig, da man gewöhnlich auf andere Begriffe zurückgreifen muss, deren Verständnis wiederum **vorausgesetzt** wird. In der o.g. Definition für „internationale Unternehmen" geht man bspw. davon aus, dass die Bedeutung von „dauerhaft", von „Integration" und von „Direktinvestition" bekannt ist. Folglich muss, wer intersubjektiv eindeutige und wissenschaftlich sinnvolle Aussagen über das „internationale Unternehmen" treffen möchte, nunmehr „dauerhaft", „Integration" usw. definieren. Damit droht ein „**infiniter Regress**"; denn nach wie vielen Monaten oder Jahren man bspw. von „dauerhaft" sprechen kann, ist gleichfalls offen. Wer einen derartigen „**nicht zu beendenden Rückgriff**" vermeiden will, muss demnach zumeist mit **unvollständigen** Beschreibungen zufrieden sein.

2.3 Hypothesen

2.3.1 Grundzüge

Es scheint für manche Wissenschaften nicht untypisch zu sein, dass sie zwischen Begriffen wie Definition, Hypothese, Theorie usw. häufig nicht **eindeutig unterscheiden** (vgl. zum Folgenden Schnell u.a. 2005, S.53f.). Anders als Definitionen (= sprachliche **Konventionen**) sind Theorien und Gesetzesaussagen **allgemeine Aussagen** über Zusammenhänge. Dasselbe gilt für Hypothesen, die einen **Zusammenhang** zwischen mindestens zwei **Variablen** postulieren. Letzteres sind

- **Namen** (z.B. Geschlecht, Beruf, Bildungsstand, Alter, Zufriedenheit, Mitarbeiterzahl, Umsatz)
- für all jene **Merkmalsausprägungen**, z.B.
  - o männlich / weiblich,
  - o Arbeiter(in) / Angestellte(r) / Selbständige(r)/ ...,
  - o Realschulabschluss / Abitur / Fachhochschulreife / ..., die man
- **Subjekten** (z.B. einer Auskunftsperson in einer Befragung) oder **Objekten** (z.B. Unternehmen)

zuschreibt.

Eine Hypothese ist i.d.R. theoretisch und / oder empirisch fundiert und soll die Realität erklären, d.h. die Frage beantworten, warum sich ein Sachverhalt so und nicht anders verhält. Der in einer Hypothese formulierte Zusammenhang kann, wie die in Abb. 17 dargestellten Beispiele verdeutlichen, grundsätzlich eine **beliebige** mathematische Form annehmen, gleichgültig, ob es sich dabei um eine lineare oder nicht-lineare Funktion handelt.

Abb. 17: Ausgewählte Möglichkeiten der Hypothesenformulierung am (fiktiven) Beispiel „Marktanteil" und „Return on investment"

„Wenn der Marktanteil groß ist, dann ist der ‚Return on investment' hoch." (= Wenn / dann-Aussage)	„Je größer der Marktanteil, desto höher der ‚Return on investment'." (= Je / desto-Aussage)	„Zwischen Marktanteil und ‚Return on investment' besteht ein U-förmiger Zusammenhang."	„Mit zunehmendem Marktanteil nimmt der Zuwachs des ‚Return on investment' ab."

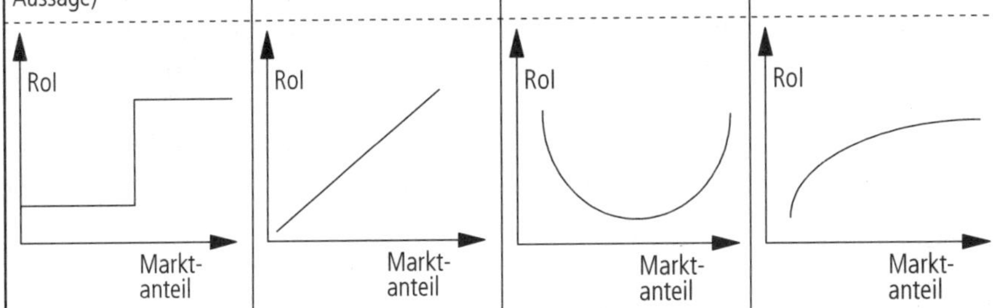

Lässt sich der Verlauf nicht nur näherungsweise beschreiben, sondern als konkrete Funktionsgleichung mit **mathematischen** Parametern, so handelt es sich um eine **„quantitative Hypothese“**. **Gesetzesaussagen** (bzw. nomologische Aussagen) haben zwar die gleiche Struktur wie Hypothesen; diesen Begriff verwendet man aber nur dann, wenn sich die entsprechende Aussage in der Realität bereits häufig bewährt hat.

2.3.2 Anforderungen

Hypothesen sind sog. **All-Aussagen**, d.h. Aussagen ohne räumliche und zeitliche Beschränkung (vgl. Popper 1989, S.31ff.). Da allerdings Beobachtungen in der Realität keine geeignete Möglichkeit bieten, um allgemeine Aussagen abzuleiten (= Induktion) oder zu bestätigen (= Verifikation), forderte Popper (1989), wie in Kap. 1.5.2.2 eingehend dargelegt, dass wissenschaftliche Aussagen so zu formulieren sind, dass sie an der Realität scheitern können (= Falsifikation; **„Popper-Kriterium“**).

Bestätigt sich eine aus vorhandenen oder spekulativ gewonnenen Theorien abgeleitete Hypothese, wenn man sie empirisch, d.h. an der Realität überprüft, wird der Geltungsbereich der Hypothese bzw. der entsprechenden Theorie größer, scheitert sie, wird er kleiner. Demnach ist bspw. die Aussage „Heute haben alle in meinem Haus lebenden Menschen rote Haare.“ keine Hypothese, da sie

- zeitlich („heute“) und
- räumlich („in meinem Haus“)

eingeschränkt wurde.

Ganz anders verhielte es sich in folgendem Fall: Die Hypothese „Alle Menschen haben rote Haare.“ ist keinerlei Einschränkungen unterworfen und nicht verifizierbar, sondern nur falsifizierbar. So würde es bereits genügen, irgendwo einen einzigen Menschen mit nicht-rotem Haar zu finden, um diese Hypothese zu falsifizieren. Neben den genannten Voraussetzungen muss eine Hypothese weitere in Abb. 18 zusammenfassend dargestellte Anforderungen erfüllen.

Nach Popper (1989) sind Theorien immer nur solange wahr, bis es gelingt, sie zu falsifizieren. Dieser Ansatz ist v.a. in der Statistik – bei Hypothesentests – weit verbreitet. Streng genommen hat bereits Hayek (1929, S.6) für die Statistik die von Popper vertretene Auffassung entwickelt: „Die Verifikationsmöglichkeiten einer Theorie, die die Statistik bietet, sind im wesentlichen negativer Art. Sie kann entweder zeigen, daß sich auch Vorgänge abspielen, die von der Theorie nicht hinreichend erklärt sind, oder keine derartigen Erscheinungen aufdecken. Eine Bestätigung einer Theorie im positiven Sinn ist jedoch nicht zu erwarten.“

Abb. 18: Anforderungen an eine Hypothese

Anforderung	Beispiel
• **Empirische Überprüfbarkeit**	• „Alben haben eine größere Arbeitszufriedenheit als Nixen." (= ungeeignet; denn die Existenz der Erscheinung muss nachprüfbar sein)
• **Falsifizierbarkeit**	• „Die Mitarbeiter haben heute eine große Arbeitszufriedenheit." besser: „Die Arbeitszufriedenheit der Mitarbeiter ändert sich im Zeitablauf nicht."
• **Hinreichender Informationsgehalt**	• „Zufriedenheit beeinflusst die Leistung oder auch nicht." (= Leerformel); besser: „Je zufriedener die Mitarbeiter, desto besser ist ihre Leistung."
• **Logischer Aufbau**	• „Markentreue beeinflusst das Alter." (= unlogisch) besser: „Je älter die Konsumenten, desto markentreuer sind sie."
• **Präzision und Eindeutigkeit**	• „Zufriedenheit beeinflusst die Leistung." besser: Welche Zufriedenheit? Welche Leistung? Wie stark?
• **Theoretische Fundierung**	• „In sozialen Beziehungen wollen Menschen für ihren Einsatz eine faire Gegenleistung erhalten." (= Equity-Theorie)

Schlagwort **Hypothese und Null-Hypothese**

„In der statistischen Theorie legt man im Prinzip diese wissenschaftstheoretische Anschauung zugrunde. Wenn man etwa zwischen zwei Datenreihen eine positive, signifikante Korrelation feststellt, dann heißt das nur, daß die Hypothese, zwischen diesen beiden Datenreihen bestehe ein Zusammenhang, nicht widerlegt werden kann. Es ist sehr gut möglich, daß tatsächlich doch kein Zusammenhang existiert und sich dies bei einem anderen Untersuchungsdesign auch zeigen läßt."

Quelle: Brodbeck (2001).

2.3.3 Bildung von Hypothesen

2.3.3.1 Mögliche Ansätze

Wissenschaft bzw. Forschung lässt sich in einen sog. **Entdeckungs**- und einen **Begründungszusammenhang** unterteilen (vgl. Reichenbach 1938, S.6f. u. 382ff.). Während im Begründungszusammenhang Hypothesen bzw. Theorien einer empirischen Prüfung unterzogen werden, sucht bzw. generiert man in der Phase des Entdeckungszusammenhangs Hypothesen (vgl. Brühl 2006, S.182). Der betriebswirtschaftlichen Forschung stehen hierzu verschiedene

Wege offen. Weitaus bedeutender als die Variante, eine Hypothese **spontan** – quasi durch einen „Geistesblitz“ – zu gewinnen, sind folgende Erkenntnisverfahren:

(1) Ziel der **systematischen Gewinnung** ist es, Hypothesen aus den vorliegenden theoretischen Erkenntnissen abzuleiten (= **Deduktion**), wofür i.d.R. ein intensives **Literaturstudium** erforderlich ist.

(2) Ein spezifisches, empirisch beobachtetes **Phänomen**, dessen Ursachen man ergründen will, bildet häufig den Ausgangspunkt der **empirischen Exploration** (= **Induktion**). Als Erkenntnisquellen kommen v.a. ähnlich gelagerte Fälle aus der Realität in Betracht, die bspw. als **Fallstudien** vorliegen. Allerdings hat, wie folgendes Beispiel belegt, auch diese Vorgehensweise gewisse Schwächen: Weil die Induktion lediglich das **Vorhandene** betrachtet, sind ihre Möglichkeiten, **innovative** Hypothesen zu bilden, sehr begrenzt (vgl. Brühl 2006, S.183).

‚Food for thought'

Schwächen des „Best Practice“-Konzepts

„Der Anspruch, der Praxis nicht nur funktionierende, sondern besonders erfolgversprechende Handlungsmuster aufzuzeigen, wird vor allem durch das sog. „Best Practice“-Konzept unterstrichen. Entsprechende Untersuchungen existieren in zwei Ausprägungen.

- In der ersten, wohl häufigsten, wird eine Reihe ausgewählter, als **besonders erfolgreich angesehener Unternehmen** betrachtet. Die Untersuchungen zielen darauf, die gemeinsamen, kritischen Erfolgsfaktoren zu identifizieren. Ein solches Vorgehen mag zu interessanten Entdeckungen führen. Bislang blieben ihm allerdings nennenswerte Erfolge versagt (Nicolai/Kieser 2003). Aus wissenschaftstheoretischer Sicht bedenklich ist allerdings die Unbekümmertheit, mit der daraus induktiv generelle Handlungsmuster abgeleitet und zur Nachahmung empfohlen werden (vgl. dazu Peters/Waterman 1982, Simon 1998, Tomczak/Reinecke 1998). Vor allem aber ist einem solchen Ansatz vorzuhalten, dass er lediglich zu einer **Verdopplung** existierender Handlungsmuster beiträgt und damit **keinen Raum** für wissenschaftliche **Innovationen** lässt.
- Dies ist anders bei solchen Projekten, in denen „Best-Practice“ lediglich Gegenstand **empirischer Begleitforschung** ist. So schreibt z.B. die Europäische Union seit einiger Zeit explizit vor, dass Konzepte und Technologien, die im Rahmen von Forschungsprojekten entwickelt wurden, in ausgewählten Unternehmen einzuführen, um erfolgskritische Einsatzvoraussetzungen zu identifizieren (European Commission 1997).

Die Bewertung einer an „Best Practice“ orientierten Forschung ist ambivalent. **Fallstudien** können sicher zu neuen Einsichten führen. Allerdings handelt es sich dabei doch in erster Linie um Einsichten über bestehende Praxis, die selbst dann, wenn man die Gegenwart zum Maßstab nimmt, nicht ohne Bedacht konstruktiv gewendet werden können:

- Differenzierungsstrategien **verlieren** mit zunehmender Verbreitung bekanntlich ihren Reiz.
- Daneben ist kritisch anzumerken, dass „Best Practice" mitunter als ein Etikett verwendet wird, das eine besondere Praxisnähe suggerieren soll – ohne dass dabei auf die damit verbundenen **erkenntnistheoretischen Einschränkungen** verwiesen würde.

In jedem Fall liefert die kasuistische Untersuchung als besonders erfolgreich identifizierter Unternehmen keine überzeugende Lösung des Begründungsproblems."

Quelle: Frank (2003, S.283f.).

Hypothesen lassen sich auch generieren, indem man (z.B. statt Fallstudien) eine **explorative**, d.h. eine das Problemfeld aufhellende und strukturierende **Voruntersuchung** durchführt. Wer bspw. die Einflussfaktoren der Kundenzufriedenheit analysieren möchte, könnte

- mit Hilfe einer **Vorstudie** ermitteln,
  - o welche Erwartungen Kunden an Unternehmen sowie an deren Produkte und Dienstleistungen stellen, und
  - o welche Faktoren (Preise, Frische der Waren, ...) die Kaufentscheidung beeinflussen, und
- auf dieser Basis **Hypothesen** entwickeln.

Für die i.d.R. **qualitative** Vorstudie bieten sich insbesondere **zwei Methoden** an:

- das **halbstrukturierte Interview** mit dem Ziel, den Kenntnisstand zu vertiefen,
- die **Gruppendiskussion**, mit welcher man sich einen breiteren Einblick verschaffen kann.

Praxis | **Gestaltung einer explorativen Voruntersuchung**

- Unabhängig von der Befragungsmethode sollte vor der explorativen Studie ein **Interviewerleitfaden** erstellt werden, der die Vorgehensweise grob skizziert.
- Außerdem hat es sich als nützlich erwiesen, die Gespräche bzw. Diskussionen auf **Tonband** aufzuzeichnen – das Einverständnis der Teilnehmer vorausgesetzt.
- Sowohl das halbstrukturierte Interview als auch die Gruppendiskussion stellen vergleichsweise hohe **Anforderungen** an denjenigen, der die Interviews führt bzw. die dabei gewonnenen Angaben auswertet.
- Wer zur Gewinnung von Hypothesen eine Gruppendiskussion durchführen will, sollte sich für eine möglichst **heterogene Teilnehmerstruktur** entscheiden, um ein breites Spektrum an Antworten bzw. Meinungen zu erhalten (im Falle einer Zufriedenheitsanalyse bspw. mehrere **Kunden** mit unterschiedlicher soziodemo-

graphischer Struktur (Männer / Frauen; jung / alt; Selbständige / Arbeitslose / ...; ...) sowie mehrere **Unternehmensmitarbeiter**).

(3) Als „Methode der verstehenden Erfassung von Lebenssituationen" (Raffée 1974, S.43) hat auch die **Hermeneutik** in Forschung und Praxis eine nicht unerhebliche Bedeutung für die Entwicklung von Hypothesen (vgl. Lingnau 1995, S.126). Wer hermeneutisch vorgeht, versucht Wirkungszusammenhänge (und darüber hinaus auch Sinnzusammenhänge) dadurch zu erklären, dass er sie nachvollzieht und versteht (vgl. z.B. Eberhard 1999, S.81ff.).

Vertreter der Hermeneutik betrachten Sätze und deren Bedeutung(en) in ihrem Zusammenhang (**Kontext**). Sie gehen davon aus, dass man das Einzelne nur durch das Ganze verstehen kann und umgekehrt (vgl. Geldsetzer 1994, S.137). Beispielsweise erschließt sich der Kontext (z.B. eines Satzes oder eines Briefes) erst über die Bedeutung der Wörter, während aber gleichzeitig auch die Wörter erst aus ihrem Kontext heraus tatsächlich verstehbar sind (= „**Kontextualität**"). Die Protagonisten der Hermeneutik vertreten die Auffassung, dass diese Kontextualität nicht nur für einen Satz oder einen Brief gilt, sondern in allen Situationen mit Kontextbezug, z.B. in Beziehungen, Gruppen oder Organisationen (z.B. Unternehmen).

(4) Schließlich soll an dieser Stelle auch die **Abduktion** erwähnt werden, die – jedenfalls nach Meinung mancher Autoren – sehr gut geeignet ist, **neue** Hypothesen zu finden (vgl. Brühl 2006, S.183). Dieses Schlussverfahren wurde bislang allerdings relativ selten eingesetzt. Deshalb und wegen ihres geringen Bekanntheitsgrades soll die Abduktion ausführlicher behandelt werden. Zunächst einige **Beispiele**: Wenn etwa

- ein **Hauptkommissar** am Tatort **Indizien** findet (z.B. ein Messer) und auf dieser Basis darüber spekuliert, dass **Herr X** der Täter gewesen sein könnte (weil dieser nach seiner Tat **immer** das Messer liegen lässt) oder wenn
- ein **Arzt** ein **Symptom** beobachtet und diagnostiziert, dass es eine **bestimmte** Krankheit sein könnte (weil bei dieser Krankheit **immer** das betreffende Symptom auftritt)

so handeln beide – bewusst oder unbewusst – nach dem Prinzip der Abduktion (vgl. hierzu auch z.B. Eberhard 1999, S.120ff.). Dieses wird auch in der **Wissenschaft** und im Übrigen auch im **Alltag** regelmäßig genutzt, wie Brühl (2006, S.184) anschaulich darlegt: „Wenn man nach Feierabend ungeplant einen Freund besucht und er nicht da ist, dann wird man annehmen, dass er vielleicht noch länger arbeitet oder einkaufen ist. Man wird sehr wahrscheinlich nicht annehmen, dass er ausgewandert ist oder, noch unplausibler, von

Marsmenschen entführt wurde. Die ersten beiden Gründe wird man für die besseren Erklärungen halten. Und wenn man weiß, dass der Freund noch nie länger gearbeitet hat, denkt man, dass er noch einkaufen ist. Ohne weiteres Wissen wird man diese Alternative für die plausibelste Erklärung halten. Man kann sich allerdings irren."

Was Charles Sanders Peirce, der die Methode in die Wissenschaftstheorie eingeführt hat (vgl. Brühl 2006, S.183), als Abduktion bezeichnete, beschrieb Harman (1986; 1968; 1965) später als die **„Suche nach der besten Erklärung"**. Mit der Abduktion kann man aber nicht nur Erklärungen für einen überraschenden bzw. zunächst nicht nachvollziehbaren Umstand finden, sondern auch **neue Theorien** entdecken (= „echter synthetischer" Schlussmodus) (vgl. Wirth 1995, S.405ff.).

Wenn an dieser Stelle ein altbekannter Witz das Prinzip der Abduktion verdeutlichen soll, so möge man dem Autor den etwas derben Unterton nachsehen – zumal es einem guten Zweck („Erhellung") dient.

Praxis

Abduktion oder „Sind Menschen ohne Hundehütte homosexuell?"

Herr I. trifft seinen Nachbarn, der gerade einzogen ist, und fragt ihn interessiert und ganz direkt.
Herr I.: „Was machen Sie denn eigentlich beruflich?"
Nachbar: „Ich bin Professor an der Universität. Ich lehre unter anderem Abduktion."
Herr I.: „Abduktion? Was ist denn das?"
Nachbar: „Beispiel: Ich sehe, dass Sie hinter Ihrem Haus eine Hundehütte haben. Daraus schließe ich, dass Sie einen Hund haben."
Herr I.: „Stimmt."
Nachbar: „Aus dem Umstand, dass Sie einen Hund haben, schließe ich per Abduktion, dass Sie eine Familie haben."
Herr I.: „Stimmt auch."
Nachbar: „Da Sie eine Familie haben, schließe ich, dass Sie eine Ehefrau haben."
Herr I.: „Korrekt."
Nachbar: „Und da Sie eine Ehefrau haben, kann ich schließen, dass Sie heterosexuell sind."
Herr I.: „Passt."
Nachbar: „Das ist Abduktion."
Herr I.: „Das ist Abduktion? Klasse!"

Später am selben Tag trifft der Mann einen anderen Nachbarn, Herrn W.
Herr I.: „Hallo, Herr W. Ich habe vorhin mit dem neuen Nachbarn gesprochen. Der hat einen wahnsinnig spannenden Beruf!"
Herr W.: „Oh, was macht er denn?"
Herr I.: „Er ist Professor an der Universität und lehrt dort Abduktion."
Herr W.: „Abduktion? Was ist das?"

Herr I.: „Ganz einfach: Haben Sie eine Hundehütte?"
Herr W.: „Nein."
Herr I.: „Was?!?!?!? Sie ......!!!"

Anhand dieses Beispiels lässt sich das **Prinzip der Abduktion** erklären (vgl. Peirce 1960, S.117):

1. Der überraschende Befund C (hier = „Herr I. hat eine Hundehütte.") wird **beobachtet**.
2. Wenn **A wahr wäre** (= „Herr I. **könnte** einen Hund haben."), dann wäre C („Herr I. hat eine Hundehütte.") eine **plausible Konsequenz** (natürlich wären **grundsätzlich** auch andere Lösungen denkbar).
3. Folglich gibt es zumindest **gute Gründe anzunehmen**, dass A **wahr ist**: „Herr I. **hat** einen Hund!"

Vereinfacht formuliert **sucht** man mit der aus der Logik stammenden Abduktion nach **(unbekannten) Ursachen** (B), die zusammen mit einer **bekannten Gesetzmäßigkeit** (A) ein **beobachtetes Ereignis** (Phänomen) (C) plausibel erklären können. Für die Abduktion sind demnach im Wesentlichen **zwei Aspekte** besonders bedeutsam:

(1) Man benötigt eine **allgemein gültige Gesetzmäßigkeit** (hier = „Alle Hunde haben eine Hundehütte."), die nicht nur den einen Tatbestand (= C) erklären kann, sondern auch ähnliche.

(2) Man muss überhaupt erst einmal auf den **Gedanken** kommen, dass es eine solche Gesetzmäßigkeit gibt (geben könnte).

Die Unterschiede zwischen **Abduktion**, **Deduktion** und **Induktion** lassen sich am Beispiel des neugierigen Nachbarn sehr gut verdeutlichen.

- Im Falle der **Deduktion** schließt man aus den bekannten Größen A und B auf C:

A	Gesetz	Alle Hunde haben eine Hundehütte.
B	Randbedingung	Herr I. hat einen Hund.
C	Ereignis / Schluss	Herr I. hat eine Hundehütte.

- Bei der **Induktion** leitet man aus den Bekannten C und B das „Gesetz" A ab:

C	Ereignis / Schluss	Herr I. hat eine Hundehütte.
B	Randbedingung	Herr I. hat einen Hund.
A	Gesetz	Alle Hunde haben eine Hundehütte.

- Im Falle der **Abduktion** ist lediglich C bekannt. Anschließend sucht man nach unbekannten Ursachen (z.B. „Herr I. hat einen Hund."), so dass C eine plausible Folge wäre. Dies ist hier der Fall, da es nicht ungewöhnlich ist, dass Hunde eine Hundehütte haben (= A).

C	Ereignis / Schluss	Herr I. hat eine Hundehütte.
A	Gesetz	Alle Hunde haben eine Hundehütte.
B	Randbedingung	Herr I. hat einen Hund.

Die Abduktion gewinnt in der **Wissenschaftstheorie** eine immer größere Bedeutung (vgl. Bartelborth 1996), aber auch generell in den empirischen Wissenschaften, weil damit innovative bzw. kreative Hypothesen zu entdecken sind (vgl. Brühl 2006, S.184). Manche Autoren vertreten sogar die Auffassung, dass man nur mit der Abduktion zu substanziell neuen Erkenntnissen gelangen kann.

Peirce hält die Abduktion für ein probates Verfahren, um geeignete Hypothesen zu generieren, weil „Forscher nicht erst unzählig mögliche Hypothesen ausprobieren, sondern häufig in drei bis vier Schritten eine viel versprechende Hypothese finden. Er hat insbesondere den Instinkt des Menschen hervorgehoben, der durch die Evolution zu dieser Leistung in der Lage ist (vgl. Peirce 1960, V, S.106f.). Psychologische Studien haben diese Vermutung insofern bestätigt und erweitert, als sie festgestellt haben, dass unsere kognitiven Strukturen unser Schlussvermögen beeinflussen. Wichtige Funktion hat dabei unser Hintergrundwissen, da es die Möglichkeit beeinflusst, Hypothesen zu entwickeln“ (Brühl 2006, S.184).

Auch die **qualitative (Sozial-)Forschung** nutzt den abduktiven Schluss, um zu einer gegebenen Beobachtung

- eine mögliche Gesetzmäßigkeit und
- eine Ursache zu finden,

welche zusammen die betreffende Beobachtung erklären könnten. Dass der abduktive Schluss letztlich nur **„vielleicht wahr“** (= **„potenziell wahrheitsentdeckend“**) ist, lässt sich damit erklären, dass nicht vorhersagbar ist, ob ein Forscher unter der Vielzahl an möglichen Gesetzmäßigkeiten gerade jene auswählt, die sich als richtig erweist. Außerdem könnten natürlich alle zur Erklärung herangezogenen Hypothesen falsch sein, d.h. auch die ausgewählte Hypothese.

Beispiel: Wenn etwa ein Mediziner bei einem Patienten das Symptom „Fieber“ beobachtet, so könnte er per Abduktion vermuten, dass eine starke Erkältung die Ursache ist (Gesetz: „Eine starke Erkältung führt zu erhöhter Temperatur.“). Denkbar wäre indessen auch, dass das Fieber auf eine innere Entzündung zurückzuführen ist (Gesetz: „Innere Entzündungen führen zu erhöhter Temperatur.“). In Betracht käme aber auch eine andere Ursache, die der Arzt in seiner Anamnese jedoch nicht berücksichtigt, weil die Gesetzmäßigkeit ihm unbekannt oder mental nicht präsent ist.

2.3.3.2 Unzulässige Vorgehensweise

Folgender Weg ist im Rahmen einer wissenschaftlichen Arbeit **auf keinen Fall** gangbar: Man erhebt – im Rahmen einer empirischen Studie – Daten, analysiert diese zunächst und gewinnt die Hypothesen erst **anschließend** „aus den Daten“ (vgl. Wollnik 1977, S.43f.). D.h. um seiner Arbeit den Stempel der „Wissenschaftlichkeit“ aufzudrücken, legt man zwar Hypothesen zugrunde, aber erst „im Nachhinein“ (= sog. **‚Ad hoc'-Hypothesen**). Letztlich aber sind dies **keine Hypothesen**, sondern lediglich Aussagen, die (vgl. Kieser 1995, S.8; Wright 1974, S.26)

- erklären, warum ein bestimmtes Ereignis **zu erwarten** (bzw. **nicht zu erwarten**) war, die aber
- offen lassen, warum sich ein Ereignis **zugetragen** hat (Eine Situation hat sich ereignet, „weil“ sie in hohem Maße wahrscheinlich war).

2.4 Modell und Theorie

2.4.1 Grundzüge

Der Begriff „Theorie“ (griech. ‚theorein' = beobachten, betrachten, (an)schauen; ‚theoría' = Überlegung, Erkenntnis) wird zwar je nach wissenschaftstheoretischer Position unterschiedlich verwendet, im Allgemeinen aber versteht man darunter ein **System** aus **mehreren Hypothesen** oder **Gesetzen** (vgl. Schnell u.a. 2005, S.54; vgl. zum Folgenden insbes. Fülbier 2004, S.270f.). Theorien – wie im Übrigen auch Modelle – beziehen sich i.d.R. auf einen spezifischen Ausschnitt der Realität, über welchen sie auch deskriptive und erklärende Aussagen formulieren. Theorien sollen i.d.R. empirisch geprüft werden können, z.B. durch Experimente oder Beobachtung (vgl. Kap. 3.5). Wer Modelle bzw. Theorien bilden will, muss reale Sachverhalte in **(formal-)sprachliche Begriffe** übersetzen (z.B. Unternehmen, Auslandsmärkte, Mitarbeiter, Kunden, Aktionäre), um anschließend Aussagen über existierende und interessierende Zusammenhänge abzuleiten.

- Welche Faktoren beeinflussen die Wettbewerbsfähigkeit eines Unternehmens oder eines Landes?
- Welche Konsequenzen hat die Mitarbeiterzufriedenheit für die Zufriedenheit der Kunden?
- Wie lässt sich der Zusammenhang zwischen der Wahl der Markteintrittsstrategie und dem Unternehmenserfolg beschreiben?

Um Fragen wie diese zu beantworten, kann man, wie in Kap. 2.3 („Hypothesen“) beschrieben, verschiedene Wege einschlagen (z.B. Literaturstudium, hermeneutisch). Die gefundenen Antworten werden anschließend als Aussagen bzw. Hypothesen formuliert. Werden **mehrere interdependente** Hypothesen **logisch verbunden** und zu einem System zusammengefasst, spricht man von einem **Modell** (vgl. Abb. 19).

Abb. 19: Vereinfachte Darstellung der Modell- bzw. Theorienbildung

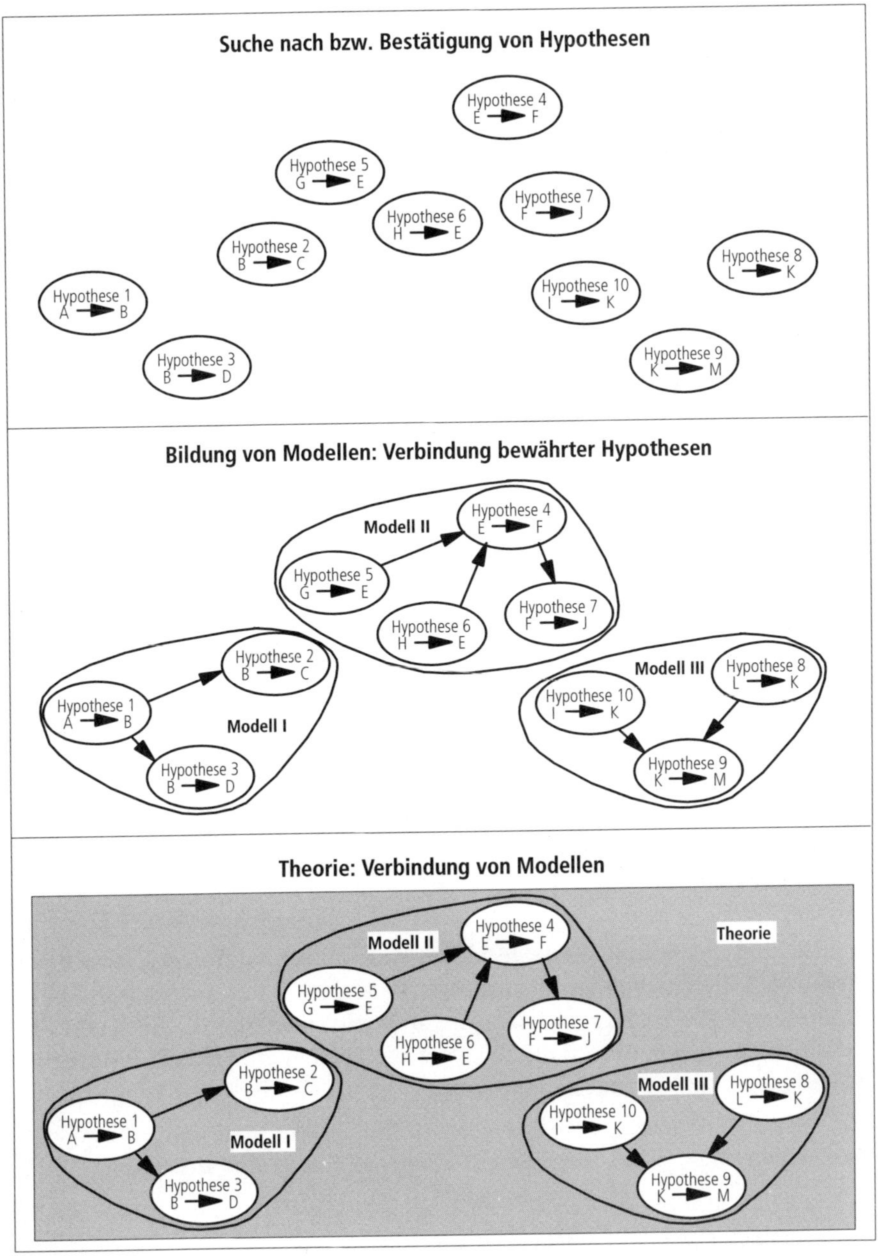

Drei Beispiele (aus der Volkswirtschaftslehre, dem Marketing und dem Internationalen Management) sollen an dieser Stelle genügen, Nutzen bzw. Stellenwert von **Modellen** in verschiedenen Bereichen der Wirtschaftswissenschaften zu dokumentieren.

Beispiel I

Der Volkswirtschaftslehre zurechenbar ist ein von Porter (1991; 1990) entwickeltes Modell der Wettbewerbsfähigkeit. Demnach beeinflussen vier interagierende Variablen sowie zwei exogene Faktoren den internationalen Erfolg eines Landes (vgl. Abb. 20). Bildhaft gesprochen ähnelt dieses Wettbewerbsmodell einem Diamanten, dessen „Schnittflächen", d.h. Faktoren, sich wechselseitig beeinflussen. Bisweilen spricht man deshalb auch von „Porters Diamant-Modell".

Abb. 20: „Porters Diamant-Modell": Einflussfaktoren der nationalen Wettbewerbsfähigkeit

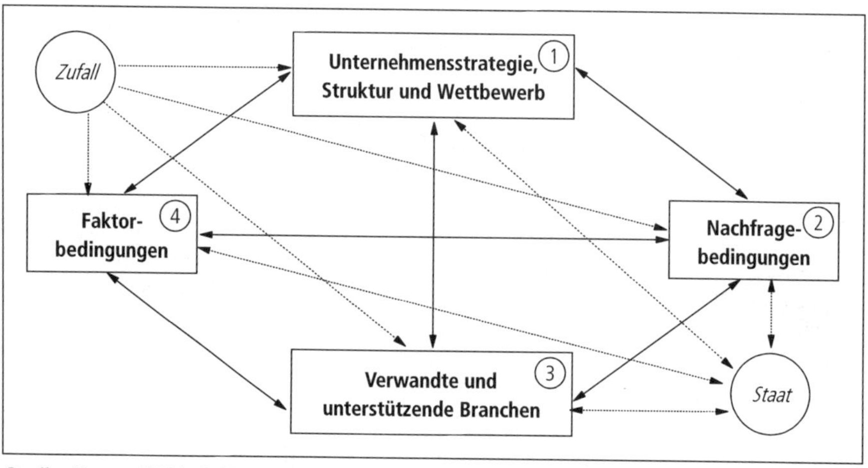

Quelle: Porter (1991, S.151).

Freilich sind die in Abb. 20 dargestellten Begriffe relativ abstrakt. Jedoch verbergen sich dahinter zahlreiche weitere **Faktoren** bzw. „theoretische Konstrukte" (vgl. hierzu Kap. 2.4.4.3), die in **Beziehung** zu verschiedenen Modellvariablen stehen, welche die Basis für die Formulierung von **Hypothesen** bilden. Hier einige wenige **Beispiele**:

(1) Zwischen Nachfragebedingungen (insbesondere Art und Ausmaß der Binnennachfrage) und Unternehmensstrategie besteht eine Beziehung:

- Je anspruchsvoller die Nachfrager sind, desto stärkeren Druck üben sie auf die Anbieter aus (② → ①).

- Diese wiederum werden dadurch gezwungen, sich konsequent an den Bedürfnissen der Abnehmer zu orientieren (① → ②).
- Unternehmen mit einem großen inländischen Marktpotential profitieren von Skalen- und Lerneffekten und können deshalb einen Teil ihrer F&E-Aufwendungen vergleichsweise schnell amortisieren, was wiederum die Höhe ihrer Faktorkosten (z.B. Kosten der Kapitelbeschaffung) beeinflusst (② → ①, ① → ④).

(2) Strategie (z.B. Verfolgen langfristiger Ziele) und Struktur der inländischen Unternehmen beeinflussen den Wettbewerbsdruck, so dass Unternehmen gezwungen sind, bspw. nach kostengünstigeren Produktionsfaktoren zu suchen oder eine bessere (innovative) Prozesstechnologie einzusetzen (① → ④).

(3) Falls Unternehmen aus verwandten bzw. unterstützenden Branchen, z.B. nationale Zulieferer, ihre Marktmacht steigern, so können sie die notwendigen Produktionsfaktoren kostengünstiger erschließen (③ → ④) und den Unternehmen die Vor- oder Zwischenprodukte zu einem geringeren Preis bzw. zu einer besseren Qualität anbieten (③ → ①). Letztlich kommt dies auch den Nachfragern zugute (① → ②).

(4) Zu den Faktorbedingungen gehören u.a. auch natürliche Rohstoffe bzw. Bodenschätze. Diese verlieren aber spätestens dann an Bedeutung, wenn geeignete Substitute auf künstlichem Wege produziert werden (③ → ④; ① → ④).

Beispiel II

Auch im Marketing werden zahlreiche Modelle entwickelt, die u.a. dazu dienen, Kauf- oder Zahlungsbereitschaft von Konsumenten oder das Einkaufsverhalten von Unternehmen abzubilden. Das folgende Modell, das Winter (2005) überdies empirisch bestätigte, dokumentiert den Zusammenhang zwischen Mitarbeiter- und Kundenzufriedenheit. Demnach besteht zwischen beiden Größen keine direkte, wohl aber eine indirekte Beziehung (vgl. Abb. 21) – über eine Vielzahl an moderierenden und intervenierenden Variablen bzw. „theoretischen Konstrukten" (vgl. hierzu Kap. 2.4.4.3). Daneben ergaben sich folgende nicht minder bedeutsamen Zusammenhänge:

- Je zufriedener die Mitarbeiter mit ihren **Kollegen**, mit der Sicherheit des **Arbeitsplatzes**, mit dem **Unternehmensleitbild** sowie mit der organisationalen **Kundenorientierung** sind, desto zufriedener sind sie und desto positiver ist ihr generelles **Verhalten**.
- Je positiver ihr Verhalten (z.B. Serviceorientierung), desto zufriedener sind die **Kunden**.
- Je zufriedener die Kunden, um so eher nehmen die Mitarbeiter diese Zufriedenheit (als positiv) wahr (= **wahrgenommene Kundenzufriedenheit**).

- Je mehr die Mitarbeiter die Kundenzufriedenheit wahrnehmen, um so eher schlägt sich dies in ihrem **Verhalten** nieder und um so zufriedener sind **sie selbst**. Der Kreis schließt sich.

Abb. 21: Modell der Mitarbeiter- und Kundenzufriedenheit

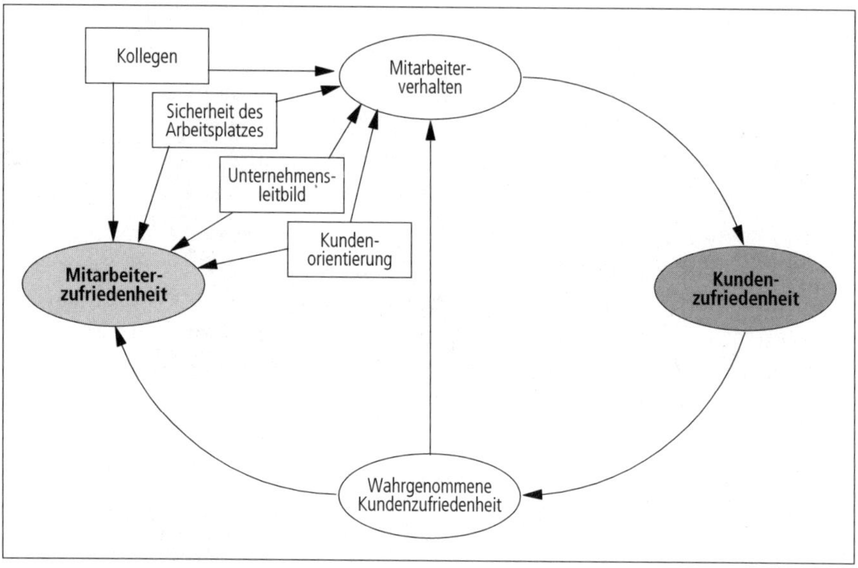

Quelle: Winter (2005, S.184); leicht modifiziert.

Beispiel III

Auch im **Internationalen Management** werden Modelle konstruiert und ggf. empirisch getestet. Abb. 22 etwa beschreibt ein vereinfachtes Modell der Markteintrittsentscheidung, das die potentiellen Einflussfaktoren zu vier **Gruppen** zusammenfasst (vgl. hierzu Müller/Kornmeier 2002a, S.356ff.). Demnach wirken

- Struktur und Potential des **Unternehmens** zusammen mit den
- jeweiligen Bedingungen des **Inlandsmarktes** und
- denen potentieller **Auslandsmärkte** auf
- den unternehmensinternen **Entscheidungsprozess** ein.

In diesem vereinfachenden, idealtypischen Modell endet der Prozess mit der Wahl einer bestimmten Markteintrittsstrategie bzw. der Festlegung einer Abfolge von Schritten zur Erschließung des Auslandsmarktes.

Auch in diesem Modell verbergen sich hinter den einzelnen Faktoren zahlreiche weitere Größen, Variablen bzw. theoretische Konstrukte, die wiederum durch **interdependente Hypothesen** „verbunden" sind; denn auch in der Realität wird die Entscheidung über die Aufnahme bzw. den Ablauf der

Internationalisierung von einer **Vielzahl an Variablen** beeinflusst und erklärt (vgl. z.B. Perlitz 2000; Hill u.a. 1990, S.117). Beispielsweise hängt das Verhalten des **Unternehmens** von seinen Zielen, Ressourcen und seiner Unternehmenskultur ab, aber z.B. auch von Motiven und Risikobereitschaft der Manager. Die Situation auf dem **Inlands**- bzw. **Auslandsmarkt** wiederum wird geprägt vom Marktvolumen, von den Unternehmen und deren Wettbewerb oder etwa von Faktorkosten und der Qualifikation der Arbeitskräfte, um nur einige Größen zu nennen. All diese Variablen beeinflussen mehr oder minder stark Wahrnehmung und Verhalten der Entscheider – mithin die **Entscheidung** für eine bestimmte **Markteintrittsstrategie**.

Abb. 22: Vereinfachtes Modell der Markteintrittsentscheidung

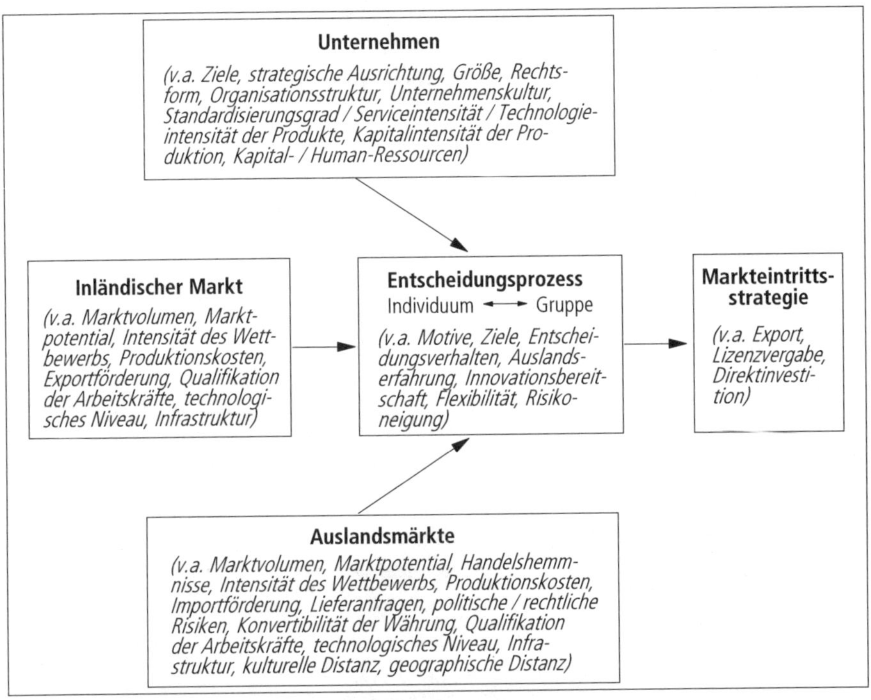

Quelle: Müller/Kornmeier (2002a, S.357); leicht modifiziert.

Modelle können – bei bestimmten Gemeinsamkeiten – mit anderen Modellen zu einer Theorie zusammengefasst werden (vgl. Fülbier 2004, S.270):

- Der „Principal / Agent-Ansatz“ etwa kann u.a. das Verhältnis zwischen Managern und Aktionären beschreiben, ist aber selbst wiederum Bestandteil des Theoriekonglomerats der „**Neuen Institutionenökonomie**“.
- Die im Investitions- und Finanzierungsbereich angesiedelte Kapitalmarkttheorie beschäftigt sich u.a. mit dem Zusammenspiel von Zahlungsströ-

men, Risiken und Wertpapierpreisen, ist aber noch immer sehr stark in der Tradition der **Neoklassik** verwurzelt.

- Das oben beschriebene „Modell der Markteintrittsentscheidung" ist selbst Teil einer **entscheidungstheoretischen** Ausrichtung, die sich in vielerlei Hinsicht mit dem Phänomen „Internationalisierung" auseinandersetzt (vgl. Müller/Kornmeier 2002a, S.339ff.).

2.4.2 Funktionen und Ebenen von Theorien

2.4.2.1 Funktionen

Die Theorie übernimmt – gerade im Zusammenspiel mit Empirie und Unternehmenspraxis – sehr **bedeutsame Funktionen** (vgl. Engelmeyer 1992, S.400), jedenfalls dann, wenn man die Betriebswirtschaftslehre als anwendungsorientierte Wissenschaft begreift (vgl. Abb. 23).

Abb. 23: Stellenwert der Theorie im Zusammenspiel mit Empirie und Unternehmenspraxis

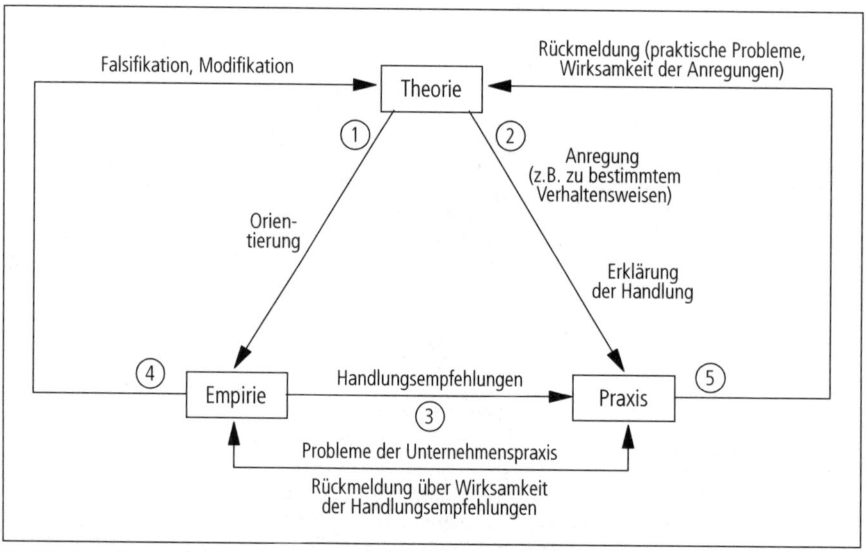

Quelle: Engelmeyer (1992, S.400); leicht modifiziert.

(1) Die Theorie bildet den **(Orientierungs-)Rahmen**, innerhalb dessen sich die empirische Forschung bewegt (vgl. Abb. 23; ①).

(2) Aus den Theorien lassen sich **Aussagen** ableiten, die der Unternehmenspraxis in verschiedener Weise dienen (vgl. Abb. 23; ②): Sie

- **erklären** bestimmte praktische Phänomene,

- liefern **Gestaltungshinweise** und
- eignen sich für **Prognosen.**

(3) Die in der Empirie gewonnenen Erkenntnisse bilden die Grundlage der **(Handlungs-)Empfehlungen** für Unternehmen (z.B. Anwendung der Marktforschungsinstrumente), was ggf. ein ‚Feed back' der Praxis auslöst (vgl. Abb. 23; ③).

(4) Aussagen können auf Basis einer **theoriegeleiteten** empirischen Forschung geprüft werden („Popper-Kriterium"), was im Laufe der Zeit ggf. zu einer **Modifikation** der ursprünglichen Theorie führt (vgl. Abb. 23; ④).

(5) Die Unternehmenspraxis, die die Handlungsempfehlungen der Wissenschaft aufgreift, gibt ihre damit gesammelten **Erfahrungen** an die ‚Scientific community' **weiter** und **fördert** damit den Prozess der Erkenntnisgewinnung (vgl. Abb. 23; ⑤).

2.4.2.2 Ebenen

Formal lassen sich Theorien **drei Ebenen** zuordnen. Am Beispiel „Organisationstheorien" verdeutlicht Kieser (1995) dieses Prinzip:

- **Makro-Theorien** (z.B. Neue Institutionenökonomie) tragen vorzugsweise dazu bei, Fragen wie die folgenden zu beantworten:
  - Wie kooperieren Organisationen?
  - Wie sind Netzwerke (z.B. Franchise-Ketten) organisiert?
- **Meso-Theorien**, zu denen bspw. der situative Ansatz zählt, sind u.a. bei folgenden Themen hilfreich:
  - Worin unterscheiden sich verschiedene Organisationen strukturell?
  - Welche Faktoren (z.B. Unternehmensstrategie, Umweltbedingungen) beeinflussen die Entscheidung für oder gegen eine bestimmte Struktur?
- **Mikro-Theorien** (z.B. ‚Human relations'-Ansatz) sind eher geeignet, Antworten auf Fragestellungen wie die folgenden zu geben:
  - Welche Konflikte sind für welche Organisationsform charakteristisch?
  - Beeinflusst die jeweilige soziale Rolle (z.B. Autokrat oder Gruppenmitglied) das Entscheidungsverhalten von Managern?

2.4.3 Betrachtung eines Phänomens aus verschiedenen theoretischen Perspektiven

Unternehmen sind **hochkomplexe soziale Gebilde** („Systeme") mit einer Vielzahl an Beziehungen zu „der" Umwelt (z.B. Mitarbeiter, Lieferanten, Kunden, Aktionäre, Gewerkschaften, Kreditinstitute, Unternehmensberater u.v.a.m.). Es ist deshalb kaum möglich, alle Eigenschaften und Schnittstellen zwischen den Elementen in einer Theorie zu erfassen. Wie sich u.a. am Beispiel des Netzwerk-Ansatzes belegen lässt, nimmt – entsprechend den Regeln der Kombinatorik – mit jedem Systemelement die Menge der möglichen Beziehungen zu, so dass das menschliche Auffassungs- und Differenzierungsvermögen alsbald überfordert ist.

Folglich bedarf es eines differenzierten **Kanons von Theorien**, die sich jeweils nur mit **Teilen** des Erkenntnisobjekts auseinandersetzen und so den Erkenntnisprozess fördern. Denn dieser wird i.d.R. nicht durch die unterschiedlichen theoretischen Perspektiven behindert, sondern durch das Unvermögen, diese zu erkennen. Kieser (1995, S.1) hat diesen Zustand einmal sehr treffend mit folgendem indischen Märchen beschrieben.

‚Food for thought' **Was Theorien(vielfalt) mit Elefanten zu tun hat**

„Sechs blinde Männer stoßen auf einen Elefanten. Der eine faßt den Stoßzahn und meint, die Form des Elefanten müsse die eines Speeres sein. Ein anderer ertastet den Elefanten von der Seite und behauptet, er gleiche eher einer Mauer. Der dritte fühlt ein Bein und verkündet, der Elefant habe große Ähnlichkeit mit einem Baum. Der vierte ergreift den Rüssel und ist der Ansicht, der Elefant habe große Ähnlichkeit mit einer Schlange. Der fünfte faßt an ein Ohr und vergleicht den Elefanten mit einem Fächer; und der sechste, welcher den Schwanz erwischte, widerspricht und meint, der Elefant sei eher so etwas wie ein dickes Seil."

Quelle: Kieser (1995, S.1).

Beispielsweise lässt sich auch die Internationalisierung der Unternehmenstätigkeit mit **verschiedenen** Theorien aus unterschiedlichen **Perspektiven** beleuchten, wobei sich die jeweiligen Ansätze bisweilen berühren bzw. **überschneiden** (vgl. Abb. 24).

- Aus Sicht der Entscheidungstheorie stehen z.B. **(Entscheidungs-)Regeln** im Vordergrund. Diese unterstützen die Suche nach der besten Option oder z.B. den Prozess der Entscheidung (über die Internationalisierung).
- Die verhaltenswissenschaftlichen Theorien rücken den **Menschen** in den Mittelpunkt und analysieren bspw. den Einfluss des individuell wahrgenommenen Risikos auf die Markteintrittsentscheidung.
- Die Organisationstheorien legen den Schwerpunkt auf das **Unternehmen** und betrachten v.a. die Konsequenzen der Internationalisierung (z.B. für die Organisationsstruktur).

Diese Vielfalt mag nur auf den ersten Blick verwirrend sein, ist aber – auch wegen der verschiedenen Perspektiven – durchaus fruchtbar und Erkenntnis fördernd.

Abb. 24: Betrachtung der Realität aus multiplen theoretischen Perspektiven: Das Beispiel „Internationalisierung"

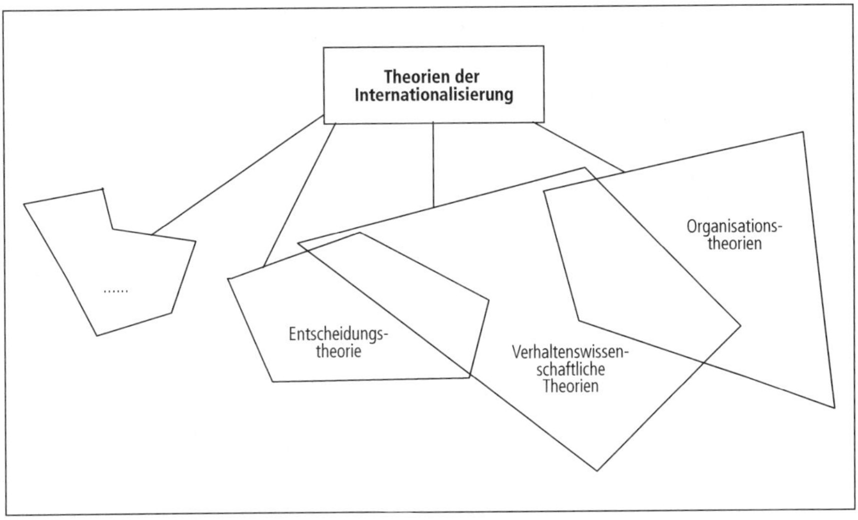

Quelle: in Anlehnung an Engelmeyer (1992, S.399).

Beispiel I:

Wie lässt sich erklären, warum Porsche und BMW, die als die beiden letzten großen Automobilhersteller damit begonnen hatten, in China „Fuß zu fassen", dafür unterschiedliche Strategien wähl(t)en? Während BMW dort langfristig auch produzieren will, möchte Porsche den Markt lediglich durch ein exklusives Vertriebs- und Servicenetz erschließen. Dies wirft u.a. folgende Fragen auf, die sich mit Hilfe verschiedener Theorien beantworten lassen (vgl. Müller/Kornmeier 2002a, S.214):

- Wie haben die beiden Unternehmen ihre Strategie entwickelt und welche Rahmenbedingungen haben die Entscheidung beeinflusst? (→ **Entscheidungstheorie**)
- Wie stark haben verhaltenswissenschaftliche Faktoren (z.B. Risikobereitschaft der Manager, deren internationale Erfahrung / Wissen über China) die Entscheidung geprägt? (→ **Verhaltenswissenschaftlicher Ansatz**)
- Wie gestalten die Automobilhersteller ihr China-Geschäft organisatorisch (z.B. Aufbau- / Ablauforganisation)? (→ **Organisationstheorie**)
- Mit welchen Anreizen kann Porsche verhindern, dass die chinesischen Niederlassungsleiter nicht opportunistisch, sondern im Sinne des Stammhauses handeln? (→ ‚Principal / Agent'-Ansatz der **Neuen Institutionenökonomie**)
- Unterscheiden sich die Erfolgsfaktoren in den verschiedenen Phasen der Internationalisierung? (→ **Erfolgsfaktorenforschung**)

Beispiel II:
Kooperationen mit ihren heterogenen Erscheinungsformen (z.B. Minderheits- oder Mehrheitsbeteiligung, Lizenzvergabe) lassen sich gleichfalls mit verschiedenen Theorien bzw. theoretischen Ansätzen beschreiben und erklären (vgl. Abb. 25).

Abb. 25: Kooperationen als wissenschaftliches Erkenntnisobjekt

Theorie	Zentrale Fragestellung	Aussage
‚Principal / Agent'-Ansatz (Herzig u.a. 1997, S.764ff.)	• Wechselseitiges Verhalten der Kooperationspartner • Einflussfaktoren der Stabilität von Kooperationen	• Das Handeln des Agenten (z.B. Manager) beeinflusst das Wohlergehen des Principals (z.B. Aktionär). • Agenten haben einen Informationsvorsprung, den sie zur Durchsetzung eigener Ziele nutzen können. • In Kooperationen kommen ‚Agency'-Probleme auf zweifache Weise zum Tragen: Innerhalb der Kooperation sowie zwischen dem gemeinsamen Leitungsgremium und den Führungskräften in der Kooperation.
Spieltheorie (Florin 1997, S.7f.; Parkhe 1993, S.797f.)	• Wechselseitiges Verhalten der Kooperationspartner • Einflussfaktoren der Stabilität von Kooperationen	• Kooperationspartner verhalten sich u.a. dann nicht opportunistisch, wenn die Zusammenarbeit mit einer Kapitalbeteiligung unterlegt wird; denn dieses ‚Commitment' signalisiert die Bereitschaft zu kooperativem Verhalten. Dadurch entsteht eine „Win / win-Situation".
Theorie des organisationalen Lernens (Baughn u.a. 1997; Simonin 1997; Inkpen 1996)	• Unter welchen Bedingungen kann ein Unternehmen in einer Kooperation Know how des Partners internalisieren? • Möglichkeiten zum Schutz des Know how vor Diffusion	• Die Kooperation dient in erster Linie dem Zugriff auf das Know how des Partnerunternehmens. • Der Erfolg einer Kooperation hängt vom Gleichgewicht der Partner ab.
Transaktionskostenansatz (Parkhe 1993, S.801ff.; Williamson 1990, S.34ff.; Kogut 1988, S.320ff.)	• Gründe für die Existenz von Kooperationen	• Unternehmen kooperieren, wenn die Zusammenarbeit sowohl hierarchischen Transaktionsformen als auch Transaktionen über den Markt überlegen ist.

Quelle: Pausenberger/Nöcker (2000, S.395).

- Der **Transaktionskostenansatz** – als Theoriebestandteil der „**Neuen Institutionenökonomie**" – setzt sich bspw. mit den **Gründen** von Kooperationen auseinander (vgl. z.B. Lingenfelder 1996, S.147ff.). Demnach arbeiten Unternehmen dann zusammen, wenn die Kooperation anderen Möglichkeiten der (hierarchischen) Transaktion (z.B. 100%-Tochtergesellschaft) oder Transaktionen über den Markt (z.B. direkter Export) überlegen ist.

- Die **Spieltheorie** wiederum beschreibt u.a. das **Verhalten** von Kooperationspartnern und analysiert Bedingungen, die eine stabile Zusammenarbeit ermöglichen.
- Auch der **‚Principal / Agent'-Ansatz** setzt sich mit diesen Fragen auseinander, kommt dabei jedoch – zumindest in Teilen – zu **anderen** Aussagen.

2.4.4 Bildung von Modellen bzw. Theorien

2.4.4.1 Bestandteile

Für die Bildung von Modellen bzw. Theorien benötigt man zunächst

- bestimmte **Regel**- und **Handlungssysteme**, sog. Institutionen (vgl. Schneider 1995, S.20ff.), die u.a. mit Hilfe eines Aktionsrahmens (z.B. rechtliche oder vertragliche Rahmenbedingungen) und Wirkungsmechanismen (z.B. Preismechanismus) die Zusammenhänge zwischen den Akteuren strukturieren,
- **Akteure**, die sich in einer bestimmten Weise verhalten,
- **Annahmen**, die wegen der Komplexität realer Sachverhalte i.d.R. unverzichtbar sind. Dabei handelt es sich um **Aussagen ohne Wahrheitsanspruch**, mit deren Hilfe man Modelle und Theorien auf das Wesentliche reduziert, was wiederum die **Komplexität** der formulierten Zusammenhänge stark vermindert (vgl. Chmielewicz 1994, S.120ff.).

Gerade bei den Theorien der „Neuen Institutionenökonomik", der Mikroökonomie, aber auch in Teilen der Entscheidungstheorie ist es üblich, dass man Annahmen trifft in Bezug auf

- **Zahl** und **Art** der Akteure, d.h. man betrachtet Akteure auf aggregiertem Niveau (z.B. Unternehmen, Staat) statt einzelne Manager, Kunden oder Aktionäre,
- **Informationsausstattung** (vollkommen vs. unvollkommen),
- **Risikopräferenz / Verhalten** (z.B. opportunistisch vs. regelkonform).

Wer allerdings zu viele Annahmen trifft, läuft aus Sicht des Kritischen Rationalismus Gefahr, dass er die Modelle bzw. Theorien wegen des geringen Realitätsbezugs der Falsifikationsmöglichkeit entzieht, was Albert (1967, S.331) als „**Modell-Platonismus**" bezeichnet hat.

Das **Marketing** etwa suchte zunächst in der **Mikroökonomie** nach einem geeigneten theoretischen Fundament, um bspw. die Phänomene der **Preispolitik** zu erklären (vgl. Behrens 1995, Sp.2563). Da aber die dort getroffenen

Annahmen (z.B. rationales Handeln) in der Realität eher die **Ausnahme** und nicht die Regel sind, waren die mikroökonomischen Ansätze kaum geeignet, z.B. das sog. Preisverhalten von Konsumenten zu erklären.

2.4.4.2 Leistungsmerkmale bzw. Anforderungen

Abb. 26 vermittelt einen Überblick über die wesentlichen **Leistungsmerkmale** bzw. **Anforderungen**, die an Theorien gestellt werden.

Abb. 26: Leistungsmerkmale bzw. Anforderungen an Theorien

Kriterien	Bedeutung
Formal	
• Logische Korrektheit	• Die Theorien entsprechen den Grundsätzen der Logik.
• Interne Konsistenz / Widerspruchsfreiheit	• Die aus der Theorie ableitbaren Aussagen widersprechen sich nicht.
• Reichweite	• Die Theorien decken einen weiten Anwendungsbereich ab, indem über ihren repräsentativen Charakter hinaus speziellere Theorien ableitbar sind.
Semantisch	
• Sprachliche Exaktheit	• Die Theorien beinhalten ein Minimum intensionaler und extensionaler Vagheit in ihren Konzepten.
• Konzeptionelle Einheitlichkeit	• Die Theoriekomponenten beziehen sich, unabhängig von ihrem theoretischen Ursprung (Psychologie, Soziologie usw.), auf die gleiche Interpretationsbasis; die Begriffe müssen einheitlich interpretiert werden.
• Empirische Interpretierbarkeit / Operationalisierbarkeit	• Die Theorien bzw. deren Begriffe („theoretische Konstrukte") sind operationalisierbar.
• Tiefe	• Die Theorien decken tiefer liegende Strukturen und Zusammenhänge des jeweiligen Erkenntnisobjekts auf und können bekannte Phänomene erklären.
Methodologisch	
• Falsifizierbarkeit	• Die Theorien sind über Tests mit der Realität konfrontierbar.
• Einfachheit	• Die Theorien sind einfach aufgebaut und leicht testbar.
• Sparsamkeit	• Die Theorie kommt mit möglichst wenigen Grundbegriffen aus.
Wissenschaftstheoretisch	
• Erklärungskraft	• Die Theorien ermöglichen die Erklärung des Erkenntnisobjekts bzw. einer avisierten Problemstellung.

(wird fortgesetzt)

(Fortsetzung)

Kriterien	Bedeutung
Wissenschaftstheoretisch	
• Allgemeinheit	• Die Theorien können die allgemeine Struktur des Erkenntnisobjekts in einem einheitlichen Schema angeben.
• Genauigkeit	• Die Theorien identifizieren die für die Forschungsfrage relevanten Einflussfaktoren.
• Theoretische Plausibilität	• Die Theorien stehen in Einklang mit bestehendem Wissen und Erkenntnissen des Gegenstandsbereichs.
• Sachbezogene Plausibilität	• Die Forschungsfrage lässt sich über die Theorien zielkonform umsetzen.
• Progressive Problemverschiebung	• Die Theorien ermöglichen einen Erkenntnisfortschritt innerhalb des Gegenstandsbereichs.
• Produktivität	• Die Theorie erzeugt neue Fragestellungen und fördert dadurch die Forschung.
• Stabilität	• Die Theorien sind durch neueste Erkenntnisse erweiterbar.

Quelle: Unger (1998); leicht modifiziert und ergänzt.

Zu den bedeutsamen Kriterien gehört neben der Falsifizierbarkeit u.a. auch die sog. **Reichweite**. Diese hängt von der Ebene der Theorie ab (vgl. Kap. 2.4.2.2) und meint deren Potential, unterschiedliche (soziale) Phänomene in unterschiedlichen Situationen unter unterschiedlichen Bedingungen usw. zu erklären. Während etwa die „Theorie der **Bankloyalität**" (vgl. Süchting 1998) – wegen ihrer Konzentration auf den Banksektor – nur einen relativ kleinen Radius zu ziehen vermag, ist bspw. die Reichweite der **Dissonanztheorie** (vgl. Festinger 1957) weitaus größer: Sie ist wesentlich allgemeiner gehalten und kann deshalb Phänomene in verschiedenen Bereichen der Betriebswirtschaftslehre begründen – auch im Bankbereich, z.B. Einstellungen und Verhalten von Bankkunden (vgl. z.B. Lohmann 1997; Kurz 1984). Darüber hinaus ist sie aber auch – meist im Zusammenspiel mit anderen Theorien – sehr hilfreich, um Phänomene wie die folgenden zu erklären bzw. zu verstehen:

- ‚Groupthink' (= Organisation) (vgl. z.B. Lüthgens 1997),
- Widerstand bzw. Bereitschaft zum organisatorischen Wandel (= Personal; Organisation) (vgl. z.B. Riesenkönig 2005),
- Beitrag des Personalmanagement (z.B. Qualität der einzelnen Mitarbeiter) zum Erfolg von Kreditinstituten (= Personal) (vgl. z.B. Schmeichel 2005),
- Verhalten von Neukunden (= Marketing) (vgl. z.B. Gouthier 2004),
- Zusammenspiel von (Massen-)Kommunikation und Einstellungen der Rezipienten (= Kommunikationswissenschaften, Marketing) (vgl. z.B. Gierl/Praxmarer 2001; Lindner-Braun 1973),

- Einfluss monetärer Faktoren auf die Entsendungsbereitschaft (= Internationales Management) (vgl. z.B. Kornmeier 2002).

2.4.4.3 Besonderer Stellenwert theoretischer Konstrukte

Wer eine Theorie formuliert, nutzt **sprachliche Konstruktionen**, deren Bedeutung sich häufig erst erschließt, wenn man die zugrunde liegenden theoretischen Überlegungen erläutert (= Begriffsdefinition). Diese in Modellen bzw. Theorien verwendeten „theoretischen Begriffe" bezeichnet man auch als **„theoretische"** bzw. **„hypothetische Konstrukte"** (‚theoretical constructs'). Ihre Aufgabe ist es, die in der Realität beobachtbaren (empirischen) Phänomene zu beschreiben bzw. zu erklären; Konstrukte bezeichnen demnach Phänomene, Vorgänge bzw. Sachverhalte, die als existent angenommen werden. Da es sich aber um rein „sprachliche Gebilde" handelt, sind sie **nicht** direkt beobachtbar (vgl. Neibecker 2001a, S.1668).

Ein simples Beispiel für ein solches „Konstrukt" wäre die **„mathematische Begabung"** eines Schülers. Dass es sich dabei um eine nicht beobachtbare Größe handelt, ist offenkundig, denn: Was genau ist „mathematische Begabung"? Ist es bspw.

- die Schnelligkeit, mit der man eine Rechenaufgabe löst?
- das generelle Interesse an der Mathematik?
- die Note (in Mathematik) im Abitur?
- die „Leichtigkeit", mit der man komplexe mathematische Aufgaben – früher und schneller als seine Mitschüler – bewältigt?

Den Zusammenhang zwischen „mathematischer Begabung" → „Wahl eines bestimmten Studienfachs" → „späterer beruflicher Erfolg" könnte man in einem einfachen **Modell** abbilden. Allerdings wäre auch der „spätere berufliche **Erfolg**" ein theoretisches Konstrukt, denn: Worin manifestiert sich dieser?

- Im akademischen Abschluss (z.B. Dipl.-Physiker, Dr. rer nat.)?
- In der beruflichen Position?
- Im Brutto-Einkommen?
- In der Zahl der Publikationen?
- Im gesellschaftlichen Renommee?

Auch in der Betriebswirtschaftslehre finden sich zahllose theoretische Konstrukte, die Bestandteile von Modellen und Theorien, aber nicht direkt beobachtbar sind, man denke an

- (Unternehmens-)Kultur,
- Kunden- bzw. Marktorientierung,

- Arbeitszufriedenheit,
- Wettbewerbsvorteil,
- Umweltbewusstsein,
- Unternehmensgröße,
- Unternehmenserfolg,
- Marktmacht,
- Komplexität,
- Markentreue,
- Kooperationsbereitschaft,
- Mitarbeiterloyalität usw.

Wie Abb. 26 verdeutlicht, müssen Theorien, falls sie falsifizierbar sein sollen, mit der Realität **konfrontierbar** sein. Dies indessen ist nur möglich, wenn man die (empirisch nicht direkt beobachtbaren) theoretischen Konstrukte „beobachtbar macht" (= **Operationalisierung**; vgl. Abb. 27). Dies gelingt mit sog. **Indikatoren**, d.h. mit empirisch nachprüfbaren Größen (vgl. Neibecker 2001b, S.1230). Weil das theoretische Konstrukt aus anderen, leicht(er) zu beobachtenden Sachverhalten (= Indikatoren) erschlossen wird, spricht man auch von **„latentem Konstrukt"**.

Abb. 27: Zusammenhang zwischen Hypothese, theoretischen Konstrukten, Korrespondenzregeln und Indikatoren

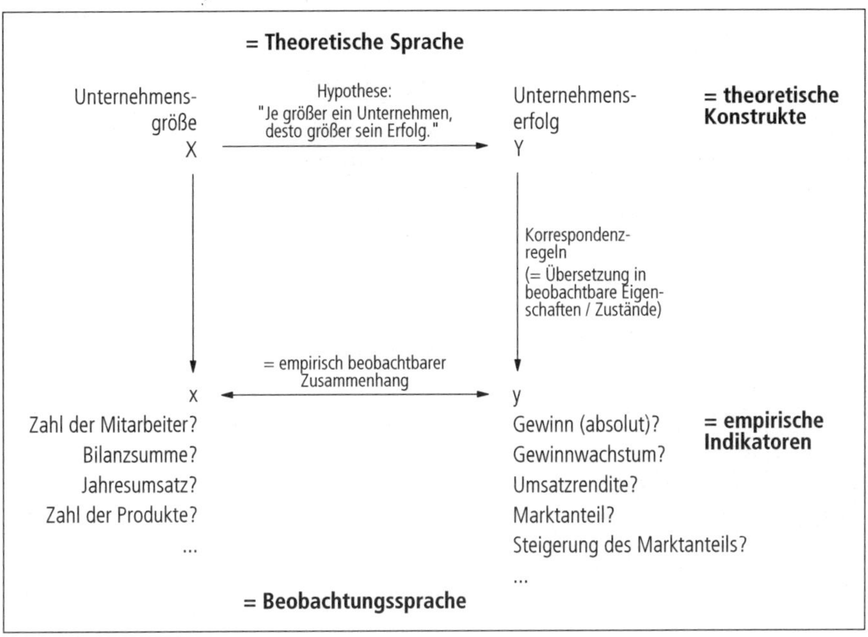

Quelle: eigene Darstellung auf der Basis von Schnell u.a. (2005, S.74).

Wer Hypothesen testen will, muss folglich die Ebene der **theoretischen Sprache** verlassen und die theoretischen Konstrukte mit Hilfe sog. **Korrespondenzregeln** (bzw. Zuordnungsregeln) in eine **Beobachtungssprache** „übersetzen". Abb. 27 verdeutlicht den Sachverhalt beispielhaft anhand der bewusst (!) einfach gehaltenen Hypothese: „Je größer ein Unternehmen, desto größer sein Erfolg". Typische Indikatoren des latenten Konstrukts „Unternehmensgröße" wären bspw. Zahl der Mitarbeiter, Umsatz pro Jahr und Bilanzsumme; den Unternehmenserfolg wiederum könnte man anhand von Umsatzrendite, Gewinnwachstum, Gewinn u.v.a.m. in die Beobachtungssprache übersetzen (= operationalisieren).

Allerdings sind mit der Operationalisierung theoretischer Konstrukte (wie im Übrigen auch mit der empirischen Prüfung der Hypothesen) zahlreiche **Probleme** verknüpft (vgl. hierzu ausführlich Albers/Hildebrandt 2006, S.2ff.; Fassott 2006, S.67ff.; Herrmann u.a. 2006, S.34ff.). So stellt sich u.a. die Frage, wie man sicherstellen kann, „dass bestimmte Indikatoren zu einem bestimmten theoretischen Konstrukt gehören?" (Schnell u.a. 2005, S.75). Wie Abb. 27 sowie das folgende Beispiel zeigen, fällt es bisweilen nicht leicht, jene Indikatoren zu finden, die sich zur Operationalisierung am **besten eignen**. Auch darf man sich häufig nicht nur mit einem oder zwei Indikatoren begnügen, wenn ein latentes Konstrukt „die realen Verhältnisse" möglichst **gut erfassen** soll.

‚Food for thought'	**Operationalisierung als Problem: Was versteht man unter „Exporterfolg"? (ausgewählte Indikatoren)**

- Beitrag des Exports zum Unternehmensgewinn
- Durch Export erwirtschafteter Gesamtgewinn (in den vergangenen fünf Jahren)
- Durchschnittliche Wachstumsquote Exportumsatz (in den vergangenen fünf Jahren)
- Entwicklung des Export / Umsatz-Verhältnisses (in den vergangenen fünf Jahren)
- Erwartungen der Manager
- Erzielter Marktanteil
- Exportgewinn
- Exportumsatz
- Exportwachstum
- Verhältnis „Exportgewinn zu Gewinn auf dem Heimatmarkt"
- Grad der Zielerreichung
- Relativer Exportgewinn
- Relatives Exportwachstum
- ‚Return on Investment'
- Umsatzwachstum
- Verhältnis „Auslandsgewinn zu Gesamtgewinn"

- Verhältnis „Auslandsumsatz zu Gesamtumsatz“
- Verhältnis „Export zu Umsatz“
- Vom Management wahrgenommener Erfolg
- Wahrgenommene Profitabilität des Exports

Quelle: eigene Zusammenstellung auf der Basis von Matthyssens/Pauwels (1995, S.8f.).

Fehler bei der Operationalisierung können äußerst gravierende Konsequenzen haben, da mangelhaft operationalisierte theoretische Konstrukte die Realität verfälschen bzw. unzureichend erfassen. Dies wiederum hat gleichfalls **weit reichende Folgen**: Wird nämlich eine aus der Theorie abgeleitete Hypothese nicht falsifiziert, so liegt dies in diesem Fall nicht zwingend an den „realen Verhältnissen“, sondern möglicherweise an der unzureichenden bzw. fehlerhaften Operationalisierung. D.h. eine Hypothese könnte – wegen **methodischen Unzulänglichkeiten** – fälschlicherweise nicht falsifiziert werden. Um derartige Fehler zu vermeiden bzw. zu minimieren, haben Homburg/Giering (1996, S.12) ein **Konzept** vorgeschlagen, mit dem man komplexe (theoretische) Konstrukte operationalisieren und messen kann (vgl. Abb. 28; zu Einzelheiten vgl. Homburg/Giering 1996, S.5ff.).

2.4.5 Zeitliche Entwicklung von Theorien

Modelle und Theorien sind nicht statischer Natur, sondern können je nach Veränderung und Selektion ihrer Aussagen und Hypothesen ständig ergänzt und weiterentwickelt werden (vgl. Abb. 29). Wenngleich dies kaum in Frage gestellt wird, so existieren dennoch unterschiedliche **Auffassungen** darüber, welchem **Entwicklungsmodell** diese **Theoriedynamik** folgt (vgl. Behrens 1993, Sp.4765ff.). Für die Betriebswirtschaftslehre ist dabei die evolutionäre Entwicklung typisch (vgl. Fülbier 2004, S.270).

(1) Kontinuierliche (evolutionäre) Entwicklung

Der **Empirismus** unterstellt, dass gesichertes Wissen durch systematische Beobachtungen allmählich angehäuft wird (= **Kumulationsmodell** der Theorieentwicklung). Der Kritische Rationalismus modifizierte diese Position, indem er annahm, dass Wissen nicht einfach angehäuft wird. Vielmehr erweitern sich Wissen bzw. Theoriebestand durch Hypothesenexploration und Bildung neuer Modelle, ehe es in einem Prozess der kritischen (empirischen) Auslese zu einer Art „Theoriedarwinismus“ (Fülbier 2004, S.270) kommt (= **Evolutionsmodell** der Theorieentwicklung). „Beispielhaft können die Theorieansätze der Neuen Institutionenökonomik angeführt werden, die sich zunächst mit nur wenigen Modifikationen aus dem neoklassischen Theoriegerüst entwickelt haben“ (Fülbier 2004, S.270).

Abb. 28: Operationalisierung und Messung komplexer (theoretischer) Konstrukte

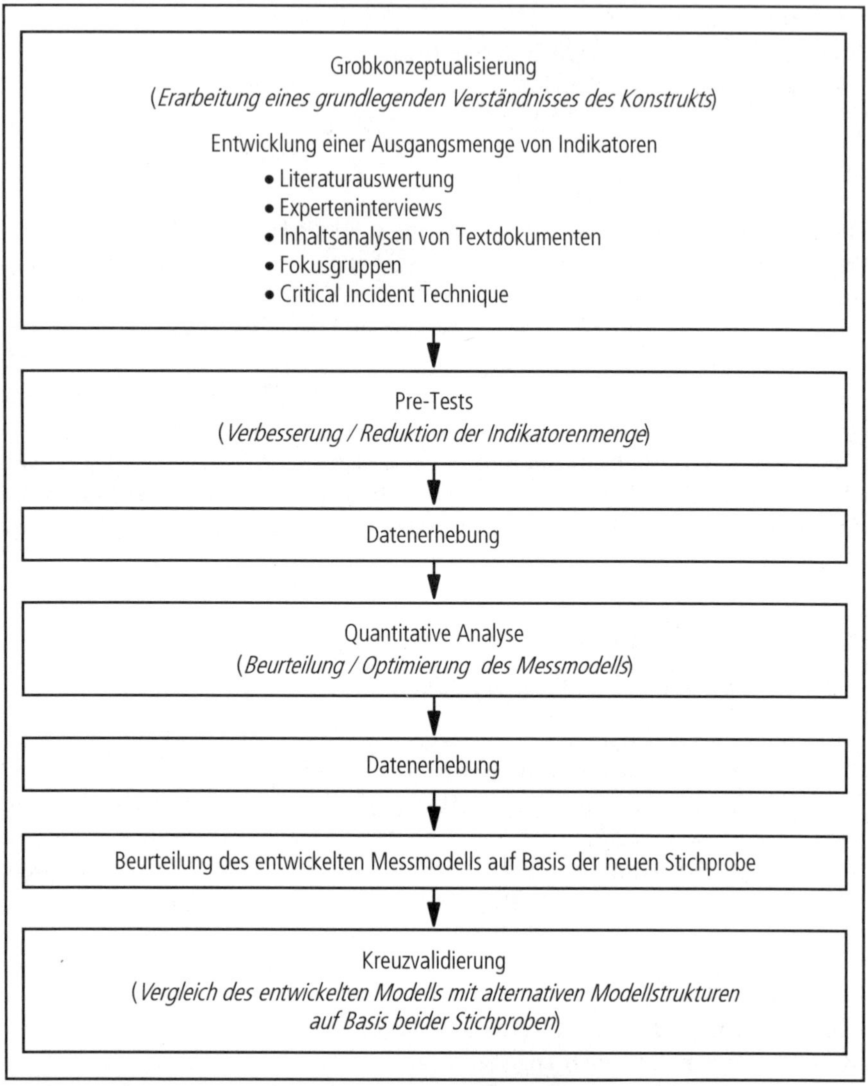

Quelle: Homburg/Giering (1996, S.12); leicht modifiziert.

(2) Diskontinuierliche (sprunghafte) Entwicklung

Zu den prominenten Vertretern dieser Auffassung (= **Revolutionsmodell**) gehört Kuhn (1967), der in „Die Struktur wissenschaftlicher Revolutionen" die These formulierte, dass sich Fortschritt in der Wissenschaft nicht kontinuierlich, sondern schubweise vollzieht. Zu den zentralen von Kuhn (1967) verwendeten Begriffen gehört das **Paradigma**, womit er den Umstand bezeichnete, dass neue Erkenntnisse im Rahmen kurzer, revolutionärer Prozesse die bestehenden Modelle und Theorien verändern oder gar völlig ersetzen.

Abb. 29: Mögliche zeitliche Entwicklung von Theorien

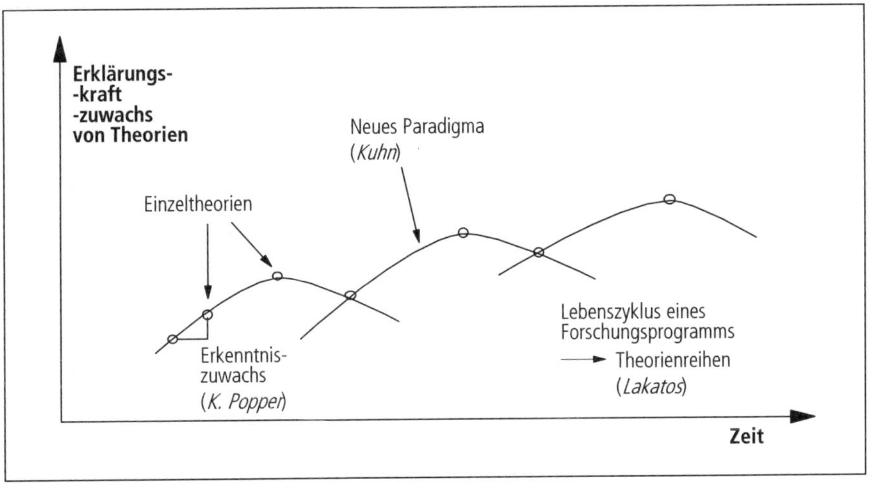

Quelle: Töpfer (1994, S.234); leicht modifiziert.

Schlagwort	**Paradigma**

Der Begriff Paradigma stammt aus dem Griechischen und bedeutet Beispiel, beispielhafte Struktur bzw. Muster.

(1) Mit Paradigma bezeichnet man ein umfassendes **Wissenschaftsprogramm** (vgl. Schanz 2004, S.83ff.), an welchem eine Vielzahl von Forschern arbeitet, bzw. wissenschaftliche Leistungen, welche

- „beispiellos genug" sind, um eine Gruppe von Anhängern dauerhaft anziehen zu können, aber gleichzeitig
- offen genug sind, um dieser Gruppe Probleme verschiedenster Art zur Lösung überlassen zu können (vgl. Kuhn 1997, S.25ff.).

Von Paradigma spricht man vorzugsweise in den Naturwissenschaften (z.B. Newtonsche Physik), mitunter aber auch in anderen Disziplinen. Aus Sicht der Volkswirtschaftslehre zählen die (neo-)klassische Nationalökonomie sowie der Keynesianismus zu den vorherrschenden Paradigmen, während für die Betriebswirtschaftslehre der faktortheoretische Ansatz von E. Gutenberg zu nennen ist (vgl. Schanz 1993, S.1600). Im Zuge des in den späten sechziger Jahren einsetzenden Strebens nach wissenschaftlichem Pluralismus wurden neben dem faktortheoretischen weitere Ansätze erarbeitet, insbesondere der entscheidungsorientierte, der systemische sowie der verhaltenswissenschaftliche Ansatz.

(2) Mit Paradigma kann weiterhin eine **wissenschaftliche Gemeinschaft** gemeint sein, d.h. eine Gruppe von Wissenschaftlern, die miteinander kommuniziert und

die durch bestimmte gemeinsame Vorstellungen, welche die Mitglieder für ihre wissenschaftliche Zusammenarbeit benötigen, verbunden ist (vgl. Behrens 1993, Sp.4766f.). Denn Wissenschaftlern, die sich auf ein Paradigma berufen, beschäftigen sich mit ähnlichen Problemen und vertreten auch eine gleichartige Auffassung über die Vorgehensweise bei der Lösung dieser Probleme. „Sie akzeptieren übereinstimmend bestimmte Theorien, Methoden und Forschungsergebnisse, nehmen gleiche Standpunkte zu wissenschaftstheoretischen Fragen ein, verwenden die zentralen Fachbegriffe in gleicher Weise und arbeiten mit Lehrbüchern, deren Inhalt zumindest sehr ähnlich ist" (Behrens 1993, Sp.4767). Paradigmen erlangen ihre besondere Bedeutung daraus, daß sie für einen bestimmten Kreis an Experten einen größeren Beitrag zur Problemlösung leisten können als andere. Hat sich die Erklärungskraft eines Paradigmas erschöpft, kommt es zum Paradigmenwechsel.

Quelle: Müller/Kornmeier (2001a, S.1244f.).

‚Food for thought'

Bedeutung eines Paradigmenwechsels: Das Beispiel Physik

Ein Paradigmenwechsel kommt einer wissenschaftlichen Revolution gleich, die Art und Ergebnis der Erkenntnisgewinnung nachhaltig verändert. So waren es philosophisch interessierte Physiker, die um die Jahrhundertwende die Existenz eines determinierten physikalischen Kosmos in Frage stellten. Indem sie mit Hilfe von Einsteins Relativitätstheorie, der Quantenmechanik und Heisenbergs Unschärferelation die Untauglichkeit des mechanistischen Paradigmas für die Bereiche sehr kleiner (Kernphysik) und sehr großer Dimensionen (Astrophysik) aufzeigten, schufen sie die Voraussetzungen für einen erneuten (Paradigmen-)Wechsel der Denkinstrumente und -modelle. Neben Quantenphysik und Relativität bilden das holistische, das ökologische und das systemische Denken sowie die polare Logik des „Sowohl / als auch" wesentliche Pfeiler des neuen Paradigmas.

Quelle: Müller/Kornmeier (2001a, S.1245).

2.4.6 Gibt es „die" Theorie der Betriebswirtschaftslehre?

Die oben beschriebenen Beispiele zu „Theorien der Internationalisierung" verdeutlichen, auf welches **Theorienarsenal** die Betriebswirtschaftslehre zurückgreifen kann. Gerade die betriebswirtschaftliche Forschung ist durch zahlreiche (gleichzeitig existierende) Paradigmen geprägt (vgl. Fülbier 2004, S.270), man denke z.B. an den produktivitäts- oder an den systemorientierten Ansatz sowie an zahlreiche weitere Paradigmen, die die Problemfelder der Betriebswirtschaftslehre „auf unterschiedliche Weise kartographieren wollen" (Albach 1993, S.16).

Seit den 1970er Jahren haben auch und gerade die Entscheidungstheorie sowie die verhaltenswissenschaftlichen Theorien Einzug in die Betriebswirtschaftslehre gehalten.

- Beispielsweise bedient sich die **normative Entscheidungstheorie** u.a. der mathematischen Entscheidungslehre, welche das menschliche Verhalten rational analysiert und formallogische Methoden zur Lösung bestimmter Entscheidungssituationen entwickelt (vgl. Eisenführ/Weber 2003).
- Auch **verhaltenswissenschaftliche** Theorien sind aus der Betriebswirtschaftslehre kaum mehr wegzudenken (vgl. z.B. Schanz 1993, Sp.4521ff.; Schanz 1977), sei es in Bereichen wie
  - Marketing (vgl. z.B. Wiedmann 2004; Kroeber-Riel/Weinberg 2003),
  - Personalwirtschaftslehre (vgl. z.B. Schanz 2000a, S.193ff.; Schanz 2000b),
  - Organisation (vgl. z.B. Cyert/March 2005; March/Simon 1995) und – wie seit einigen Jahren zu beobachten – in
  - Finanzwirtschaft (**‚Behavioral Finance'**; vgl. z.B. Pelzmann 2006; Shefrin 2005; Shleifer 2004).

  Bei der einen oder anderen Speziellen Betriebswirtschaftslehre (z.B. Marketing) fällt es mitunter (!) sogar schwer, das spezifisch Betriebswirtschaftliche überhaupt noch zu erkennen – so sehr haben sich diese Gebiete nicht nur in ihren konkreten Forschungsmethoden, sondern auch in Methodologie sowie Denk- und Argumentationsstil ihren ursprünglichen „Hilfswissenschaften" (v.a. Verhaltenswissenschaften) angenähert.

Vor diesem Hintergrund verwundert es nicht, dass sich **rein betriebswirtschaftliche** Theorien kaum noch identifizieren lassen.

‚Food for thought'

Vielfalt der Theorien: Chance für die Betriebswirtschaftslehre?

„Im Zuge der Entwicklung von Managementlehren wird vielfach der Vorwurf der Theorielosigkeit bzw. des **Theoriedefizites** betriebswirtschaftlicher Aussagen erhoben. Die neoklassische Theorie der Unternehmung liefert zwar für die Betriebswirtschaftslehre ein fundiertes Instrumentarium mit bestechender analytischer Geschlossenheit. Indes fehlte es ihr an Realitäts- und Anwendungsnähe. Um so erstaunlicher sind die wissenschaftlichen Erfolge der neuen Finanzierungstheorie, die mit Hilfe ihrer Modellwelt vollkommener Kapitalmärkte erzielt wurden.

- Mit dem **Capital Asset Pricing-Modell** und der **Arbitrage Pricing Theory** wurden Theorien für die Bewertung riskanter Wertpapiere entwickelt.
- Mit der **Optionspreis-Theorie** entstand ein Modell der Bewertung von Finanzderivaten. Das Verblüffende daran ist, daß diese Modelle nicht nur für ihren theoretischen Standard gelobt werden – die Finanzierungslehrstühle konnten sich damit offensichtlich vom Vorwurf der Theorielosigkeit der Lehre befreien -, sondern auch begeisterte Anhänger in der Praxis finden, wenngleich solche Modelle zur Lösung von Finanzierungsproblemen auf unvollkommenen Märkten offensichtlich wenig beitragen.

Anders ist die Rolle der Neuen Institutionenökonomik zu beurteilen. Mit der Aufhebung der Informationsannahmen und der Identifikation spezifischer Informations- und Anreizprobleme ist der ökonomische Aussagengehalt der Theorie mit dem **Brückenschlag** zur Volkswirtschaftslehre zwar realistischer geworden. Alte Fragestellungen der Betriebswirtschaftslehre erscheinen im neuen Licht und geben Einblick und Erklärungen über das Zusammenspiel von Markt und Hierarchie (z.B. Fertigungstiefe, Moral Hazard-Risiken). Der größere Realismus und der Brückenschlag zur Volkswirtschaftslehre aber haben ihren Preis. Aussagen, die sich mit Hilfe von Analysen dieses Instrumentariums gewinnen lassen, sind im Vergleich zur neoklassischen Modellwelt „weicher" und für die Lösung konkreter betriebswirtschaftlicher Entscheidungsprobleme oft nicht immer hilfreich (z.B. simultane Analyse der Ausgestaltung von Zahlungsansprüchen, von Sicherungsansprüchen und insolvenzrechtlichen Regelungen). Die Herausforderungen liegen somit weniger in den Grundströmungen als vielmehr in der Vielfalt der nebeneinanderstehenden Konzepte."

Quelle: Meffert (1998, S.711).

Manche Wissenschaftler beklagen deshalb, dass es keine umfassende und geschlossene Theorie gebe (z.B. im Internationalen Management). Dies ist allerdings **kein fachspezifisches** Defizit, denn weder die Betriebswirtschaftslehre an sich noch die Volkswirtschaftslehre fußen auf einem homogenen Theoriengebäude, und auch in anderen Disziplinen sucht man „die" verbindliche Theorie vergebens (vgl. Herrmann 1998, S.61). Vermutlich wird man sich (dauerhaft) von dem Gedanken lösen müssen, dass es in den Wirtschaftswissenschaften – wie im Übrigen in den Geisteswissenschaften generell – „die wahre oder verbindliche Theorie" je geben wird. Folgende Aussagen von Brodbeck (2001) belegen dies sehr anschaulich.

‚Food for thought' **Lebenszyklus von Theorien**

„Die Lehre von Adam Smith, daß der Staat keine Eingriffe in den Marktprozeß vornehmen sollte, löste die Theorie des Merkantilismus ab, der detaillierte Eingriffe in den Handel kannte. Sie wurde wiederum durch die Theorie von John Maynard Keynes abgelöst, der regelmäßige Eingriffe zur Konjunktur-Steuerung vorsieht. Doch seit den 80er Jahren ist die Theorie von Keynes wieder vielfach bei den Zentralbanken und Regierungen durch eine Rückkehr zu Smith abgelöst worden. Ähnliches kann man in der BWL beobachten, etwa bei Führungskonzeptionen oder im Rechnungswesen. Der „Gegenstand" Mensch verändert sich, deshalb wandeln sich die Theorien mit ihm [...]. In allen Wissenschaften [gibt es] gleichzeitig fast immer mehrere Theorien, die miteinander konkurrieren. In den Wirtschaftswissenschaften kann sogar der Fall eintreten, daß bereits verworfene Theorien wieder auftauchen und verwendet werden, weil sich die „Tatsachen" (Wirtschaft und Gesellschaft) selbst verändern."

Quelle: Brodbeck (2001).

3 Quellen zur systematischen Gewinnung von Wissen

3.1 Grundsätzliche Optionen

Wissenschaftliche Arbeiten werden nicht im „luftleeren Raum“ angefertigt, sondern basieren auf vorhandenem bzw. auf neuem Wissen. Hierbei kann man auf verschiedene **Erkenntnisquellen** zurückgreifen. Je nach

- Art der **Informationsbeschaffung** (Sekundär- vs. Primärforschung) und
- **Herkunft** der Informationen (Literatur vs. Empirie)

ergeben sich vier Möglichkeiten (vgl. Abb. 30).

Abb. 30: Quellen zur systematischen Gewinnung von Wissen

Informations-beschaffung	Herkunft der Informationen: Literatur	Herkunft der Informationen: Empirie
Sekundärforschung	Literaturstudium (I)	Schreibtischforschung (III) (‚Desk research')
Primärforschung	Meta-Analyse (II)	Feldforschung (IV) (‚Field research')

(I) Wer auf bestehendes Wissen zurückgreift, muss dieses ggf. in Frage stellen. Ein Autor hat deshalb zunächst mit Hilfe eines **Literaturstudiums** das „Fundament“ zu schaffen, indem er den Stand der Forschung (bzw. des Wissens) aufbereitet. Ausgehend von diesem **‚State of the art'** legt er dann seine eigenen Gedanken und Erkenntnisse dar. Qualität und Quantität der so dokumentierten Verarbeitung der relevanten Literatur erlauben dem Leser Rückschlüsse, in welchem Maße und in welcher Güte sich ein Autor mit dem Thema auseinandergesetzt hat. „Wissenschaftlich Arbeiten“ heißt in diesem Fall insbesondere,

- die wichtigsten Literaturquellen zu **erschließen**,
- diese zusammenfassend bzw. in den für die Thematik relevanten Ausschnitten (d.h. nicht nur nacherzählend) **wiederzugeben** und
- den **Stand der Diskussion** in diesem Feld (methoden-)kritisch zu **würdigen**.

Der Autor sollte hierzu nicht nur deskriptive, sondern vor allem auch theoretisch anspruchsvolle Beiträge heranziehen, wie sie sich in **deutschsprachigen** Fachzeitschriften (z.B. „Zeitschrift für Betriebswirtschaft", „Zeitschrift für betriebswirtschaftliche Forschung", „Die Betriebswirtschaft", „Marketing·ZFP", „Die Unternehmung"), v.a. aber in **anglo-amerikanischen ‚Journals'** finden (vgl. hierzu Kap. 3.2).

(II) Neben dem klassischen **Literaturstudium** bietet die sog. **Meta-Analyse** häufig eine exzellente Möglichkeit, Wissen zu bündeln und damit Erkenntnisse zu generieren. Genau genommen ist dieses Verfahren ein **Hybrid** aus Primär- und Sekundärforschung:

- Einerseits werden **vorhandene** Daten ausgewertet, was dafür spricht, die Meta-Analyse als **sekundärstatistische** Methode zu bezeichnen;
- andererseits aber ähnelt der **Ablauf** der Meta-Analyse der Vorgehensweise, wie sie für **primärstatistische** Erhebungen üblich ist (vgl. Gemünden 1991, S.34ff.).

Dieses Verfahren stellt hohe **Anforderungen** an den Anwender und ist überdies wenig bekannt, weshalb es bislang vergleichsweise selten eingesetzt wird. Aus diesen Gründen soll die Meta-Analyse im Folgenden ausführlich vorgestellt werden.

(III / IV) Neue Erkenntnisse lassen sich auch durch **empirische Forschung** gewinnen (vgl. Nienhüser/Magnus 2003, S.9).

- Dabei kann es zweckmäßig sein, **Sekundärforschung** zu betreiben, indem man
    - o bereits erhobene Daten **re-analysiert** bzw.
    - o vorliegendes Material (z.B. Informationen des Statistischen Bundesamtes, Geschäftsberichte) für die eigene Fragestellung **aufbereitet** und **auswertet**.
- Je nach Qualität der verfügbaren sekundärstatistischen Daten bzw. der in der Literatur verfügbaren Information ist u.U. **Primärforschung** erforderlich, z.B. durch
    - o systematische **Beobachtung** (z.B. Verhaltensweisen der Konsumenten beim Kauf von Waren des täglichen Bedarfs) oder durch
    - o **Befragung** (z.B. Versorgungszufriedenheit der Verbraucher).

  Die **Wahl** der Erhebungsmethode richtet sich nach der Problemstellung, aber bspw. auch nach den jeweiligen **Vorkenntnissen** (z.B. in Datenerhebung oder Datenanalyse) sowie nach den verfügbaren **Ressourcen** (z.B. finanzielle Mittel für schriftliche Befragungen, Datenanalysesoftware wie SPSS).

In wissenschaftlichen Arbeiten stützt man sich i.d.R. nicht nur auf eine der o.g. Quellen, sondern man **verknüpft theoretische mit empirischen** Erkenntnissen. Dabei ist allerdings – unabhängig von der jeweils genutzten Erkenntnisquelle (vgl. Abb. 30) – Folgendes zu beachten: Damit unabhängige Dritte die Ergebnisse prüfen und bewerten können, müssen die einzelnen **Schritte** einer wissenschaftlichen Arbeit **systematisch** sein und überdies **so gut dokumentiert**, dass jeder Sachverständige die Argumentationslinien sowie die theoretischen bzw. empirischen Ergebnisse **nachvollziehen** kann.

3.2 Literaturstudium

Wer in seiner wissenschaftlichen Arbeit fundiert und überzeugend argumentieren will, muss den „klassischen Weg“ einschlagen und zunächst eingehendes Literaturstudium betreiben. Die ersten Schritte bestehen darin,

- die relevante **Literatur** mit Hilfe bestimmter Suchstrategien **aufzuspüren**,
- sich in das **Thema einzulesen**,
- das Ergebnis der Recherche, den **Forschungs**- bzw. **Erkenntnisstand**, schriftlich zu **dokumentieren** und zu beschreiben.

Man beschäftigt sich demnach mit Aussagen anderer und verwertet diese im Rahmen seiner Arbeit, wobei die eigene Argumentation(-skette) auf den in der Literatur gefundenen Erkenntnissen aufbaut (vgl. Nienhüser/Magnus 2003, S.9). Dass man dabei durch Zitate und Quellenhinweise **belegt**, woher die verarbeiteten Aussagen ursprünglich stammen, versteht sich ebenso von selbst (vgl. hierzu auch Kap. 3.2.3) wie der Hinweis, dass die Aussagen Anderer **korrekt** sind und auch **korrekt übernommen** werden (d.h. ohne den ursprünglichen Sinn zu entstellen).

3.2.1 Literaturrecherche und -beschaffung

Die Literaturrecherche ist wesentlicher Bestandteil des wissenschaftlichen Arbeitens. Sie dient – neben der **Abgrenzung** des Themas – vornehmlich dem Ziel, den in der Literatur dokumentierten **Erkenntnisstand** (= **‚State of the art'**) zu erschließen und aufzuarbeiten.

3.2.1.1 Für die Literaturrecherche geeignete Institutionen bzw. Medien

3.2.1.1.1 Zur Recherche geeignete Orte bzw. Institutionen: Ein Überblick

Zur **Recherche** einschlägiger Literatur (z.B. Fachzeitschriften, Dissertationen, Habilitationsschriften, Fachbücher, Arbeitspapiere usw.) eignen sich insbesondere

- Bibliotheken von Universitäten, Fachhochschulen, Berufsakademien,

- Fernleihe (z.B. „Subito"),
- Fachbuchhandel,
- Landesbibliotheken.

Praxis **Nutzung der Bibliothek**

In diesem Zusammenhang sollte man insbesondere folgende **Fragen** beantworten:

- Wann sind die Universitätsbibliothek bzw. Fachbibliotheken geöffnet?
- Wie leiht man Bücher aus?
- Wann kann man Bücher ausleihen?
- Benötigt man einen Bibliotheksausweis?
- Wann sollte man die Ausleihe bzw. Bibliothek am besten aufsuchen?
- Welche Bücher sind ausleihbar?
- Wie lange kann man Bücher ausleihen?
- Können Bücher und Zeitschriften (-Bände) aus dem Präsenzbestand der Bibliothek kurzzeitig entliehen werden?
- Wo findet man (an der Universitätsbibliothek) die Publikationen der einzelnen speziellen Betriebswirtschaftslehren bzw. der angrenzenden Fachbereiche (z.B. Psychologie, Soziologie)?
- Welche nützlichen Datenbanken stehen zur Verfügung?
- Wie kann man das Internet bei der Literatursuche sinnvoll einsetzen? Welche Suchadressen sind besonders bedeutsam?
- Welche Fachzeitschriften sind wichtig? Was findet man darin?
- Wo stehen die aktuellen Fachzeitschriften (‚Journals') sowie die entsprechenden älteren Jahrgänge?
- Wie und wann bestellt man Bücher / Zeitschriftenartikel per Fernleihe?
- Wo findet man sog. Hand- bzw. Semesterapparate?

Quelle: Becker (2006, o.S.); leicht modifiziert.

Da die Bibliotheken von Universitäten nicht das gesamte Spektrum notwendiger Literatur anbieten können und angesichts der Fortschritte bei der Elektronischen Datenverarbeitung ist es im Regelfall hilfreich, sich bei der Literaturrecherche einschlägiger **(Literatur-)Datenbanken** (z.B. Business Source Premier, EconLit) zu bedienen.

Auch das Internet ist für wissenschaftliche Arbeiten mittlerweile eine wichtige **Quelle**, um v.a. Literatur, Daten und sonstige Informationen zu recherchieren. Was früher auf herkömmlichem Weg nur schwer zu beschaffen war, lässt sich nunmehr binnen kürzester Zeit bewerkstelligen. Neben **elektronischen Texten** (z.B. wissenschaftliche Diskussionsbeiträge, Zeitschriftenartikel, Bücher, Dissertationen im Web) finden sich im World Wide Web auch Bibliothekskataloge, Datenbanken, Bibliographien, Firmenveröffentlichungen und viele **Informationen** aus verschiedensten Bereichen (z.B. Hinweise auf Forschungsprojekte / -vorhaben). Deshalb, aber auch wegen der mit dem Internet verbundenen Probleme (z.B. Kontrolle der Qualität der veröffentlichten Daten) soll dieses Medium im Folgenden ausführlich vorgestellt werden.

3.2.1.1.2 Möglichkeiten zur Recherche via Internet

Zusätzlich zu den gedruckten Medien kann das Internet prinzipiell bei folgenden **Arbeitsschritten** genutzt werden (vgl. zum Folgenden Rossig/ Prätsch 2002, o.S.):

- bei der Suche und Auswertung von **Quellenübersichten** (z.B. (virtuelle) Bibliotheken wie KVK),
- beim eigenen **Recherchieren** („Navigieren') von Quellen, Informationen, Daten usw.,
- für den **Informationsaustausch**, z.B. durch Korrespondenz via E-Mail.

Wer die Vorzüge des Internet nutzen will, sollte aber dennoch Vorsicht walten lassen, nicht zuletzt weil die publizierten Informationen (noch) keiner institutionalisierten **Kontrolle** unterliegen, wie es bei Verlagen, Zeitschriftenredaktionen usw. der Fall ist. Aus diesem Grund sind Statistiken, Informationen und Aussagen, die dem ‚Cyber space' entstammen, besonders kritisch zu prüfen. Allerdings indiziert auch im Internet eine **renommierte Adresse** (z.B. nationale / internationale Organisationen, bekannte Firmen, Verlage, Fachzeitschriften) i.d.R. zumindest eine gewisse Qualität, da man annehmen darf, dass Informationen, die auf entsprechenden Webseiten bereitgestellt werden, einer mehr oder minder ausgeprägten **Qualitätskontrolle** unterliegen. Ausserdem **aktualisieren** viele Institutionen regelmäßig ihre im Internet veröffentlichten Daten. Aber unabhängig von der „WWW-Adresse" gilt, dass auch die via Internet bezogenen Informationen in Bezug auf **Reliabilität** und **Validität** zu prüfen sind (vgl. Kap. 2.1.2.2). Andernfalls **eignen** sich diese Informationen grundsätzlich nicht für eine wissenschaftliche Arbeit.

Praxis	**Besonderheiten des Mediums Internet**

Wer Informationen aus dem Internet für seine wissenschaftliche Arbeit nutzen will, sollte mit Blick auf Zitierweise und Literaturangabe verschiedene **Abweichungen** und **Ergänzungen** zur gedruckten Literatur beachten (vgl. hierzu auch Kap. 3.2.3.3).

- Der im Internet veröffentlichte **Inhalt** kann jederzeit geändert, verschoben, gelöscht oder u.U. sogar unbefugt verändert werden. Dies erschwert oder verhindert es nicht selten, die aus dem Internet verarbeiteten Informationen bzw. zitierten Quellen zu prüfen.

- Da **grundsätzlich jeder** die Möglichkeit hat, Informationen aller Art im Internet zu veröffentlichen, sollte man diese stets kritisch hinterfragen. Vorsicht ist deshalb v.a. bei solchen Informationen geboten, die privaten Homepages entstammen, bei denen keine Firma oder Organisation eine gewisse Qualität des Inhalts „verbürgt". Hinweise auf die Reliabilität der aufgespürten Informationen lassen sich ggf. finden, wenn man den Lebenslauf des Verfassers näher begutachtet (Angaben prüfen!) oder mit Hilfe von Suchmaschinen weitere Informationen über den Verfasser heranzieht.

Quelle: Rossig/Prätsch (2002, o.S.).

In den vergangenen Jahren hat der Umfang an **qualifizierten Angeboten** im Internet stark zugenommen.

- So bietet der **Karlsruher virtuelle Katalog** (KVK) einen Überblick über nahezu die gesamte weltweit verfügbare Literatur (http://www.ubka.uni-karlsruhe.de/kvk.html).
- Immer mehr renommierte **Nachrichtendienste** und **öffentliche Institutionen** verbreiten hochwertige Informationen via Internet.
- Zahlreiche exzellente **Datenbanken** sind online abrufbar. Beispielsweise kann man über **ReDI** (= Regionale Datenbank-Information Baden-Württemberg) viele Onlineausgaben von Fachzeitschriften lesen und „downloaden" (http://www-fr.redi-bw.de). Dass man derartige Angebote häufig nur nutzen kann, wenn man sich „vor Ort", d.h. in der Bibliothek einer Hochschuleinrichtung, befindet, schmälert die Qualität dieser Rechercheoption keinesfalls. Für Wirtschaftswissenschaftler sind dabei v.a. folgende **Datenbanken** sehr bedeutsam:
  - Business Source Premier,
  - EconLit (EBSCO),
  - Journal Citation Reports,
  - LEGIOS,
  - LexisNexis,
  - WISO.
- Einige exzellente **Fachzeitschriften** (**‚Journals'**) z.B. zum Management, zum Marketing oder zur Wirtschaftsinformatik sind teilweise online verfügbar. Unter http://www.jibs.net lassen sich bspw. bestimmte Beiträge des „Journal of International Business Studies" herunterladen.
- Immer mehr Hochschulen bieten ihren Doktoranden die Möglichkeit, ihre **Dissertation** über das Internet zu veröffentlichen. Viele dieser Arbeiten lassen sich aufspüren, indem man mit der Suchmaschine **OASE** (http://www.ubka.uni-karlsruhe.de/kvvk.html) in den bibliographischen Daten der wichtigsten Dokumentenserver in Deutschland und im Ausland recherchiert. Neben Dissertationen sind u.a. auch zahlreiche Diplomarbeiten und Forschungsberichte online verfügbar.

- Eine sehr gute Alternative zur normalen Fernleihe bieten sog. **Dokumentlieferdienste**. Mit deren Literaturschnellbeschaffung („Expressfernleihe") kann der Besteller die benötigten Aufsätze (mitunter auch Bücher) bei anderen Bibliotheken oder Unternehmen bestellen. Die Bestellung wird gewöhnlich online – via E-mail oder Web-Formular – aufgegeben. Hervorzuheben ist hierbei insbesondere **Subito** (http://www.subito-doc.de), eine Datenbank der deutschen Bibliotheken, die Zugriff auf nahezu alle Buch- und Zeitschriftentexte haben. Auf Antrag erhält man Passwort und Zugangskennung. Die entsprechenden Kosten für das Zusenden von Zeitschriftenbeiträgen sind äußerst moderat.
- Einen Überblick über **Dokumentlieferdienste** findet man i.d.R. auf der Webseite jeder Universitätsbibliothek, z.B. unter http://www.bib.uni-mannheim.de/recherche/doklieferung/doklieferung.html.

Praxis

Weitere Hilfe bei der Internetrecherche: Suchmaschinen und Webkataloge

Aufgrund seiner offenen Struktur kann man via Internet spezielle **Suchformen** und **Suchwerkzeuge**, z.B. Suchmaschinen / Metacrawler (= Bündelung von Suchmaschinen), oder **Suchhilfen** für Dateien auf FTP-Servern nutzen.

(1) **Suchmaschinen (‚Crawler')** werden von sog. Robot-Programmen „gefüttert". Sie ‚kriechen' (to crawl) durch das Netz, „lesen" Dokumente und speichern die Internet-Adressen zu bestimmten Begriffen in großen Datenbanken, die alle Web-Angebote zu den Suchbegriffen auflisten. Wer nach einem bestimmten Begriff (Wort) sucht, erhält alle Adressen (URLs), die zu diesem Suchbegriff gespeichert sind. Die Suchergebnisse sind **nicht strukturiert**, enthalten nicht selten auch **unwichtige Verweise** und sind lediglich nach einer **Prozentzahl** sortiert, welche die Relevanz der gefundenen URLs bewertet.

Die Treffsicherheit bzw. Relevanz wächst, wenn man eine **Suchsyntax** verwendet und bspw. bestimmte Begriffe verknüpft oder ausschließt. Hinweise zur Suchsyntax finden sich auf der Homepage der jeweiligen Suchmaschine. Wegen der unterschiedlichen Vorgehensweise sollte man **mehrere Suchmaschinen** nutzen.

(2) Im Gegensatz zu ‚Crawlern' werden **Webkataloge** (z.B. Web.de, Yahoo) nicht von Robot-Programmen gespeist. Sie sind vielmehr das Ergebnis menschlicher Arbeit: **Redakteure** bearbeiten die URLs, überprüfen sie und strukturieren diese in einem hierarchisch sortierten Verzeichnis, dem Webindex.

Quelle: Rossig/Prätsch (2002, o.S.).

3.2.1.2 Qualität der zu beschaffenden Literatur

Was die **Qualität** der verarbeiteten Literatur betrifft, lässt sich ganz generell festhalten: Sie muss dem Niveau einer wissenschaftlichen Arbeit entsprechen.

Nicht geeignet sind deshalb im Allgemeinen Nachschlagewerke bzw. Lexika für den „Hausgebrauch" (z.B. Duden, Brockhaus); denn diese wenden sich an Leser ohne wissenschaftliche Erfahrung und erklären Begriffe bewusst einfach und knapp – i.d.R. „zu einfach" und „zu knapp", um wissenschaftlichen Ansprüchen zu genügen (vgl. hierzu auch Kap. 2.2.2.2).

Wer die Richtigkeit dieser Auffassung bezweifelt, sollte sich vor Augen führen, welches **Vertrauen** er einem Arzt entgegenbrächte, der die Malaise seiner Patienten erkennen wollte, indem er im Brockhaus, in Fischers Weltalmanach oder gar im Duden blätterte, um darin Hinweise auf Symptome und Indikationen zu finden. Nicht anders verhält es sich bezüglich der Qualität der in wissenschaftlichen Arbeiten zu zitierenden Quellen.

Wohl nur selten wird es ausreichen, lediglich per Schlagwort in **Bibliotheksdatenbanken** zu suchen. Zwar sollte auch diese Option Bestandteil einer eingehenden Literatursuche sein, aber eben nur BestandTEIL; denn auf Basis einer derartigen „Recherche"

- findet man i.d.R. nur **Monographien** bzw. **Buchtitel**, die in der Bibliothek einer **Universität** oder eines **Bibliotheksverbunds** bereitstehen,
- werden **Fachzeitschriften** (**‚Journals'**) **ausgeblendet**, in denen aber ein wichtiger, wenn nicht gar der wichtigste und überwiegende Teil der wissenschaftlichen Auseinandersetzung stattfindet. Wer entsprechende Arbeiten (sog. Aufsätze) nutzen will, muss entweder im **Literaturverzeichnis** z.B. von Monographien (neuere Dissertationen, Habilitationsschriften usw.) oder aber in speziellen **Datenbanken** (z.B. EconLit) recherchieren.

Auch mit Blick auf die geringe „Halbwertzeit des Wissens" genügt es nicht, nur die Quellenverzeichnisse themenrelevanter Monographien (z.B. Lehrbücher) als Fundstelle zu nutzen; denn das aktuell verfügbare Wissen ist v.a. in den **führenden Fachzeitschriften** dokumentiert. Diese sind nicht nur wegen ihrer **Aktualität** häufig besser geeignet als andere wissenschaftliche Publikationen; denn die Herausgeber dieser Journals achten auch darauf, dass die **wissenschaftlichen Standards** eingehalten werden, was i.d.R. qualitativ **hochwertige Fachbeiträge** garantiert (Dies wiederum bedeutet natürlich nicht, dass man sich mit den Ergebnissen und Aussagen dieser wissenschaftlichen Artikel nicht mehr kritisch auseinandersetzen müsste).

Wer erkennen will, womit sich Forschung und Praxis beschäftigen, kommt gewöhnlich nicht umhin, zumindest die **zurückliegenden fünf bis zehn Jahrgänge je (!) Fachzeitschrift** durchzusehen (bisweilen genügt es, das Inhaltsverzeichnis zu „scannen"). Gerade im ‚International Business' sind die besten Fundstellen für gehaltvolle Aufsätze die führenden **amerikanischen Zeitschriften**. Hierzu gehören, wie folgende Zusammenstellung veranschaulicht, u.a. das „Journal of International Business Studies", das „Journal of International Marketing", aber auch das „Journal of Cross-cultural Psychology" u.v.a.m.

Praxis

Fachzeitschriften mit Bezug zum Internationalen / Interkulturellen Management / Marketing (Auszug)

- Advances in International Marketing
- Asia Pacific International Journal of Marketing
- International Marketing Review
- International Marketing: Strategy & Planning
- Journal of Business Research
- Journal of Cross-cultural Psychology
- Journal of Euro-Marketing
- Journal of Global Marketing
- Journal of International Business Studies
- Journal of International Consumer Marketing
- Journal of International Food & Agribusiness Marketing
- Journal of International Marketing
- Journal of International Marketing and Marketing Research
- Management International Review

Den mit dieser Lektüre verbundenen Mehraufwand (z.B. aufgrund von Sprachschwierigkeiten) kompensiert der **überdurchschnittliche Informationsgehalt** der Fachbeiträge. Und wer diese Informationsquelle regelmäßig nutzt, wird schnell erkennen, dass sich die Beiträge in amerikanischen ‚Journals' dem Leser oft leichter erschließen als in Deutsch publizierte Artikel.

Folgende (auszugsweise!) Zusammenstellung vermittelt einen Eindruck von der Vielfalt an einschlägigen wissenschaftlichen Zeitschriften mit Beiträgen zu Management bzw. Unternehmensführung.

Praxis

Fachzeitschriften mit Beiträgen zu Management bzw. Unternehmensführung (Auszug)

- Academy of Management Journal
- Academy of Management Review
- Administrative Science Quarterly
- Betriebswirtschaftliche Forschung und Praxis
- California Management Review
- Die Betriebswirtschaft
- Die Unternehmung
- Journal für Betriebswirtschaft
- Journal of Business Research
- Journal of Business Strategy
- Journal of Management

- Journal of Management Studies
- Management Science
- Organization Science
- Research in Organizational Behavior
- Sloan Management Review
- Strategic Management Journal
- Zeitschrift Führung und Organisation
- Zeitschrift für Betriebswirtschaft
- Zeitschrift für betriebswirtschaftliche Forschung
- Zeitschrift für das gesamte Kreditwesen
- Zeitschrift für Organisation
- Zeitschrift für Wirtschafts- und Sozialwissenschaften

Zwei Anmerkungen:

(1) Angesichts der Fülle an Periodika und Fachgebieten innerhalb der Betriebswirtschaftslehre kann diese Übersicht lediglich einen **Teil** der relevanten Fachzeitschriften abdecken. Studierende sollten deshalb ihren **Betreuer** zu weiteren relevanten Publikationen befragen.

(2) Wer für eine wissenschaftliche Arbeit Artikel aus (stärker) **praxisorientierten** Zeitschriften verwenden will (z.B. „Harvard Business manager", „Personalwirtschaft", „manager magazin", „absatzwirtschaft"), sollte prüfen, ob die darin getroffenen Aussagen die geforderten Voraussetzungen (vgl. Kap. 2.1.2) erfüllen – was wegen der mitunter **ungenügenden Belegweise** nicht immer der Fall sein dürfte.

3.2.1.3 Quantität der zu beschaffenden Literatur

Studierende stehen häufig vor dem „Problem", **wie viele Quellen** sie in ihrer Seminar-, Studien- oder Diplomarbeit verarbeiten „müssen". Diese Frage lässt sich freilich nicht allgemeingültig beantworten.

(1) Die Menge der (nötigen bzw. möglichen) Quellen richtet sich sehr stark nach der **Fragestellung** selbst bzw. nach der generell **verfügbaren** Literatur (z.B. Neuigkeitsgrad der Forschungsfrage).

(2) Auch die Zahl der „geschriebenen" bzw. zu schreibenden **Seiten** mag ein Indikator sein. So würden 35 / 40 Quellen den Rahmen einer Seminararbeit bereits sprengen, bei einer Diplomarbeit aber i.d.R. nicht ausreichen.

(3) Quantität verbürgt im Übrigen auch nicht **Qualität**, v.a. dann nicht, wenn ein imposantes Literaturverzeichnis dadurch entstanden ist, dass der Autor fremdes Gedankengut kommentarlos aneinanderreiht (= **‚Name dropping'**).

Praxis

Beispiel für ein mangelhaftes Literaturverzeichnis einer wissenschaftlichen Arbeit (Seminararbeit)

Thema der Seminararbeit: „Konvergenz oder Divergenz des Konsumentenverhaltens am Beispiel Europa"

- Blackwell, R. D.; Miniard, P. W.; Engel, J. F. (2001): Consumer Behavior, 9th ed., Fort Worth 2001.
- Craig, C. S.; Douglas, S. P.; Grein, A. (1992): Patterns of Convergence and Divergence among Industrialized Nations: 1960-1988, in: Journal of International Business Studies, Vol.23 (1992), No.4, pp.773-787.
- Dudenredaktion (Hrsg.) (2001): Duden: die deutsche Rechtschreibung, Mannheim 2001.
- Hoyer, W. D.; MacInnis, D. J. (2001): Consumer Behavior, 2nd ed., Boston 2001.
- Keegan, W. J.; Schlegelmilch, B. B.: Global Marketing Management: A European Perspective, Harlow 2001.
- Müller, S.; Kornmeier, M. (2002): Strategisches Internationales Management: Internationalisierung der Unternehmenstätigkeit, München 2002.

Anmerkung
Der Autor hat eindeutig zu wenige und zu wenig hochwertige Literaturquellen erschlossen. Diese sind außerdem zu unspezifisch: Mit einer Ausnahme handelt es sich um Standardlehrbücher. Darüber hinaus widmet sich lediglich eine Quelle (Craig u.a. 1992) dem Themengebiet der Seminararbeit.

Verbesserungsvorschlag
Der Verfasser hätte primär auf themenspezifische Artikel insbesondere in aktuellen Fachzeitschriften (z.B. Journal of International Marketing, European Journal of Marketing, International Marketing Review) zurückgreifen sollen.

3.2.2 Strategien der Literaturrecherche

Für die Literaturrecherche kommen grundsätzlich **zwei Strategien** in Betracht (vgl. hierzu Becker 2006, o.S.; Nienhüser/Magnus 2003, S.26f.). Deren Ziel ist es, wissenschaftlich relevante Aufsätze bzw. Artikel aufzuspüren, wie sie vorzugsweise in Fachzeitschriften, z.B. in den o.g. Journals, zu finden sind. Beide Ansätze unterscheiden sie im Wesentlichen im **Ausgangspunkt** der Suche.

(1) Wer sich der „**Methode der konzentrischen Kreise**" bedient (= **rückwärts gerichtete Suche**; **Schneeball- oder Lawinensystem**), greift auf einen sehr einfachen Ansatz zurück. Die Recherche beginnt, indem man zunächst eine (oder mehrere) „**zentrale Quellen**" aufspürt und über deren Literaturverzeichnis weitere Literatur erschließt. Ist ein solcher zentraler Auf-

satz oder Beitrag nicht verfügbar (oder ermittelbar), so kann man auch folgende **Quellen** bzw. **Grundlagenliteratur** (bzw. das darin jeweils enthaltene Literaturverzeichnis) nutzen:

- Lehrbücher,
- Übersichtsartikel,
- neuere **Monographien** zu dem fraglichen Themenkomplex, z.B. Dissertationen oder Habilitationsschriften, in denen aktuelle, qualitativ hochwertige Literatur verarbeitet wird,
- Beiträge aus **Enzyklopädien** bzw. **Handwörterbüchern** zur Betriebswirtschaftslehre
  - Handwörterbuch der Wirtschaftswissenschaften,
  - Handwörterbuch des Marketing, Personalwesens, Rechnungswesens, Organisation, Führung, Planung usw.,
  - Handwörterbücher zu betrieblichen Teilbereichen (z.B. Handbuch des Internationalen Management, der Bilanzierung, der Kostenrechnung).

Indem er die dort angegebene Literatur aufspürt und analysiert, entdeckt der Autor **weitere Literatur**, die wiederum in deren Quellen aufgeführt ist. Auf diese Weise wächst die Zahl der Fundstellen zunächst stark an, bis man immer häufiger auf Bekanntes stößt. Der Vorteil dieser Vorgehensweise ist darin zu sehen, dass die wichtigsten (hier = die am häufigsten zitierten) Quellen in vergleichsweise kurzer Zeit zu ermitteln sind. Problematisch aber ist, dass die **nicht zitierte** Literatur **nicht gefunden** werden kann. Auch die Gefahr, einem „**Zitierkartell**" zum Opfer zu fallen, ist nicht von der Hand zu weisen, nämlich dann, wenn bestimmte Denkschulen („**paradigmatisch**"; vgl. Kap. 2.4.5) (fast) ausschließlich die Arbeiten der „Gleichgesinnten" zitieren. Außerdem kann man mit der „Methode der konzentrischen Kreise" meist nur wenige Quellen aus **Nachbardisziplinen** finden. Nicht minder bedeutsam ist, dass die gefundenen Beiträge – zwangsläufig – **älter** als die Ausgangsschrift sind, was wiederum die **Aktualität** des Erkenntnisstandes mindert.

(2) Aus den genannten Gründen genügt die eben beschriebene rückwärts gerichtete Suche i.d.R. nicht. Wesentlich Erfolg versprechender – wenngleich auch zeitaufwendiger – ist die „**systematische Suche**" in **Zeitschriften** und in **Literaturdatenbanken**. Gegenstand der Suche sollten aber auch Monographien, Sammelwerke, Literaturdokumentationen, Nachschlagewerke sowie elektronische Medien, Verlagsprospekte, Rezensionen von Neuerscheinungen und Zeitschriftenverzeichnisse sein. Dieses Verfahren ist **Pflicht** für jeden, der seine Aussagen auf ein solides Fundament stellen will.

Im Allgemeinen beginnt man die – zugegebenermaßen recht mühsame, aber durchaus erfolgsträchtige – Literaturrecherche in jenen **Fachzeitschriften**, die für das Thema relevant sind (vgl. zum Folgenden auch Nienhüser/Magnus 2003, S.26). Dabei darf man sich jedoch nicht nur mit den aktuellen Ausgaben begnügen, sondern muss sich – und darin liegt die eigentliche Anstrengung – zu den älteren Jahrgängen (i.d.R. mindestens fünf bis zehn zurückliegende Jahrgänge) „durcharbeiten". Selbstverständlich wird man nicht immer alle Artikel lesen können – und auch nicht müssen. Häufig liefern

- der **Titel** eines Beitrags,
- die **Zusammenfassung** (in anglo-amerikanischen Journals = ‚abstract') bzw.
- der **Schlussteil** eines Fachbeitrags (‚Summary and discussion')

wichtige Hinweise, ob der fragliche Artikel für die eigenen Zwecke nützlich ist. Auch das „**Querlesen**" erweist sich in diesem Zusammenhang als bedeutsames **Suchinstrument**.

Praxis **Typischer Aufbau anglo-amerikanischer Beiträge**

1. Abstract
2. „Intro"
3. Literature Review
4. Methodology and Sample
5. Results / Findings
6. Summary and Discussion (implications)
7. Future Research

All jenen, die sich diesem relativ zeitaufwendigen Prozess nicht verweigern, sei versichert, dass sie i.d.R. nicht nur die **besten Beiträge** finden, sondern obendrein das eigene Fachgebiet aus der „**Hubschrauber-Perspektive**" kennen lernen – ein unschätzbarer Vorteil, wenn man erfahren will, mit welchen Themen sich die ‚Scientific community' derzeit und in der jüngeren Vergangenheit beschäftigt (hat).

Praxis **Vorauswahl der recherchierten Literaturquellen**

Da sich eine übergroße Menge an recherchierten (und kopierten) Informationen (d.h. Fachbeiträge, Dissertationen, ...) nicht selten als Motivationsbarriere (oder gar Angstfaktor) erweist, sollte man sich in einem ersten Schritt auf einige wenige (zentrale) Quellen beschränken. Folgende Kriterien können i.d.R. dabei helfen, während der Vorauswahl die aufgespürten Literaturquellen zu bewerten bzw. zu selektieren:

- Titel,
- Art (z.B. wissenschaftliche vs. praxisorientierte Zeitschrift, Fachbuch, ...),

- Seitenumfang,
- Alter,
- Name des Verfassers (v.a. einmalige vs. regelmäßige Beiträge zu einem bestimmten Thema).

Bei der „systematischen Suche“ muss man übrigens immer seltener in den Printausgaben der ‚Journals' blättern, da mittlerweile zahlreiche **Literaturdatenbanken**

- **online** und / oder auf **CD-Rom** verfügbar sind und
- einen **Großteil** der in den vergangenen Jahren erschienenen **Artikel** elektronisch zur Verfügung stellen, z.B. wiso für deutschsprachige, EconLit für englischsprachige **Periodika** (vgl. auch Kap. 3.2.1.1).

Diese Datenbanken bieten einen nahezu idealen **Zugang** zu den für die wissenschaftliche Arbeit relevanten und aktuellen Zeitschriften, zumal i.d.R. nicht nur nach Schlagwörtern, Titel, Verfasser usw., sondern auch nach Stichwörtern in den ‚Abstracts' gesucht werden kann. Einziges „Manko“: Weil die Literaturdatenbanken teilweise unterschiedliche Quellen erfassen, sollte man sich vor der Recherche über **Eignung** und **Verfügbarkeit** der einzelnen Medien erkundigen. Außerdem ist man noch ab und an auf die **‚Hardcopy'-Variante** angewiesen, da „top-aktuelle“ Ausgaben der Zeitschriften erst nach einer gewissen Zeit (teilweise erst nach mehreren Wochen) in die Datenbank eingepflegt werden.

Praxis **Bearbeitung der Literatur**

- Leihen Sie immer nur so viel Literatur aus, wie Sie während der **Leihfrist** auch bearbeiten können. Sie werden feststellen: Die **Bearbeitung** dauert immer länger als Sie glauben.
- Legen Sie für jede Quelle eine **Karteikarte** an, auf der Sie alle für die korrekte Zitierweise sowie für das Literaturverzeichnis notwendigen Angaben notieren (incl. Standort, Signatur der Publikation). Erfassen Sie ggf. auch Ihre Bewertung der Quelle sowie wichtige Auszüge aus dem Inhalt.
- Statt einer Karteikarte können Sie für die grundsätzlich in Frage kommenden Literaturquellen auch eine **Datei** anlegen. Diese kann als normale Text- oder Exceldatei geführt werden. Zur **Literaturverwaltung** stehen mittlerweile auch zahlreiche Programme zur Verfügung.
- Karteikarten haben zahlreiche **Vorteile**. Sie lassen sich sachlogisch, aber auch alphabetisch ordnen, einzeln oder zusammen einfach transportieren. Außerdem erleichtern sie die Übersicht. Wer Karteikarten verwendet, sollte diese per Karteikasten sortieren.

- Neben den bibliographischen Angaben können Sie auf den einzelnen Karteikarten bzw. in Ihrer Datei u.a. auch **folgende Informationen** festhalten: Bibliothekssignaturen, Skizze des Inhalts, Notiz, ob eine Kopie oder ein Exzerpt angefertigt wurden, Hinweis auf Fernleihe / Bestellzeitpunkt.
- **Nummerieren** Sie Ihre Literatur strikt nach Maßgabe der Reihenfolge, in der Sie sie notieren (mit allen bibliographischen Angaben, die für das Literaturverzeichnis notwendig sind). Sie müssen dann auf Ihren Kopien, Exzerpten bzw. Textentwürfen lediglich noch die jeweilige Quellennummer sowie die zugehörige Seite angeben (z.B. 3, S.11). Erst bei der weiteren Bearbeitung ersetzen Sie dann diese laufende Quellen-Nr. durch die vollständigen Angaben.

Quelle: Becker (2006, o.S.); modifiziert.

(3) Neben den beiden skizzierten Recherchestrategien kommt ein **dritter Ansatz** in Betracht, den Nienhüser/Magnus (2003, S.27) als **„vorwärts gerichtete"** Suche bezeichnen. Der „Methode der konzentrischen Kreise" vergleichbar sucht man zunächst einen **geeigneten** Aufsatz (ggf. sogar mehrere) als **Ausgangspunkt**. Im Gegensatz zur „rückwärts gerichteten" Suche fahndet man anschließend aber

- nicht nach der Literatur, mit welcher der fragliche **Autor** gearbeitet hat, sondern vielmehr
- nach **Autoren**, die **später** mit dem gefundenen „zentralen" Aufsatz **gearbeitet haben**.

Entsprechende Hinweise liefert der sog. **„Social Science Citation Index"** (SSCI), der auch auf CD-ROM verfügbar ist, so dass man auf die vollständigen Literaturverzeichnisse jener Autoren, die den „zentralen" Aufsatz später verarbeiteten, unmittelbar zugreifen kann. Dass im SSCI überwiegend englischsprachige Zeitschriftenliteratur erfasst ist, mindert dessen Qualität nicht.

3.2.3 Hinweise zur korrekten Zitierweise der verarbeiteten Literatur

3.2.3.1 Belegen der Literatur im Text

Es entspricht akademischer Redlichkeit, fremdes Gedankengut eindeutig zu kennzeichnen und mit **Quellenangabe** zu belegen, gleichgültig ob die Aussagen wissenschaftlicher oder statistischer Natur sind. Es gilt der Grundsatz: Jeder Leser soll die **Gedankenführung nachvollziehen** und die **Befunde überprüfen** können. Dementsprechend muss in einer schriftlichen Arbeit alles mit einer Quelle belegt werden – von zwei Ausnahmen abgesehen:

- Die verwendeten Begriffe bzw. dargelegten Informationen sind **selbstverständlich**.
- Die Aussagen beruhen auf **eigenen Überlegungen** und Schlussfolgerungen bzw. sind **logisch begründbar**. Dieser Fall ist nicht nur wünschens-

wert, sondern für eine gute Arbeit unabdingbar; denn die eigentliche wissenschaftliche Leistung eines Autors besteht darin, dass er das gestellte Thema selbständig und mit Hilfe der Literatur vorantreibt und **weiterentwickelt** – durch Deskription, Analyse, Hinterfragen und Ableitung von Konsequenzen – kurzum: durch **Argumentieren** (vgl. Kap. 2.1.2). Es versteht sich natürlich von selbst, dass diejenigen **Quellen**, **mit denen** der Verfasser seine eigenen Aussagen **begründet**, angegeben werden müssen.

Praxis

Wichtige Aussagen rechtzeitig erfassen

Wer Aussagen Dritter aufgreift, muss die entsprechende Quelle angeben oder aber auf die Aussage „verzichten". Wer demnach interessante Informationen bzw. Erkenntnisse nutzen will, sollte bereits während des Literaturstudiums all jene Quellen festhalten, derer er sich zur Argumentation bedienen möchte. Bereits recherchierte Quellen nochmals zu „recherchieren" ist – vermeidbare – Doppelarbeit!

Nicht gerade wenige Studierende vertreten (**irrtümlicherweise**) die Auffassung, dass sie „nur dann zitieren", wenn sie Aussagen Anderer **wörtlich** wiedergeben. Dies ist natürlich **grober Unfug**. Denn immer dann, wenn man Auffassungen, Meinungen, Positionen, Gedanken oder bspw. Ergebnisse Dritter in seiner wissenschaftlichen Arbeit übernimmt, verwendet man ein sog. **Zitat**. Es ist folglich unerheblich, ob man die fremden Gedanken

- unverändert im **Wortlaut** (= wörtlich, direkt) oder aber
- **sinngemäß** (= indirekt)

wiedergibt. Alle wörtlich oder sinngemäß aus fremden Quellen übernommenen Gedanken (= Zitate) müssen als solche **erkennbar** und **nachprüfbar** sein und sind im Text **eindeutig** zu kennzeichnen. Wichtig ist ebenfalls, dass man zwischen direkten und indirekten Zitaten konsequent und eindeutig **unterscheidet**. Verstöße gegen diese Grundregeln des wissenschaftlichen Arbeitens werden geahndet und können – im Falle einer Benotung – dazu veranlassen, die gesamte Arbeit mit „nicht ausreichend" zu bewerten.

3.2.3.1.1 Wörtliche (direkte) Zitate

Von einem wörtlichen Zitat spricht man dann, wenn fremde Ausführungen unverändert, d.h. **original- und buchstabengetreu** in den eigenen Text übernommen werden. Wörtliche Zitate werden zwischen Anführungszeichen gesetzt (wie bei der wörtlichen Rede). Die Quellenangabe beginnt unmittelbar mit dem bzw. den Nachnamen des bzw. der zitierten Autoren, d.h. ohne (!) „vgl.".

Von sehr wenigen Ausnahmen abgesehen sind **wörtliche Zitate nicht (!) notwendig**. Ein wörtliches Zitat sollte – wenn überhaupt – maximal zwei bis drei Sätze umfassen und allenfalls dann verwendet werden, wenn es derart gelungen oder originell formuliert wurde, dass dem Leser das Spezifische der Aussage nur dadurch vermittelt werden kann, dass der Autor die Textpassage wörtlich wiedergibt. Gegebenenfalls erforderliche längere Zitate sollte man i.d.R. einrücken und engzeilig (in kleinerer Schrift) schreiben.

Kürzere Zitate in englischer oder französischer Sprache sind nur in begründeten **Ausnahmefällen** erforderlich; sie werden im Allgemeinen nicht übersetzt, sind aber in den Text einzubinden. Längere Zitate bzw. Zitate in einer **anderen** Fremdsprache werden normalerweise übersetzt und in beiden Sprachen angegeben (Originaltext einzeilig und in kleinerer Schrift).

Wörtliche Zitate, wie im Übrigen auch Quellenangaben, erfordern **Originaltreue**, d.h. man übernimmt nicht nur den Text im Original, sondern auch Zeichensetzung, Rechtschreibung, Hervorhebungen sowie alle in der Ursprungsquelle enthaltenen Fehler. Wer im Original einen Fehler erkannt hat, sollte die betreffende Stelle direkt am Ende durch [sic!] kennzeichnen, was soviel bedeutet wie „dieser Fehler stand ‚wirklich so' in der Originalquelle". Mit [sic!] verdeutlicht man dem Leser, dass der Fehler im wörtlichen Zitat nicht auf eigener Unachtsamkeit beruht.

Beispiel:

„Mit Hilfe der Regresionsanalyse [sic!] ließ sich zeigen, das [sic!] zwischen den untersuchten Variablen kein Zusammenhang besteht" (Kaiser 2005, S.162).

Jedwede **Veränderung im wörtlichen Zitat** ist durch **eckige Klammern** („[ ]") kenntlich zu machen:

(a) Wer Text, Hinweise bzw. Anmerkungen in das Originalzitat **einfügt**, klammert diese Ergänzungen ein und kennzeichnet sie mit dem Hinweis [xxxxxxxxxxxx; Anmerk. d. Verf.].

Beispiel:

„Diese [ausführlichen; Anmerk. d. Verf.] Hinweise zum Umgang mit wörtlichen Zitaten waren keineswegs überflüssig" (Kaiser 2005, S.373).

(b) **Hervorhebungen** im Originaltext (z.B. Fettdruck, Unterstreichungen, Kursivschrift) sind grundsätzlich zu übernehmen. Andernfalls sollte man auch dies durch einen Hinweis in eckigen Klammern kenntlich machen: [Herv. im Original]. **Eigene Hervorhebungen** im wörtlich zitierten Text, z.B. durch Kursiv- oder Fettschrift, sind mit dem Zusatz „**Herv. durch den Verf.**" zu kennzeichnen.

Beispiel:

„Diese Hinweise zum Umgang mit wörtlichen Zitaten waren **keineswegs** [Herv. durch den Verf.] überflüssig" (Kaiser 2005, S.373).

(c) Wer innerhalb eines Zitats Text **weglässt** (sog. **Auslassungen / Ellipsen**), kennzeichnet dies durch
[.] für **ein** ausgelassenes Wort,
[...] für **mehr** als ein Wort.
Beispiele:

- „Diese Hinweise zum Umgang mit [.] Zitaten waren keineswegs überflüssig" (Kaiser 2005, S.373).
- „Diese Hinweise [...] waren keineswegs überflüssig" (Kaiser 2005, S.373).

Ein entsprechender Vermerk ist dann nicht notwendig, wenn die Auslassung am Beginn oder am Ende des Zitats ist. An dieser Stelle (Beginn und Ende) dürfen außerdem **Groß- und Kleinschreibung** sowie **Interpunktion** an den Text **angepasst** werden.

Bei einem wörtlichen Zitat **im wörtlichen** Zitat ist das **„Zitat im Zitat"** zwischen einfache Apostrophe zu setzen und auch die zweite (indirekt zitierte) Quelle anzugeben (Kurzbeleg und Literaturverzeichnis).
Beispiel:
„Die Relevanz dieser ‚ungewöhnlichen Entwicklung in der Kundenzufriedenheitsforschung' (König 2004, S.87) lässt sich derzeit nur ansatzweise bewerten" (Kaiser 2005, S.346).

Im Falle eines wörtlichen Zitats **im indirekten** Zitat verwendet man Anführungszeichen („..."). Die zweite (indirekt zitierte) Quelle ist auch in diesem Fall anzugeben (Kurzbeleg und Literaturverzeichnis).
Beispiel:
Wie Kaiser (2005, S.346) auf Basis einer eingehenden Literaturrecherche belegt, ist der Stellenwert dieser „ungewöhnlichen Entwicklung in der Kundenzufriedenheitsforschung" (König 2004, S.87) bislang allenfalls in Ansätzen erkennbar.

3.2.3.1.2 Sinngemäße (indirekte) Zitate

Mit einem sinngemäßen Zitat ist gemeint, dass man Gedanken bzw. Ausführungen anderer übernimmt oder sich an die Argumentation anderer Autoren anlehnt, ohne indessen den betreffenden Text wörtlich wiederzugeben. Hingegen ist mit einem indirekten Zitat nicht (!) gemeint, dass man den Originaltext (mit mehr oder weniger großer Mühe) umformuliert; vielmehr sollte man sich vom jeweiligen Text lösen und den Inhalt in genen Worten wiedergeben. Indirekte Zitate werden **nicht** zwischen Anführungszeichen gesetzt.

Der Quellenverweis bei sinngemäßen Zitaten muss unbedingt mit dem Zusatz **„vgl."** beginnen. Dieser entfällt, falls ein **einleitender Satz** den / die Autor(en) nennt; dann erscheinen in **Klammern** lediglich Jahr und Seite(n).

Beispiele:

- Die folgenden Ausführungen beruhen auf den Überlegungen von Nieschlag u.a. (2002, S.103f.), die davon ausgehen, dass ...
- Schneider (2005, S.239) vertritt die Auffassung, dass ...

Wichtig: **Für den Leser muss der Umfang eines sinngemäßen Zitats erkennbar sein.** Dessen Anfang und Ende sind deshalb auch **eindeutig** zu kennzeichnen. Auch bei längeren sinngemäßen Zitaten steht der Kurzbeleg (Harvard-Zitierweise) am Ende des Satzes oder Abschnitts, **keinesfalls** aber hinter einer Kapitel-Überschrift. Um den Umfang eines Zitats eindeutig zu kennzeichnen, ist mitunter ein **zusätzlicher Hinweis** notwendig. Denkbar wäre zum einen, dass man ein längeres Zitat bereits im Text mit einer entsprechenden **Formulierung** einleitet, z.B.

- Der Inhalt des folgenden Abschnitts beruht / basiert im Wesentlichen auf Dichtl (1995, S.14f.), der ...
- Die folgende Darstellung lehnt sich an Dichtl (1995, S.14f.) an.
- Folgt man den Überlegungen von Dichtl (1995, S.14f.), so lässt sich ...
- Wie etwa Dichtl (1995, S.14f.) eingehend darlegte, sind ...
- Nach Meinung / Auffassung von Dichtl (1995, S.14f.) sind ...

Zum anderen kann man im Kurzbeleg **verdeutlichen**, dass sich mehr als ein Satz der dann folgenden Ausführungen auf eine Quelle bezieht, z.B. durch den Hinweis „(vgl. zu diesem Abschnitt Kaiser 2005, S.23f.)“ oder durch „(vgl. zum Folgenden Kaiser 2005, S.23f.)“.
Beispiel:
Ein Wettbewerbsvorteil zeichnet sich durch verschiedene Merkmale aus (vgl. zum Folgenden Simon 2004, S.34ff.): ...

3.2.3.1.3 Wichtige ergänzende Hinweise

(1) (Stilistischer) Umgang mit Zitaten

Zitate, d.h. Aussagen, Gedanke usw. Dritter, sind nur dann zweckmäßig, wenn man seine eigenen Überlegungen bzw. Argumentationslinie(n) **damit unterstützt** (oder ggf. bewusst schwächt / widerlegt). Zitate – gleichgültig, ob wörtlich oder sinngemäß – müssen deshalb in den Text **integriert** („eingearbeitet“) und **kommentiert** werden. Neben der **Stringenz** der Argumentation ist dabei entscheidend, dass die zitierten (fremden) Gedanken den **eigenen Schreibstil** nicht unterbrechen. Schon allein aus diesem Grund sollte man wörtliche Zitate **äußerst selten** (wenn überhaupt!) verwenden. Im Übrigen versteht es sich von selbst, dass man den **Sinn** eines (wörtlichen oder sinngemäßen) Zitats **nicht** dadurch verändert, dass man es aus dem ursprünglichen (Sinn-)Zusammenhang reißt.

(2) Übliche Zitierweise

Heutzutage wird die **deutsche Zitierweise** (per Fußnoten) nur noch **selten** genutzt: Sie ist weit umständlicher als die sog. **Harvard-Zitierweise** („Kurzbeleg"), bei der die Quelle jeweils direkt nach dem Zitat in Klammern im laufenden Text steht, d.h. Verfasser, Erscheinungsjahr und Seite der Fundstelle.

Beispiele:

- Harvard-Zitierweise bei einem **wörtlichen** Zitat:
  „.............." (Kaiser 2005, S.12).
- Harvard-Zitierweise bei einem **sinngemäßen** Zitat:
  .... (vgl. Kaiser 2005, S.12).

Bei **Autorengemeinschaften** – mit mehr als zwei Personen (z.B. Nieschlag/Dichtl/Hörschgen 2002, S.100) – genügt es, im **Text** (**nicht** im Literaturverzeichnis!) den ersten Verfasser mit dem Zusatz „u.a." zu versehen (also: Nieschlag u.a. 2002, S.100).

Zu einem vollständigen Zitat gehört die **genaue Angabe der Seite(n)**, denen der Inhalt des Zitats entstammt. Gibt ein Zitat eine Textstelle wieder, die sich in dem zitierten Werk über mehr als eine Seite erstreckt, muss dies aus der Seitenangabe hervorgehen:

- Bezieht sich das Zitat auf **zwei aufeinander folgende** Textseiten, so schreibt man bspw. „S.1f.";
- bei **mehr** als zwei Seiten lautet die korrekte Angabe z.B. „S.1-4" bzw. „S.1ff.".

Auf die Seitenzahl kann **allenfalls dann verzichtet** werden, wenn sich der Autor nicht auf eine spezifische Aussage auf einer bestimmten Seite, sondern auf den Artikel an sich oder auf das Buch insgesamt bezieht, was im Regelfall eher selten vorkommt; denn in einer wissenschaftlichen Arbeit soll nicht das Allgemeine, sondern das **Spezifische** herausgearbeitet werden.

Bei Quellen, die dem **Internet** entstammen und **keine Seitenzahl** haben, genügt es i.d.R., wenn man im Text Autor bzw. Herausgeber und Jahr nennt.

Beispiele:

- Harvard-Zitierweise eines **wörtlichen** Zitats aus einer Internetquelle:
  „.............." (Kaiser 2005).
- Harvard-Zitierweise eines **sinngemäßen** Zitats aus einer Internetquelle:
  .... (vgl. Kaiser 2005).

Sind für die Internetquelle Seitenzahlen verfügbar (z.B. pdf-File einer Dissertation oder Diplomarbeit), so sind diese selbstverständlich anzugeben.

Alle Zitate – unabhängig ob wörtlich oder sinngemäß – sind grundsätzlich dem **Originaltext** zu entnehmen, da sich nur so **Folgefehler** vermeiden lassen. Eine **Ausnahme** kommt dann in Betracht, wenn glaubwürdig nachgewiesen werden kann, dass die Originalquelle **nicht** oder nur unter unverhältnismäßig **schwierigen Umständen** zugänglich ist. Wer gezwungen ist, eine Quelle „aus zweiter Hand" zu zitieren, muss den Rückgriff auf Sekundärliteratur deutlich machen.

Beispiele:

- Hinweis auf Sekundärliteratur (**wörtliches** Zitat):
  „............." (Kaiser 2005, S.12; zit. n. Berger 2006, S.45).
- Hinweis auf Sekundärliteratur (**sinngemäßes** Zitat):
  .... (vgl. Kaiser 2005, S.12; zit. n. Berger 2006, S.45).

Im **Literaturverzeichnis** gibt man in diesem Fall lediglich jene Quelle an, der das Zitat entnommen wurde, d.h. in diesem Beispiel Berger (2006).

(3) Zitieren „sonstiger" Literatur

Zitiert werden muss auch sog. „**graue Literatur**", d.h. öffentlich nicht zugängliche Quellen (ohne ISBN / ISSN), sowie **Information**, die man z.B. durch persönliche Gespräche (z.B. mit Experten) gewonnen hat. Handelt es sich dabei um **sensible** Information (z.B. Firmeninterna), so kann – bzw. muss – diese **anonymisiert** werden. Aber auch dann sollten die Informationsquelle sowie deren Qualität immer noch **erkennbar** sein. Persönlich geführte Expertengespräche und graue Literatur werden im Literaturverzeichnis i.d.R. unter „**Sonstige Quellen**" festgehalten.

3.2.3.2 Angabe der Quellen im Literaturverzeichnis

Der Leser muss die im Text zitierten Quellen im Literaturverzeichnis **eindeutig identifizieren** können. Die einzelnen Angaben zur korrekten Bezeichnung sind den Quellen selbst zu entnehmen.

Wissen	**Wesentliche Kriterien zur Gestaltung des Literaturverzeichnisses**

- **Richtigkeit** (= fehlerfreie Angabe der Quellen)
- **Vollständigkeit** (= Angabe der wesentlichen Informationen zum Auffinden der Quellen)
- **Einheitlichkeit / Konsistenz** (= Beibehalten einer einmal gewählten Systematik der Literaturangabe)
- **Übersichtlichkeit** (z.B. alphabetische Reihenfolge, Form der Darstellung)

Quelle: Becker (2006, o.S.).

Grundsätzlich gelten folgende **Regeln**:

1. Publikationen mit **ISBN** oder **ISSN** werden im eigentlichen **„Literaturverzeichnis"** erfasst; hierzu gehören vor allem Bücher sowie Beiträge in Zeit-

schriften, Handbüchern, Handwörterbüchern usw. **Elektronische** Quellen (z.B. Seiten aus dem Internet, pdf-Files) werden hingegen unter „Elektronische Quellen" aufgeführt, Expertengespräche und sog. **graue Literatur** (= öffentlich nicht zugängliche Literatur ohne ISBN bzw. ISSN) unter „**Sonstige Quellen**".

2. Die Quellen im Literaturverzeichnis sind alphabetisch zu **sortieren** und zwar nach Maßgabe des **Familiennamens** des erstgenannten Autors bzw. Herausgebers.

3. Die **Reihenfolge** der Autoren ist so zu belassen, wie in der Publikation angegeben (z.B. in der **CIP** Einheitsaufnahme).

4. **Akademische Grade** und Titel werden nicht genannt.

5. Vornamen können **abgekürzt** werden.
Beispiel: Schneider, W. (nicht: Schneider, Willy)
Werden Vornamen ausgeschrieben, dann **konsistent** in allen Quellen.

6. Mehrere Autoren werden **durch Semikolon** getrennt.
Beispiel: Doppler, K.; Lauterburg, C.

7. Nach den Namen des bzw. der Autoren wird das **Erscheinungsjahr** angeführt.
Beispiel: Schneider, W. (2006) oder Doppler, K.; Lauterburg, C. (2005)

8. Mehrere Quellen eines Autors (z.B. Reid, S. D.) aus ein und demselben Jahr (z.B. 1983) werden mit einem **Buchstaben** gekennzeichnet – vergeben in alphabetischer Reihenfolge (a, b, c, d usw.).
Beispiel:

Reid, S. D. (1983**a**): Managerial and Firm Influences on Export Behavior, in: Journal of the Academy of Marketing Science, Vol.11 (1983), No.2, pp.323-332.

Reid, S. D. (1983**b**): Firm Internationalization, Transaction Costs, and Strategic Choice, in: International Marketing Review, Vol.1 (1983), No.4, pp.44-56.

9. Bei Publikationen, in denen kein Verfasser genannt wird, ist als Autor „**o.V.**" anzugeben.
Beispiel:
o.V. (1999): Nicht nur überleben, in: absatzwirtschaft, 42.Jg. (1999), Nr.1, S.42-45.

10. Bei **englischen Quellen** sind Groß- und Kleinschreibung zu beachten: Präpositionen, Artikel usw. werden klein, Substantive und Verben groß geschrieben.

11. Bei Aufsätzen bzw. Beiträgen, die in **Zeitschriften** oder **Sammelwerken** stehen, ist zusätzlich und eingeleitet durch den Hinweis „**in:**" der Titel der

Zeitschrift bzw. des Sammelwerkes anzugeben. Bei Sammelwerken ist es üblich, vor dem Titel auch den (die) Namen der (des) Herausgeber(s) anzuführen und mit dem Zusatz „**(Hrsg.)**" zu versehen.

Beispiel:

Hofstede, G. (1992): Die Bedeutung von Kultur und ihren Dimensionen im Internationalen Management, **in:** Kumar, B. N.; Haussmann, H. (**Hrsg.**): Handbuch der Internationalen Unternehmenstätigkeit, München 1992, **S.303-324**.

12. Falls in der Publikation mehrere Verlagsorte aufgeführt sind, genügt die Angabe des **erstgenannten** Orts (mit dem Zusatz „**u.a.**").

Beispiel:

München u.a. 2005 (statt: München, Wien, New York 2005)

13. Der Verlag muss **nicht** angegeben werden.

14. Das Literaturverzeichnis ist **konsistent** zu gestalten.

Beispiel:

Nicht: Frankfurt am Main, Frankfurt a. d. Oder, Landsberg / L.,
sondern einheitlich: Frankfurt / Main, Frankfurt / Oder, Landsberg / Lech
oder
Frankfurt am Main, Frankfurt an der Oder, Landsberg am Lech

15. Deutsche Quellen werden auf **Deutsch** angegeben, englische Quellen auf **Englisch** (vgl. Abb. 31).

Beispiel:

Deutsche Zeitschrift: ..., 22. Jg. (2005), Nr.5, S.12-23.
Englische Zeitschrift: ..., Vol.22 (2005), No.5, pp.12-23.

Abb. 31: Typische Angaben in deutsch- bzw. englischsprachigen Quellen

Deutschsprachige Quelle	Englischsprachige Quelle
• Jg.	• Vol.
• Nr.	• No.
• S.	• p. (= bei einer Seite) bzw. pp. (bei mehreren Seiten)
• Hrsg.	• Ed. (= bei einem Herausgeber) bzw. Eds. (bei mehreren Herausgebern)
• Aufl.	• Ed.

Folgende Hinweise und Beispiele zu den wesentlichen Publikationsformen (Monographien, Aufsätze in Zeitschriften, Handbuchbeiträge usw.) verdeutlichen, welche **Angaben** im Literaturverzeichnis benötigt werden, um eine Quelle eindeutig zu identifizieren.

Praxis | **Hinweise und Beispiele zur korrekten Quellenangabe wesentlicher Publikationsformen**

a) Eigenständiger Titel (Monographie)
Erforderliche Angaben:
Name, Vorname (abgek.), Erscheinungsjahr (in Klammern), Titel, ggf. Untertitel, ggf. Auflage, Erscheinungsort, Erscheinungsjahr.

Beispiele:

Schneider, W. (2006): Marketing und Käuferverhalten, 2. Aufl., München 2006.

Nieschlag, R.; Dichtl, E.; Hörschgen, H. (2002): Marketing, 19. Aufl., Berlin 2002.

Usunier, J.-C.; Lee, J. A. (2005): Marketing Across Cultures, 4th Ed., Harlow 2005.

Keegan, W. J.; Schlegelmilch, B. B. (2001): Global Marketing Management: A European Perspective, Harlow 2001.

b) Aufsatz aus Zeitschrift
Erforderliche Angaben:
Name, Vorname (abgek.), Erscheinungsjahr (in Klammern), Titel, [in:] Name der Zeitschrift, Jahrgang, Erscheinungsjahr (in Klammern), Nummer, Seitenbereich.

Hinweis: Ist **kein Jahrgang** angegeben, drückt man dies durch „**o.Jg.**" aus.

Beispiele:

Dietl, H.; van der Velden, R. (2001): Internationale Unternehmenstätigkeit und spezifische Leistungsbeziehungen, in: Wirtschaftswissenschaftliches Studium, 30.Jg. (2001), Nr.10, S.513-516.

Salzberger, T.; Sinkovics, R. R.; Schlegelmilch, B. B. (2001): Die Bedeutung der Datenäquivalenz in der Internationalen Marketing- und Konsumentenforschung, in: Jahrbuch der Absatz- und Verbrauchsforschung, 47.Jg. (2001), Nr.2, S.190-209.

Swoboda, B. (2000): Messung von Einkaufsstättenpräferenzen auf der Basis der Conjoint-Analyse, in: Die Betriebswirtschaft, 60.Jg. (2000), Nr.2, S.149-166.

Brouthers, K. D; Brouthers, L. E. (2001): Explaining the National Cultural Distance Paradox, in: Journal of International Business Studies, Vol.32 (2001), No.1, pp.177-189.

Gençtürk, E. F.; Kotabe, M. (2001): The Effect of Export Assistance Programm Usage on Export Performance, in: Journal of International Marketing, Vol.9 (2001), No.2, pp.51-72.

Samiee, S.; Roth, K. (1992): The Influence of Global Marketing Standardization on Performance, in: Journal of Marketing, Vol.56 (1992), No.2, pp.1-17.

c) Beitrag in Lexikon
Erforderliche Angaben:
Name, Vorname (abgek.), Erscheinungsjahr (in Klammern), Stichwort, [in:] Herausgeber, Name des Lexikons, Erscheinungsort, Erscheinungsjahr, Seitenbereich.

Beispiele:

Geldsetzer, L. (1994): Hermeneutik, in: Seiffert, H.; Radnitzky, G. (Hrsg.): Handlexikon zur Wissenschaftstheorie, 2. Aufl., München 1994, S.127-139.

Müller, S.; Kornmeier, M. (2001): Metaanalyse, in: Diller, H. (Hrsg.): Vahlens Großes Marketinglexikon, 2. Aufl., München 2001, S.1127-1128.

Steinmann, H.; Scherer, A. G. (2000): Wissenschaftstheorie, in: Corsten, H. (Hrsg.): Lexikon der Betriebswirtschaftslehre, 4. Aufl., München 2000, S.1056-1063.

d) Beitrag in Handwörterbuch

Erforderliche Angaben:

Name, Vorname (abgek.), Erscheinungsjahr (in Klammern), Titel, [in:] Herausgeber, Name des Handwörterbuchs, Erscheinungsort, Erscheinungsjahr, Seiten- oder Spaltenbereich.

Hinweis: Handwörterbücher sind häufig in **Spalten** statt in Seiten unterteilt.

Beispiele:

Behrens, G. (1993): Wissenschaftstheorie und Betriebswirtschaftslehre, in: Wittmann, W.; Kern, W.; Köhler, R.; Küpper, H.-U.; Wysocki, K. v. (Hrsg.): Handwörterbuch der Betriebswirtschaft, Bd. 3, 5. Aufl., Stuttgart 1993, Sp.4763-4772.

Gaugler, E. (1989): Stammhausdelegierte(n), Repatriierung von, in: Macharzina, K.; Welge, M. K. (Hrsg.): Handwörterbuch Export und Internationale Unternehmung, Stuttgart 1989, Sp.1937-1951.

Mühlbacher, H. (1995): Skalen und Skalierungsverfahren, in: Tietz, B.; Köhler, R.; Zentes, J. (Hrsg.): Handwörterbuch des Marketing, 2. Aufl., Stuttgart 1995, Sp.2284-2298.

e) Beitrag in Handbuch / Sammelband / Herausgeberschrift

Erforderliche Angaben:

Name des Autors, Erscheinungsjahr (in Klammern), Titel des Einzelbeitrags, [in:] Herausgeber, Titel des Handbuchs, Erscheinungsort, Erscheinungsjahr, Seitenbereich.

Beispiele:

Caspar, M. (2002): Markenausdehnungsstrategien, in: Meffert, H.; Burmann, Ch.; Koers, M. (Hrsg.): Markenmanagement: Grundlagen der identitätsorientierten Markenführung, Wiesbaden 2002, S.235-257.

Liefeld, J. P. (1993): Experiments on Country-of-origin Effects: Review and Meta-analysis of Effect Size, in: Papadopoulos, N.; Heslop, L. A. (Eds.): Product-country Images: Impact and Role in International Marketing, New York 1993, pp.117-156.

Sander, M. (2001): Global Pricing, in: Krystek, U.; Zur, E. (Hrsg.): Handbuch Internationalisierung, 2. Aufl., Berlin 2001, S.437-452.

Starbuck, W. H. (1965): Organizational Growth and Development, in: March, J. G. (Ed.): Handbook of Organizations, Chicago 1965, pp. 451-533.

f) Zeitungsartikel

Erforderliche Angaben:

Name des Autors, Erscheinungsjahr (in Klammern), Titel des Zeitungsartikels, [in:] Titel der Zeitung, Nr. der Ausgabe, Datum der Ausgabe (in Klammern), Seite(nbereich).

Beispiele:

Bless, H.; Strack, F. (2001): Jetzt wußten wir es schon immer, in: Frankfurter Allgemeine Zeitung, Nr. 228 (01.10.2001), S.38.

o.V. (2000): Versetzen Sie Ihren Asien-Chef nach Asien, in: Frankfurter Allgemeine Zeitung, Nr. 73 (27.3.2000), S.31.

g) Über Forschungseinrichtung verlegte bzw. publizierte Arbeit (z.B. Dissertation, Arbeits- bzw. Forschungspapier, Diplomarbeit)

Erforderliche Angaben:

Name des Autors, Erscheinungsjahr (in Klammern), Titel der Arbeit, Art der Veröffentlichung (d.h. Dissertation, Arbeits- bzw. Forschungspapier oder Diplomarbeit), Bezeichnung der Forschungseinrichtung (z.B. Universität Mannheim), Erscheinungsort, Erscheinungsjahr.

Beispiele:

Dissertation

Geppert, D. (1998): Interaktives Fernsehen als Promotor des Home-Shopping: Die Akzeptanz der Verbraucher als Engpaß der Diffusion. Ein empirischer Beitrag zur Innovationsforschung, Diss., Technische Universität Dresden, Dresden 1998.

Martin, U. (1999): Typologisierung des Theaterpublikums: Das Erkenntnispotential der verhaltensorientierten Marktsegmentierung für das Marketing öffentlich-rechtlicher Theater, Diss., Technische Universität Dresden, Dresden 1999.

Arbeits- bzw. Forschungspapier

Hassel, A.; Höpner, M.; Kurdelbusch, A.; Rehder, B.; Zugehör, R. (2001): Two Dimensions of the Internationalization of Firms, Working Paper No.3 / 2001, Max-Planck-Institut für Gesellschaftsforschung, Köln 2001.

Hölper, I. (1991): Die Wettbewerbschancen der deutschen Süßwarenindustrie im EG-Binnenmarkt: Ergebnisse einer Unternehmensbefragung, Arbeitspapier, Institut für landwirtschaftliche Betriebslehre, Abteilung für Betriebslehre der Ernährungswirtschaft, Universität Bonn, Bonn 1991.

Diplomarbeit

Winzig, W. (1992): Verfahren zur empirischen Bestimmung von Preis-Absatz-Funktionen, unveröffentlichte Diplomarbeit, Universität Mannheim, Mannheim 1992.

h) Sonstige Quellen („graue Literatur")

Institutionen

GfK Lebensstilforschung (Hrsg.) (2001): Euro-Socio-Styles, Nürnberg 2001.

F&H Werbeagentur (Hrsg.) (1993): Global Advertising: Mit Beispielen aus deutscher und italienischer Werbung, München 1993.

Nestlé (Hrsg.) (2004): Nestlé-Unternehmensgrundsätze, 3. Aufl., Vevey 2004.

Procter & Gamble (Hrsg.) (2005): P&G: Deutschland 2005, Schwalbach / Taunus 2005.

UNCTAD (Ed.) (2001): World Investment Report 2001, New York 2001.

Expertengespräch, Schreiben, Vortrag

Mustermann, M. (2006): Auskünfte des Vorstandes der PSI AG, München, in einem persönlichen Gespräch am 14.10.2006 in Frankfurt/Main, Frankfurt/Main 2006.

Lang, B. (2005): Situation der Marktforschungsunternehmen in Baden-Württemberg, unveröffentlichtes Schreiben der XY-AG vom 21. November 2005, Mannheim 2005.

Mayer, M. (2005): Leben wie im Paradies, Vortrag anlässlich der Eröffnung des Zweigwerkes der Palm-AG in Heidelberg am 7. April 2005, Heidelberg 2005.

Die **Vorschriften** zur Zitierweise in Deutsch und Englisch sind **grundsätzlich identisch**. Die folgenden Ausführungen beruhen weitgehend auf den Zitiervorschriften der Bournemouth University (vgl. Holland 2005, S.2ff.).

Praxis | **Korrekte Zitierweise in englischer Sprache**

1. **Quotations** are included in the body of the text in quotation marks; longer quotations (more than two lines) are indented and single-spaced.

2. Citation of **summaries or paraphrases** has to be given where it occurs naturally or at the end of the relevant piece of writing. The citation of summaries or paraphrases always begins with „cf." (entspricht in der deutschen Zitierweise: „vgl.") indicating that it is not a complete quotation.

3. **Diagrams** and **illustrations** are referenced as though they were a quotation if they have been taken from a published work.

4. **Page numbers** have to be given after the year within the parentheses, e.g.: (cf. Harvey 2004, p.2).

5. Rules for citation in text for printed documents also apply to **electronic documents**.

Examples

a) If the **author's name occurs naturally** in the sentence, year and page(s) are given in parentheses.

- In a more recent study Johnson (2003, p.27) argued that adequate theories have to be applied.
- As Johnson (2003, p.27) said, adequate theories have to be applied.

b) Name, year and page(s) are given in **parentheses**, if the name **does not occur naturally** in the sentence.

- A more recent study (cf. Collins 2002, p.468) mentioned that the strongest contribution is to reawaken the call for more research on this topic.
- Substantial work still needs to be done on the underlying dimensions before a multidimensional instrument to measure psychological distance can be created (cf. Collins 2002, p.468).

c) Authors who have **published more than one cited document** in the same year, are distinguished by adding **lower case letters** (a, b, c etc.) after the year and within the parentheses.

- Peterson (2003a, p.31) mentioned the subject ...
- As Peterson (2003b, p.76) stated, ...

d) If there are **two authors**, the surnames of **both** should be given. In case of **more than two authors** only the surname of the **first author** should be given, followed by „et al."

- Dow and Sinclair (2004, p.121) have proposed that ...
- Some modes of entry offer lower costs than others and certain circumstances seem to favour certain modes over others (cf. Buckley et al. 2005, p.73).

(A **full listing** of names should appear in the bibliography.)

e) In case of **anonymous** work **„Anon"** should be used.

- A more recent publication (cf. Anon 2005, p.29) stated that ...

f) In a reference to a **newspaper article with no author** the **newspaper's name** can be used in place of „Anon".

- The role of FDI in ‚transitional' or ‚emerging' economies has brought back into focus some of the classic issues of the 1960s (cf. The Times 2005, p.3).

(You should use the **same style** in the bibliography.)

g) If a **source is quoted in another source** both have to be cited in the text.

- A study by Miller (1966 cited Douglas 2005, p.44) showed that ...

(In the bibliography you should list only the work you have read, i.e. Douglas 2005)

3.2.3.3 Hinweise zur korrekten Angabe der im Internet gefundenen Literatur

Online-Publikationen sind grundsätzlich zitierfähig, falls die Art der Veröffentlichung angegeben wird. Auch wenn Quellenangaben, wie Seitennummer oder Verlagsort, häufig nicht verfügbar sind, so ist dennoch darauf zu achten, dass die Quelle **eindeutig identifiziert** werden kann (vgl. zum Folgenden insbes. Becker 2006, o.S.).

Eine entscheidende Rolle übernimmt dabei der **Uniform Resource Locator (URL)**, der im Internet bereits weit verbreitet ist (durch den Dienst WWW) und Ressourcen eindeutig kennzeichnet. URL gilt als **Quasi-Standard** bei FTP, WWW und Gopher. Die Quellenangabe beginnt mit „URL:" und wird folgendermaßen fortgesetzt: „**URL:Dienst://Internet-Protokoll-Teile/Pfade**".

- Zu den „**Diensten**" gehören insbes. „mailto" (E-Mail), „news", „ftp", „telnet", „gopher", „wais" und „http" (WWW). Der Dienst wird mit einem Doppelpunkt von den anderen Angaben getrennt.
- Der „**Internet-Protokoll-Teil**" (zwischen dem doppelten („//") und einem einfachen („/") Schrägstrich) gibt die Adresse jenes Rechners an, auf welchem die Information gespeichert ist. Je nach Dienst kann weitere Zugriffsinformation enthalten sein (z.B. Benutzername).
- Der „**Pfad**" benennt die **‚Location'** der Quelle auf dem Rechner.

Angaben von Internetquellen sind häufig länger als eine Zeile. **Bindestriche** (als Trennzeichen) sind allerdings **ungeeignet**, da sie mit Adressbestandteilen verwechselt werden können. Ein **URL** sollte deshalb **am Zeilenende nach einem Schrägstrich** („/") bzw. **Punkt** und niemals (!) mit einem „Binde-strich **getrennt**" werden.

Wer eine Quelle zitiert, muss sicherstellen, dass jeder Leser sie zu jedem Zeitpunkt finden und nachvollziehen kann. Wegen seiner „**Flüchtigkeit**" ist diese Voraussetzung beim Internet nicht immer erfüllt (Ähnliches gilt übrigens für Interviews und unveröffentlichte Manuskripte). Da sich jeder Teil einer URL ändern kann, muss nach der Quelle angegeben werden, wann die Information abgerufen wurde ([**Stand: Datum**]). Da die Reihenfolge der Bestandteile des Datums international nicht genormt ist, sind die entsprechenden Angaben für Internet-Quellen nur dann eindeutig, wenn der **Monat als Wort** und das **Jahr vierstellig** geschrieben werden (z.B. Stand: 11. Juli 2006).

Beispiel:

Payer, M. (2000): Internationale Kommunikationskulturen: 2. Kultur und Kommunikation, Fassung vom 12. Oktober 2000, in: http://www.payer.de/kommkulturen/kultur02.htm (Stand: 10. März 2006).

Angesichts der „Schnelllebigkeit des Inhalts" sollte der Verfasser seine im Internet gefundenen **Informationen „sichern"**. Hierfür kommen verschiedene **Möglichkeiten** in Betracht: Man kann die entsprechende Quelle

- **ausdrucken** (wobei i.d.R. die genaue Internet-Adresse sowie das Zugriffsdatum festgehalten werden) und der Arbeit **beifügen** (im Anhang) oder bei sich **archivieren**,

- auf einem Datenträger **speichern** (um die Papierflut einzudämmen) und **archivieren**.

Denkbar wäre darüber hinaus, dass man sich das Dokument mailt: Dokument, Internet-Adresse und Zugriffstag sind dann unmittelbar verfügbar.

Ist für den **Zugriff** auf bestimmte Daten weitergehende Information (z.B. Anmeldung, Passwort bzw. User-ID) notwendig, so kann man sich u.U. behelfen, indem man nach der URL angibt:

- [Anmeldung] oder ggf.
- [login: „*Kennwort angeben*", password: „*Passwort angeben*", Stand: 06. März 2006].

Praxis	**Hinweise und Beispiele zur korrekten Angabe von Internetquellen**

Die Zitierweise entspricht grundsätzlich den bereits **vorgestellten Regeln**.
Erforderliche Angaben
Name des Autors, Erscheinungsjahr bzw. Jahr des Zugriffs (in Klammern), Titel der Arbeit, [in:] URL, (Stand: [Datum des Zugriffs]).

Hinweis:
Um die Quelle im Literaturverzeichnis vollständig angeben zu können, sollte man zunächst

- den **Verfasser ausfindig** machen oder
- **ersatzweise** auf den **Herausgeber** zurückgreifen, z.B. die Institution, das Unternehmen oder den Träger des Servers (z.B. Berufsakademie Mannheim (Hrsg.): ...).

Falls weder Autor noch Herausgeber erkennbar sind, reicht die Angabe „o.V.".

Beispiele:

Bayerischer Industrie- und Handelskammertag (Hrsg.) (2002): Export-Ratgeber für unternehmensnahe Dienstleister in Bayern (Stand: Januar 2002), in: http://www.bayern-international.de/media/bayern_exportratgeber.pdf (Stand: 14. September 2005).

Berufsakademie Mannheim (Hrsg.) (2006): Zentrale Einrichtungen, in: http://www2.ba-mannheim.de/index.php?id=20 (Stand: 14. März 2006).

Payer, M. (2000): Internationale Kommunikationskulturen: 2. Kultur und Kommunikation, Fassung vom 12. Oktober 2000, in: http://www.payer.de/kommkulturen/kultur02.htm (Stand: 10. März 2006).

Im Internet veröffentlichte Dissertation

Koop, B. (2004): Zufriedenheit und Bindung von Mitarbeitern und Kunden: Integrierte Analyse und Steuerung in Unternehmen, Diss., Universität Mannheim, Mannheim 2004, in: http://bibserv7.bib.uni-mannheim.de/madoc/volltexte/2005/874 (Stand: 10. März 2006).

Im Internet veröffentlichte Diplomarbeit

Koller, F. (2002): Messmethoden der Kundenzufriedenheit: Eine Diskussion ausgewählter Methoden zur Messung der Kundenzufriedenheit unter besonderer Betrachtung der Finanzdienstleistungsbranche, Diplomarbeit, Fachhochschule Wien, Wien 2002, in: http://www.fachhochschule.at/FH/DA.nsf/057FDEE404ABFAB9C1256C1D004FA708/$FILE/9810057016_DA.pdf (Stand: 10. März 2006).

3.3 Meta-Analyse

3.3.1 Formen der Meta-Analyse im Überblick

Vorrangiges Ziel der Meta-Analyse ist es, **generalisierbare Aussagen** (vgl. Kap. 2.1.1.3) zu gewinnen, indem man „Analysen analysiert" (= „meta-analysiert"). Dieser Begriff bedeutet demnach nicht viel mehr als „**Analyse der Analyse(n)**". Wie Abb. 32 verdeutlicht, können sich dahinter jedoch verschiedene Formen bzw. Analysestrategien verbergen (vgl. zum Folgenden Müller/Kornmeier 2001b, S.1127f.).

Abb. 32: Formen der Meta-Analyse

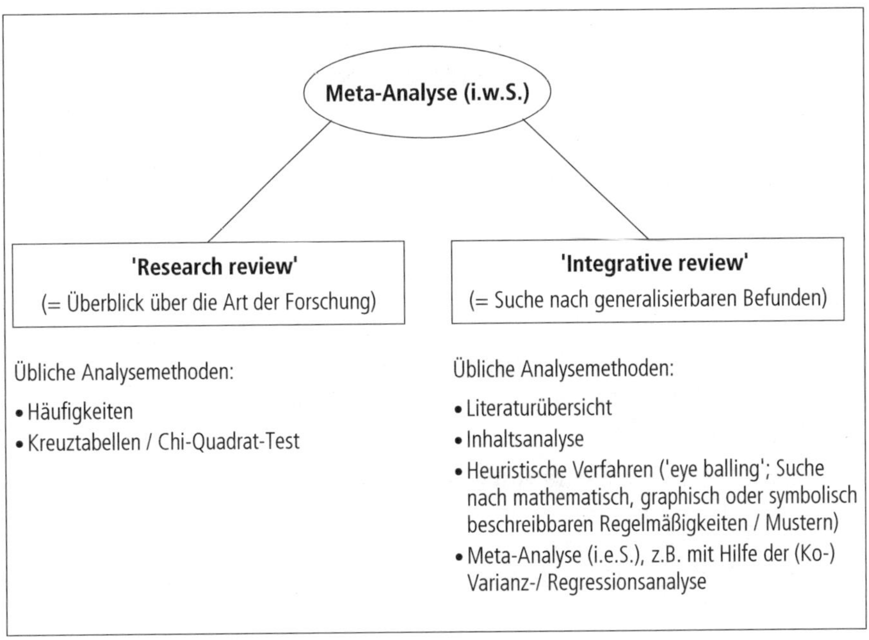

Quelle: Müller/Kornmeier (2001b, S.1127).

3.3.1.1 Analyse der Art der Forschung

Wesentliche Aufgabe der ‚**Research review**' (vgl. Abb. 32) ist es, die **Qualität** der Forschung

- einer **Disziplin** bzw. wissenschaftlichen Richtung (z.B. Internationales Marketing, Konsumentenverhalten) oder
- eines **Teilbereichs** davon (z.B. ‚Country of origin'-Forschung)

zu evaluieren (= Analyse der **Art der Forschung**). Gegenstand der Betrachtung sind v.a.

- Art, Intensität und Güte der **theoretischen** Fundierung sowie
- die in den jeweiligen empirischen Studien verwendeten **Analysemethoden** (z.B. uni-, bi-, multivariat).

Praxis

‚Research review' am Beispiel „Internationales Marketing"

Aulakh/Kotabe (1993, S.5ff.) etwa analysierten die von 1980 bis 1990 in einschlägigen Journals erschienenen Beiträge zum Internationalen Marketing (n = 720) und stellten dabei u.a. fest, dass sich nur 2,4% der Veröffentlichungen theoretisch und / oder empirisch mit dem theoretischen Konstrukt „Kultur" auseinandersetzten. Überdies wiesen manche Arbeiten teilweise gravierende methodische Mängel auf. Im Vergleich zu weiter zurückliegenden Forschungsdekaden achteten zwar immer mehr Autoren auf die Äquivalenz der Stichproben und überprüften die Reliabilität der verwendeten Maße. Rückübersetzung und psychometrische Äquivalenz aber gehörten in diesem Zeitraum noch nicht zum Standardrepertoire der interkulturellen Marketingforschung.

3.3.1.2 Analyse der Ergebnisse der Forschung

Steht die Suche nach **generalisierbaren Aussagen** (vgl. Kap. 2.1.1.3) im Vordergrund und analysiert man deshalb die Forschungs**ergebnisse** zu einem bestimmten Thema, so bezeichnet man dies als ‚**Integrative review**' (= Analyse der **Forschungsergebnisse**; vgl. Abb. 32). Dabei sind verschiedene Wege gangbar.

(1) Handelt es sich um eine **Literaturübersicht**, so untersucht man den in einem Forschungsgebiet erreichten Wissensstand qualitativ. Der **Idealfall** besteht dabei in einer **evaluativen Literaturübersicht**, welche den ‚State of the art' eines Forschungsfeldes gleichermaßen eingehend wie kritisch würdigt und sich dabei nicht nur auf die sog. materiellen Befunde konzentriert, sondern auch Art und Reife der theoretischen Fundierung beleuchtet.

Sehr häufig aber begegnet man einer Form der Literaturübersicht, die zumeist nur einen Teil der Befunde erfasst, die innerhalb einer Disziplin (z.B. Internationales Marketing) zu einem Forschungsgebiet (z.B. Einflussfaktoren auf die Wahl der Markteintrittsstrategie) veröffentlicht wurden. Die anglo-amerikanische Literatur bezeichnet diese Vorgehensweise als **‚Literature review'**, in welcher der Autor einen eher oberflächlichen, impressionistischen Überblick vermittelt („A sagte ..., B meinte ..., C untersuchte ...").

(2) Bei der **Inhaltsanalyse**, einer gleichfalls qualitativen Form der Meta-Analyse, können auch Erfahrungen und Erkenntnisse der Unternehmenspraxis Berücksichtigung finden, z.B. Berichte von Praktikern oder Fallstudien. Am Beispiel „Business Marketing Negotiations" haben Eliashberg u.a. (1995) den Nutzen dieses Verfahrens demonstriert und folgende **Generalisierung** destilliert: Verhandlungsführer, die ihre vorrangige Aufgabe darin sehen, Probleme zu lösen, generieren durchschnittlich mehr Lösungen, die für beide Seiten vorteilhaft sind, als Personen, die andere Schwerpunkte setzen (zu Konzeption und Ablauf vgl. ausführlich Eliashberg u.a. 1995, S.G47ff.).

(3) Bei den in der anglo-amerikanischen Literatur als ‚**eye balling**' bezeichneten Ansätzen geht man davon aus, dass eine abhängige Variable (z.B. Nachfrage) einem bestimmten (regelhaften) Verlaufsmuster folgt. Dieses gilt es zu erkennen und auf mathematischem oder graphischem Wege zu beschreiben.

Das vielleicht bekannteste Beispiel hierfür liefert die **Diffusionsforschung**. Mahajan u.a. (1995; 1990) recherchierten mehr als 150 Beiträge, deren Autoren das von Bass (1969) entwickelte Diffusionsmodell angewandt, verbessert bzw. erweitert haben. Sie stellten dabei fest, dass theoretischer Verlauf und empirische Daten weitgehend übereinstimmten (vgl. Mahajan u.a. 1995, S.G81ff.): In der überwiegenden Zahl der Studien verläuft die Diffusion so, wie Bass sie anhand der Diffusionskurve beschrieben hat, was prinzipiell für die **Generalisierbarkeit** des Grundmodells spricht. Demnach berechnet sich die Zahl der Personen, welche ein neu in den Markt eingeführtes Produkt erstmals kaufen (adoptieren), wie folgt:

$$n(t)/[m - N(t)] = p + (q/m) \cdot N(t), \quad \text{wobei}$$

n(t)	=	Zahl der Adopter zum Zeitpunkt t
N(t)	=	kumulierte Zahl der Adopter zum Zeitpunkt t
m	=	Marktpotential
p, q	=	zu berechnende Parameter.

(4) Die **quantitativ** ausgerichtete **Meta-Analyse i.e.S.** ist Gegenstand der folgenden Abhandlung.

3.3.2 Meta-Analyse i.e.S.

3.3.2.1 Grundzüge

3.3.2.1.1 Herkunft des Begriffs

Glass (1976) hat den Begriff Meta-Analyse in die Wissenschaft eingeführt und maßgeblich geprägt. Er bezeichnete damit die **statistische** Analyse, bei der man die in verschiedenen Studien ermittelten Ergebnisse (zum **selben** Sachverhalt) **nochmals gemeinsam** analysiert.

Der Grundgedanke dieser Methode, zahlreiche empirische Ergebnisse zu ein und demselben Erkenntnisobjekt mit **statistischen Verfahren** zu **verdichten**, ist nicht neu. Noch bevor die Sozialwissenschaften in den 1950er Jahren damit begannen, versuchten Agrar- und Naturwissenschaftler bereits in den 1930er Jahren, Forschungsergebnisse zu aggregieren bzw. zu integrieren, ohne aber die damit verbundenen methodischen Probleme hinreichend lösen zu können (vgl. Stamm/Schwarb 1995, S.7f.). Der Gedanke von Tippett (1931) und Fisher (1932), einzelne Wahrscheinlichkeitswerte zusammenzufassen, wurde in der Folgezeit allerdings nicht systematisch aufgegriffen. Erst Anfang der 1980er Jahre veröffentlichten Glass u.a. (1981) das erste **Lehrbuch** zu diesem Verfahren, Hedges/Olkin (1985) kurze Zeit später die erste Monographie mit einem **Überblick** über die statistischen Verfahren der Meta-Analyse. Innerhalb der Betriebswirtschaftslehre bedient sich mittlerweile insbesondere die **Personalwirtschaft** dieser Methode.

3.3.2.1.2 Funktionen

Nachdem die Meta-Analyse nicht gerade zu den trivialen und auf Anhieb verständlichen Analysemethoden gehört, soll zunächst verdeutlicht werden, welche **Funktion(en)** dieses viel zu selten eingesetzte Instrument erfüllt – und zwar an einem Beispiel aus der „**Country of origin-Forschung**". Diese setzt sich insbesondere damit auseinander, welchen Einfluss das **Herkunftsland** eines Produkts auf Einstellung und **Kaufbereitschaft** ausübt.

Obwohl kaum einem anderen Gebiet der Internationalen bzw. Interkulturellen Marketingforschung in den vergangenen Jahrzehnten eine vergleichbar große Aufmerksamkeit zuteil wurde, sind „generalisierbare Aussagen" noch immer die Ausnahme. Peterson/Jolibert (1995) hatten sich deshalb vor mehr als einer Dekade der Aufgabe zugewandt, 69 einschlägige Studien zu diesem Forschungsgebiet meta-analytisch zu untersuchen. Auf diese Weise ermittelten sie ein sehr **wertvolles** Ergebnis: Sie konnten zeigen, dass das Herkunftsland durchschnittlich 30% der **Qualitätswahrnehmung** erklärt, jedoch nur 19% der **Kaufabsicht** (vgl. Tab. 1). Dies bedeutet: Je näher die eigentliche Kaufentscheidung rückt, desto weniger lässt man sich vom Herkunftsland beeinflussen (= „Country of origin-**Wirkungstrichter**"; vgl. Abb. 33).

Tab. 1: Nutzenpotential der Meta-Analyse: „Einfluss des ‚Country of origin' auf wahrgenommene Qualität und Kaufabsicht

Einfluss des ‚Country of origin' auf die	Anzahl der Effekte	Anteil der Effekte (in %)	Bandbreite der Effekte	Durchschnittliche Stärke des Effekts (in Klammern = Standardabweichung)
• wahrgenommene Qualität / Zuverlässigkeit	964	63,4	0,00 – 0,98	0,30 (0,25)
• Kaufabsicht	556	36,6	0,00 – 0,91	0,19 (0,23)
Durchschnittlicher Einfluss	**1520**	**100,0**	**0,00 – 0,98**	**0,26 (0,25)**

Quelle: Peterson/Jolibert (1995, S.890); entnommen: Müller/Kornmeier (2002b, o.S.).

Darüber hinaus stellten Peterson/Jolibert (1995) fest, dass der Einfluss des Herkunftslandes **je nach Studie** sehr **stark variiert** (zwischen 0,00 bis 0,98; vgl. Tab. 1). Dies wiederum bedeutet, dass ein Gesetz i.S.e. „immer und überall-Aussage" nicht möglich ist. Wer also prognostizieren möchte, wie sich Konsumenten entscheiden, die zwischen Produkten aus verschiedenen Ländern wählen können, muss **weitere** intervenierende **Variablen** berücksichtigen, z.B. Art des Produkts, Alter / Bildungsstand der Person usw.

Abb. 33: Ergebnis einer Meta-Analyse: Der „Country of origin-Wirkungstrichter"

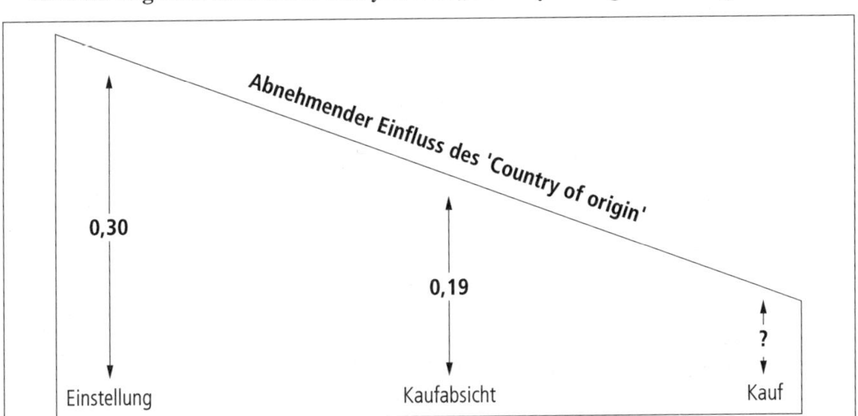

Quelle: Müller/Kornmeier (2002b, o.S.).

Das Beispiel verdeutlicht, dass die Meta-Analyse u.a. dann wertvolle Dienste zu leisten vermag, wenn die Ergebnisse verschiedener Primärstudien stark **variieren** bzw. die zu einem Problemkreis vorliegenden Lösungsansätze **widersprüchlich** sind (vgl. Farin 1994, S.28). Darüber hinaus eignet sich dieses Verfahren aber auch dann,

- wenn die Stichproben der **einzelnen** Primärstudien so **klein** sind, dass sich jeweils nur schwache Effekte nachweisen lassen,
- wenn das Thema der eigenen wissenschaftlichen Arbeit bislang nur in **wenigen Publikationen** bearbeitet wurde und sich auf Basis der vorliegenden Forschungsergebnisse **keine allgemeingültigen Aussagen** ableiten lassen,
- wenn es zu **aufwendig** wäre (Kosten, Zeit), eine **neue Studie** mit einer großen Stichprobe durchzuführen.

Aus Sicht der **Wissenschaft** erfüllt die Meta-Analyse **vier Funktionen** (vgl. Farin 1994, S.32ff.):

(1) Man kann damit Ergebnisse einschlägiger Studien zusammenfassen bzw. **aggregieren** und das jeweils verwendete **Untersuchungsdesign** (z.B. Auskunftspersonen, Operationalisierung, Analysemethoden) beschreiben und kritisch hinterfragen (= **Deskription**).

(2) Mit Hilfe der so gewonnenen Informationen lässt sich

- ein „**idealisiertes Untersuchungsdesign**" entwickeln (für künftige Studien),
- aufdecken, welche Forschungsfragen bislang relativ großen Anklang fanden bzw. **vernachlässigt** wurden.

Angesichts knapper finanzieller Ressourcen leistet dieses Verfahren somit auch einen Beitrag, die in der Forschung vorhandenen Mittel effizienter einzusetzen (= **Prospektion**).

(3) Die Meta-Analyse wird ebenfalls dazu genutzt, Hypothesen bzw. Theorien zu testen (= **Prüfung** von Theorien). Denkbar wäre aber auch der umgekehrte Weg, der bislang allerdings nur selten beschritten wird (vgl. Farin 1994, S.35): die **Entwicklung** von Theorien. Denn ein weiteres wesentliches Ziel des Verfahrens besteht darin, das **Gemeinsame** der (meta-analytisch betrachteten) empirischen Primärstudien zu **destillieren**.

(4) Da neben den Ergebnissen der einschlägigen Studien auch andere Kriterien erhoben und kategorisiert werden (z.B. Zeitpunkt der Primärstudien, Förderer der einzelnen Projekte) liefert die Meta-Analyse ein „Nebenprodukt", das für Wissenschaftssoziologie bzw. -geschichte von Interesse sein kann (= **Dokumentation**).

3.3.2.2 Überblick über den Ablauf

Die Meta-Analyse vollzieht sich in den im Folgenden ausführlich dargestellten Schritten.

Praxis **Ablaufschritte der Meta-Analyse**

1. Konstruktion des theoretischen Rahmens
2. Datenerhebung
   - Suche nach Literaturquellen (= Primärstudien)
   - Bewertung der Qualität der recherchierten Primärstudien
   - Eignung der Ergebnisse der Primärstudien für die Meta-Analyse
   - Größe der Stichprobe
3. Aufbereitung der Daten
   - Umgang mit ‚Missing values'
   - Kodierung der (un-)abhängigen Variablen
4. Datenanalyse
   - Berechnung der Effektstärke
   - (ggf. Ausschluss von Effekten)
   - Aggregation der Daten (Datenanalyse i.e.S.)
5. Transfer / Kommunikation der Ergebnisse

Quellen: auf der Basis von Nieschlag u.a. (2002, S.684ff.); Farin (1994, S.72ff.); Gemünden (1991, S.34ff.).

3.3.2.3 Konstruktion des theoretischen Rahmens

Vor der Meta-Analyse sollte man – wie bei jeder anderen empirischen Analyse auch – das vorhandene Wissen (Theorie, empirische Befunde) zusammentragen und in einem theoretischen Rahmen strukturieren. Auf diese Weise lassen sich

- **Hypothesen** formulieren, die den Zusammenhang zwischen abhängigen und unabhängigen Variablen zu erkennen geben,
- neben den (un-)abhängigen auch **intervenierende** bzw. **moderierende** Variablen berücksichtigen, so dass man weitere Einflüsse auf die Ursache / Wirkungs-Kette identifizieren kann.

3.3.2.4 Datenerhebung

3.3.2.4.1 Suche nach Literaturquellen

Auch in der Meta-Analyse werden Daten(sätze) verarbeitet – und zwar die Ergebnisse empirischer Studien. Es versteht sich deshalb von selbst, dass man vor der Analyse möglichst alle Untersuchungen, die zum fraglichen Themengebiet bereits durchgeführt wurden, **zusammenträgt** – auch um so dem Vorwurf entgegenzutreten, man würde „beliebig" vorgehen (‚Convenience sample'). Wer bspw. im Internationalen Marketing eine entsprechende Analyse durchführen möchte, sollte einschlägige Fachzeitschriften durchforsten, z.B. „Journal of International Business Studies", „International Marketing Review", „Journal of International Marketing", aber auch „Marketing·ZFP", „Die Betriebswirtschaft", „Zeitschrift für Betriebswirtschaft", „Zeitschrift für betriebswirtschaftliche Forschung" u.v.a.m. (vgl. hierzu auch Kap. 3.2.1).

Hinzu kommen **themenspezifische** Dissertationen, Beiträge in Handbüchern sowie die auf entsprechenden Veranstaltungen (z.B. „American Marketing Association (AMA)"; „Consortium for International Marketing Research (CIMaR)") präsentierten ‚Papers', die gewöhnlich in sog. ‚Proceedings' gedruckt werden, z.B. in „Advances in International Marketing".

Praxis **Probleme bei der Literaturbeschaffung**

Vor allem „graue Literatur", z.B.

- von Instituten herausgegebene Arbeitspapiere,
- unveröffentlichte Manuskripte,
- im Eigenverlag publizierte Dissertationen / Habilitationsschriften,

ist häufig schwer zu recherchieren bzw. zu beschaffen. Angesichts des i.d.R. begrenzten Zeitbudgets muss man bei der Suche nach einschlägigen Publikationen zwischen Aufwand und Nutzen abwägen. Dabei gilt prinzipiell: Priorität sollten Publikationen haben, die wie Dissertationen oder Habilitationsschriften einen **Begutachtungsprozess** erfolgreich durchlaufen haben. Dasselbe gilt für die in Fachzeitschriften bzw. ‚Journals' mit (inter-)nationalem **Renommee** veröffentlichten Beiträge, die zuvor einer sehr strengen ‚Peer review' (Begutachtung; vgl. Kap. 1.2.3.2) unterzogen wurden (zur Qualitätssicherung).

Praxis **„Fail-safe N"**

Wer nicht alle Arbeiten in die Analyse einbeziehen kann, weil sie nicht zugänglich sind oder wer vermutet, dass trotz intensiver Suche nur ein Teil der (weltweit durchgeführten) empirischen Studien zur Verfügung steht, kann mit Hilfe des **„Fail-safe N"** prüfen, wie viele Studien (ohne signifikante Effekte) unentdeckt bleiben dürfen, ohne dass das Ergebnis der Meta-Analyse wesentlich an Reliabilität einbüßt (vgl. hierzu Fricke/Treinies 1985, S.69). Damit ließe sich die Kritik, dass in Meta-Analysen ohnehin nur Studien mit signifikanten Ergebnissen berücksichtigt würden (= **„File drawer-Problem"**), zumindest teilweise entkräften.

3.3.2.4.2 Bewertung der Qualität der recherchierten Primärstudien

Vor der Meta-Analyse sollte man die Qualität der recherchierten Primärstudien begutachten. Hierzu kommen verschiedene Methoden in Betracht (vgl. Cooper 1984).

(1) Man beurteilt lediglich die in den Primärstudien **genannten** Validitätskriterien (= **„Methods description-Ansatz"**).

(2) Man bewertet die Primärstudien danach, ob sie bestimmte Validitätskriterien erfüllen (= **„Threats to validity-Ansatz"**), z.B.

- externe Validität (z.B. Gültigkeit nur für bestimmte Subgruppen / Situationen),
- interne Validität,
- Konstruktvalidität,
- statistische Validität (z.B. Kontrolle des Fehlers bei mehreren Hypothesentests, Verletzung der Annahmen von statistischen Tests).

(3) Kombination von (1) und (2), wobei alle in den Primärstudien genannten Angaben zur Validität bewertet und fehlende Angaben **geschätzt** werden (= **Idealfall**).

Wer auf dieser Informationsbasis Arbeiten mit **Defiziten** entdeckt, kann wie folgt vorgehen:

- Effekte aus Arbeiten mit weniger gravierenden Mängeln kann man bei der Berechnung des Gesamteffekts **schwächer gewichten** (vgl. Farin 1994, S.68ff.; Brown 1991).
- „Schlechte" Studien kann man ggf. aus der Analyse **ausschließen** – jedoch **allenfalls dann**, wenn die Mängel (z.B. Operationalisierung der Konstrukte) offensichtlich und **schwerwiegend** sind.

Allerdings: Selbst mangelhafte Primärstudien haben zumindest einen **„heuristischen Wert"**; denn aus den Fehlern kann man **Verbesserungsvorschläge** für Konzeption bzw. Design künftiger Arbeiten ableiten.

3.3.2.4.3 Eignung der Ergebnisse der Primärstudien für die Meta-Analyse

Welche Untersuchungsergebnisse für die Meta-Analyse geeignet sind, hängt von verschiedenen **Faktoren** ab.

(1) Wichtig ist bspw. das **Verfahren**, mit dem die **Stärke des Effekts** gemessen werden soll. Greift man etwa auf das sog. Omega-Quadrat zurück (vgl. Vaughan/Corballis 1969), dann sind die mit Hilfe der multiplen Regressionsanalyse ermittelten Koeffizienten **nicht geeignet** (vgl. Peterson/Jolibert

1995, S.887). Denn das Omega-Quadrat drückt den Zusammenhang zwischen **lediglich einer** unabhängigen Variable und einer abhängigen Variable aus, wohingegen regressionsanalytisch ermittelte unabhängige Variable nur dann sinnvoll interpretiert werden können, wenn man sie **gemeinsam betrachtet**.

(2) Studien, deren Ergebnisse **voneinander abhängen**, sind ebenfalls nicht geeignet.

(a) **Vollkommene Abhängigkeit** wäre gegeben, wenn die Ergebnisse aus ein und derselben Studie mehrfach publiziert wurden – und deshalb auch mehrfach in die Meta-Analyse einfließen würden.

(b) Von diesem simplen Fall einmal abgesehen, liegt Abhängigkeit aber auch dann vor, wenn (vgl. Farin 1994, S.84)

- verschiedene Effekte mit **derselben Kontrollgruppe** berechnet wurden; dieses Problem betrifft allerdings nur Experimentaldesigns (vgl. hierzu Hedges/Olkin 1985), nicht aber Korrelationsstudien.
- in derselben Arbeit für **unterschiedliche Teilstichproben** Effekte berechnet wurden; wie stark die Ergebnisse voneinander abhängen, ist jedoch umstritten.
- **ein und dieselbe** Studie **mehrere Effekte** liefert, weil verschiedene Erhebungsinstrumente oder Operationalisierungsansätze verwendet bzw. getestet wurden.
- überdurchschnittlich viele Studien von Vertretern **derselben Forschergruppe** bzw. „**Denkschule**" stammen. Diese sind i.d.R. einem bestimmten **Paradigma** verhaftet und vertreten mit Blick auf Forschungsgegenstand und methodisches Vorgehen oft ähnliche Positionen (vgl. hierzu auch Kap. 2.4.5). So zeigten Strube/Garcia (1981) meta-analytisch, dass das Kontingenzmodell von Fiedler (1967) mehr Zustimmung fand, wenn **dessen Anhänger** das Modell empirisch überprüften.

3.3.2.4.4 Größe der Stichprobe

Grundsätzlich genügen bereits **zwei Studien**, um eine Meta-Analyse durchzuführen. Aufgrund der geringen Fallzahl sind dann aber allenfalls **Tendenzaussagen** und keine Generalisierungen möglich. Meta-Analysen, die auf wenigen Primärstudien beruhen (= kleine Stichprobe), sind zwar eher **explorativ** angelegt, übernehmen aber dennoch eine **bedeutsame** Funktion: Man könnte damit bspw. auch den **Stand der Forschung** darstellen (z.B. in Bezug auf Design, Gegenstand oder Analysemethoden) und dadurch z.B. frühzeitig **Defizite aufdecken**.

3.3.2.5 Aufbereitung der Daten

3.3.2.5.1 Umgang mit ‚Missing values'

Die der Meta-Analyse zugrunde liegenden (Primär-)Studien bzw. Untersuchungsdesigns sind i.d.R. (sehr) **heterogen**, weil sie von verschiedenen Forschern **unabhängig voneinander** durchgeführt bzw. konzipiert wurden. Deshalb sind auch die jeweils gemessenen Effekte, Einflüsse bzw. Zusammenhänge nicht einheitlich. D.h. die einzelnen Studienergebnisse, die für die Meta-Analyse „Daten an sich" darstellen, sind häufig unvollständig. Das hier angesprochene Problem **fehlender Daten** (= **‚Missing values'**) lässt sich auf ähnliche Weise wie bei herkömmlichen Studien bewältigen (vgl. Hedges 1986). Denkbar wäre, ‚Missing values'

- durch den **Mittelwert** oder aber
- durch Werte, die mit Hilfe von **Indikatoren** geschätzt werden,

zu ersetzen. Nicht geeignet wäre es, ‚Missing values' jeweils den Wert Null zuzuweisen.

3.3.2.5.2 Kodierung der (un-)abhängigen Variablen

In einem weiteren Schritt sind alle für die Meta-Analyse relevanten Variablen zu **kodieren**. Wurden in manchen Primärstudien bspw. **Studenten**, in anderen wiederum **Manager** oder **Konsumenten** befragt, und soll in der Meta-Analyse bspw. der Zusammenhang zwischen „Art der Befragten" und „Bedeutung des Country of Origin" bestimmt werden, so könnte die **unabhängige** Variable „**Auskunftsperson**" folgende Ausprägungen haben:

- 1 (= Student),
- 2 (= Manager),
- 3 (= Konsument).

3.3.2.6 Datenanalyse

3.3.2.6.1 Berechnung der Effektstärke

Die **Stärke des Zusammenhangs** bzw. das Ausmaß des Unterschieds zwischen Variablen (= **Effektstärke**) kann mit einer Vielzahl an quantitativen Maßen erfasst werden (z.B. Pearsons Produkt-Moment-Korrelation, Eta-Koeffizient). Fehlende Angaben lassen sich berechnen, wenn in den jeweiligen Studien entsprechende Teststatistiken (z.B. F, χ^2, t-Test) angegeben sind. Dies folgt aus der fundamentalen Beziehung (vgl. Rosenthal 1984, S.20):

„Test of Significance = Size of Effect x Size of Study".

(1) Produkt-Moment-Korrelation
Dieser Index wird am **häufigsten verwendet**, um die Stärke des linearen Zusammenhangs zwischen zwei Variablen zu berechnen (vgl. Fricke/Treinies 1985, S.97). Er ist gegenüber Maßstabsveränderungen der betreffenden Variablen **invariant**. Wer unterschiedliche Statistiken (z.B. t-Werte, F-Werte, Zell-Häufigkeiten, Rangkorrelationen nach Spearman) in Produkt-Moment-Korrelationen **umrechnen** will, kann zu diesem Zweck auf eine Reihe von **Formeln** zurückgreifen, die Fricke/Treinies (1985, S.118f.) zusammengestellt haben.

(2) Elastizität
Einige Autoren (vgl. z.B. Mauerer 1995, S.63ff.; Tellis 1988) verwenden als vergleichbares Maß die **Elastizität**. Diese Größe (z.B. Preiselastizität der Nachfrage) gibt die **relative Veränderung** der abhängigen Variable (z.B. Nachfragemenge) an, wenn sich die unabhängige (z.B. Preis) um ein Prozent verändert. Die Elastizität ist dimensionslos, weshalb man damit z.B. den Effekt verschiedener Marketing-Instrumente (z.B. Werbeausgaben, Distributionsdichte) **vergleichen** kann. Sie ist außerdem einfach zu interpretieren und kann in betriebswirtschaftlichen Modellen unmittelbar zur **Entscheidungsfindung** bzw. Optimierung verwendet werden (vgl. Mauerer 1995, S.67). Tellis (1988, S.332) erachtet sie deshalb als das für die Meta-Analyse **ideale Maß**.

Wurde eine Regressionsfunktion geschätzt, so lässt sich mit deren Parametern die **Elastizität** der erklärenden Variable $\overline{X}_1$ bestimmen:

$$\varepsilon_{Y/X_1} = \frac{dY}{dX_1} \cdot \frac{\overline{X}_1}{\overline{Y}} \quad \text{, wobei}$$

$\overline{X}_1$ = Mittelwert der erklärenden Variable X_1 (z.B. Höhe des Einsatzes eines absatzpolitischen Instruments),

$\overline{Y}$ = Mittelwert der zu erklärenden Variable Y (z.B. Maß für das beobachtbare Kaufverhalten).

Zur Berechnung der Elastizitäten können verschiedene Formeln genutzt werden (vgl. hierzu ausführlich z.B. Mauerer 1995, S.65). Deren Wahl richtet sich nach dem **funktionalen Zusammenhang** zwischen abhängiger und unabhängigen Variablen (z.B. linear-additiv, multiplikativ, logarithmisch).

Die Elastizität ist zwar weit verbreitet und weithin akzeptiert, aber dennoch nicht ohne Schwächen: Ein wesentlicher Nachteil ist darin zu erblicken, dass sie **für jeden Punkt** der zugrunde liegenden Funktion **einen anderen Wert** annimmt – von der **multiplikativen Verknüpfung** einmal abgesehen. Deshalb greift man i.d.R. auf den Mittelwert der (un-)abhängigen Variablen zurück – gewissermaßen als Konvention.

(3) Omega-Quadrat
Peterson/Jolibert (1995) etwa, die den Einfluss des Herkunftslandes auf die wahrgenommene Qualität / Zuverlässigkeit sowie auf die Kaufabsicht meta-analytisch untersuchten, verwendeten das sog. **Omega-Quadrat** (‚Omega squared'; vgl. Vaughan/Corballis 1969). Es erfasst den **Anteil der Varianz** einer abhängigen Variable (hier = wahrgenommene Qualität / Zuverlässigkeit bzw. Kaufabsicht), den eine unabhängige Variable (hier = Herkunftsland) zu erklären vermag. Mathematisch ergibt sich dabei folgender Zusammenhang:

$$\omega^2 = \frac{\delta_Y^2 - \delta_{Y/X}^2}{\delta_Y^2} \quad \text{, wobei}$$

δ_Y^2 = zu erklärender Anteil der Varianz der abhängigen Variable Y,

$\delta_{Y/X}^2$ = durch Variable X nicht erklärter Anteil der Varianz der abhängigen Variable Y.

Das Omega-Quadrat ω^2, das genormt ist und zwischen 0 und 1 liegt, lässt sich einfach quantifizieren und interpretieren: Größere Werte indizieren dabei einen größeren Anteil an erklärter Varianz. Zur Berechnung können selbst t-Tests, F-Werte oder Standardabweichungen genutzt werden. Im Gegensatz zur Produkt-Moment-Korrelation erfasst das Omega-Quadrat im Übrigen auch **nicht-lineare** Zusammenhänge.

3.3.2.6.2 Ausschluss von Effekten

Wer sicherstellen kann, dass alle berücksichtigten Studien **voneinander unabhängig** sind, sollte grundsätzlich **alle Effekte** in der Meta-Analyse berücksichtigen – auch dann, wenn diese lediglich eine geringe Reliabilität aufweisen oder wenn es sich (vermeintlich) um Ausreißer handelt:

- Ergebnisse, die nicht bzw. nur schwach reliabel sind, können mit Hilfe der sog. **Artefaktkorrektur** (vgl. Hunter/Schmidt 1990) berücksichtigt werden.
- Außerdem lässt sich im Rahmen der eigentlichen Meta-Analyse weitaus präziser ermitteln, welche Werte **tatsächlich Ausreißer** sind. Überdies sind Ausreißer nicht unbedingt Anzeichen eines fehlerhaften Designs der entsprechenden Primärstudie; sie können auch auf spezifische **Rahmenbedingungen** bzw. Einflussfaktoren hinweisen.

Lediglich Effekte, die deutlich voneinander abweichen (z.B. mehr als 20%; vgl. Farin 1994, S.88), sollte man eingehender betrachten und ggf. von der weiteren Analyse ausschließen.

3.3.2.6.3 Aggregation der Daten (Datenanalyse i.e.S.)

Nachdem die einschlägigen Studien gesammelt und in Bezug auf ihre Verwertbarkeit geprüft wurden, geht es in einem weiteren Schritt darum, die vorhandenen Daten **zusammenzufassen**, um schließlich die formulierten Hypothesen (vgl. Kap. 2.3) einem Test zu unterziehen. Zur **Aggregation** der Daten bieten sich insbesondere die drei folgenden Ansätze an.

(1) Aggregation von Teststatistiken (z.B. Signifikanzniveaus)
Die Literatur bietet ein **breites Spektrum** an Methoden, mit denen man z.B. Signifikanzniveaus oder andere Teststatistiken der einzelnen Primärstudien aggregieren kann – vorausgesetzt, die hierfür notwendigen Werte sind in den Studien auch hinreichend dokumentiert (zu den Formeln und deren Anwendung vgl. ausführlich Farin 1994, S.52ff.; Fricke/Treinies 1985, S.66ff.), z.B.

- das als *Fisher*-Methode (vgl. Fisher 1948) bekannte „**Adding of logs**" (vgl. Rosenthal 1978),
- die Berechnung der **Wahrscheinlichkeit P** über alle Studien hinweg (vgl. Edington 1972),
- Addition der in den Primärstudien aufgeführten **t-Werte** (vgl. Winer 1971),
- Aggregation der z-Werte mit der **Stouffer-Methode** von Mosteller/Bush (1954).

(2) Aggregation von Effektstärken (z.B. Ergebnisse experimenteller Designs)
Bei **experimentellen** Designs wird gewöhnlich die standardisierte **Mittelwertsdifferenz D** verwendet, bei **korrelativen** Studien die durchschnittliche **Produkt-Moment-Korrelation**. Der zuletzt genannte Index lässt sich bspw. bestimmen, indem man über die k zugrunde liegenden unabhängigen Primärstudien den Mittelwert der Produkt-Moment-Korrelation berechnet (vgl. hierzu Hunter/Schmidt 1990, S.45; Hunter u.a. 1982, S.40f.; Glass u.a. 1981, S.147f.).

(3) Auszählverfahren (‚Vote counting'; ‚Box score')
Dieses Verfahren, das streng genommen nicht zu den Methoden der Meta-Analyse gehört, sollte nur dann verwendet werden, wenn die Ergebnisse der zu analysierenden Studien so **schlecht dokumentiert** sind, dass die beiden anderen Methoden nicht in Betracht kommen.

Das Auszählverfahren unterscheidet lediglich zwischen **signifikanten** und **nicht** signifikanten Ergebnissen, da es die (metrischen) Effekte als **nominalskalierte** Daten behandelt und sie – nach Maßgabe ihres Einflusses – einer von drei Gruppen zuweist:

- „signifikant positiv",
- „signifikant negativ",

- „nicht signifikant".

Die relative Häufigkeit der Zellbesetzung dient anschließend als **Indikator** für die **Stärke** des **Zusammenhangs** zwischen den Variablen. Dieses recht grobe Konzept lässt sich dadurch „verfeinern", dass man einen Effekt nur dann als signifikant wertet, wenn mehr als 50% aller Studien auf eine der beiden Gruppen („signifikant **positiv**" vs. „signifikant **negativ**") entfallen. Wegen des Nominalskalenniveaus der Daten liefert das „Vote counting" jedoch nur wenig differenzierte Information über den Zusammenhang zwischen den Variablen. Da auch die Stichprobengröße der aggregierten Studien nicht berücksichtigt wird, ist dieses Verfahren „nur dann angebracht, wenn die mitunter zu spärlichen statistischen Angaben in den Primärstudien keine andere Methodenwahl zulassen" (Fricke/Treinies 1985, S.66).

Praxis

Auszählverfahren am Beispiel „Informationsverhalten"

Am Beispiel „Einflussfaktoren der nachgefragten Informationsmenge" hat Gemünden (1993, S.855ff.) das Auszählverfahren angewandt. Indem er den Anteil der **abgelehnten** sowie der **eingeschränkt** bzw. voll **bestätigten** Hypothesen einander gegenüberstellte, konnte er folgende **Aussagen ableiten** (vgl. Tab. 1):

- In der überwiegenden Zahl der Primärstudien (= 57,4%) nimmt die Intensität der Informationsbeschaffung mit der Relevanz der Entscheidung zu. Allerdings korrelieren beide Größen zumeist nicht sehr stark.
- Je größer die wahrgenommene Unsicherheit ist, desto intensiver werden Informationen beschafft (= 57,7%).
- Die Hypothese „Das wahrgenommene Risiko beeinflusst die Intensität der Informationsbeschaffung" wurde in der Mehrzahl der Studien abgelehnt (= 51,0%).
- Die Menge der beschafften Informationen sinkt mit zunehmenden Kosten (= 57,7%) und wächst (tendenziell) mit dem (wahrgenommenen) Nutzen.
- Mit der Menge des Informationsangebots wächst auch die Nachfrage (= 63,0% bzw. 22,2%) – allerdings nicht proportional, sondern degressiv.
- Die Befunde zum Einfluss des Zeitdrucks auf die Informationsbeschaffung sind nicht eindeutig.
- Der Zusammenhang zwischen der Häufigkeit, mit der sich bestimmte Entscheidungen wiederholen, und der Informationsnachfrage bedarf einer differenzierten Betrachtung.
  - Bei (einfachen) regelmäßigen Entscheidungen (z.B. Kauf von Waren des täglichen Bedarfs) werden bereits beim ersten Mal relativ wenige Informationen beschafft.
  - Bei selten(er) erworbenen Produkten (‚shopping goods', ‚specialty goods') sinkt die Informationsnachfrage nicht, weil sich Faktoren, wie Preis oder Ausstattung der Produkte, zwischen den Käufen ändern (können). Denkbar ist

sogar, dass die Nachfrage nach Informationen zunimmt, weil mit dem Kauf des ersten Produkts das Anspruchsniveau steigt und / oder der Konsument Erfahrung mit dem Produkt gesammelt hat und deshalb die Defizite und Schwachstellen kennt.

Tab. 2: Beispiel der Auszählmethode: „Einflussfaktoren auf die nachgefragte Menge an Informationen“

Merkmal	Bestätigung der Hypothese			
	Abgelehnt (Anteil in %)	Eingeschränkt bestätigt (Anteil in %)	Voll bestätigt (Anteil in %)	Zahl der Befunde (absolut)
Relevanz der Entscheidung	24,6	18,0	**57,4**	61
Unsicherheit der Entscheidung	26,9	15,4	**57,7**	26
Risiko der Entscheidung	**51,0**	15,0	34,0	100
Kosten der Informationsbeschaffung	21,1	21,1	**57,7**	19
Nutzen der angebotenen Informationen	25,6	**41,9**	32,6	43
Anzahl der angebotenen Informationen	14,8	**63,0**	22,2	27
Zeitdruck	**42,9**	28,6	28,6	28
Häufigkeit der Entscheidungen	**53,4**	16,4	30,1	73
Durchschnitt / Summe	**37,9**	**23,6**	**38,5**	**377 (= 100%)**

Quelle: Gemünden (1993, S.857).

3.3.2.7 Transfer bzw. Kommunikation der Ergebnisse

Wer Ergebnisse einer Meta-Analyse präsentiert, muss seine Suchstrategie (v.a. die Herkunft der Quellen) **transparent** machen und möglichst **präzise beschreiben**. Nur so ist zu gewährleisten, dass

- **Dritte** den Ansatz nachvollziehen und bewerten können,
- **spätere Untersuchungen** zu dem Forschungsgebiet am ‚State of the art' anknüpfen können.

3.4 Sekundäranalyse (Schreibtischforschung)

Wer sich für die Sekundäranalyse entscheidet, greift auf **Datenbestände** zurück (vgl. Kromrey 2006, S.537f.). Auf diesem Weg lassen sich Zeit und Kosten sparen, vorausgesetzt mit dem vorliegenden Material kann man eine bestimmte Theorie bzw. Hypothesen testen. Beispielsweise sind verfügbare Daten über Einstellungen, Präferenzen bzw. Verhaltensweisen von Jugendlichen **nicht** brauchbar, wenn Hypothesen über das Verhalten **Erwachsener** zu prüfen sind (vgl. Schnell u.a. 2005, S.252).

Sehr häufig sind problemrelevante Sekundärdaten – falls verfügbar – lediglich in stark **aggregierter** Form erhältlich oder aber **qualitativer** Natur. Sie sind dann schwer zu systematisieren bzw. auszuwerten.

Bei der Sekundäranalyse können sog. **Datenarchive** behilflich sein (z.B. im Zentralarchiv für empirische Sozialforschung, Köln), die für wissenschaftliche Auswertungen gegen ein geringes Entgelt Datensätze bereitstellen. Darüber hinaus kommen für die Schreibtischforschung u.a. auch folgende Quellen in Betracht.

Praxis **Quellen der Schreibtischforschung**

- **Öffentliche** Einrichtungen, Ministerien, Behörden (z.B. Statistisches Bundesamt, Statistische Landesämter, Bundeswirtschaftsministerium, Auswärtiges Amt) stellen Informationen zur Verfügung, die teilweise kostenlos bezogen werden können.
- Die **Industrie- und Handelskammern** (IHK) führen in ihren jeweiligen Kammerbezirken eigene Marktuntersuchungen durch. Die Ergebnisse setzen die Kammermitarbeiter im Rahmen ihrer kostenlosen Beratung ein.
- Die **Handwerkskammern** (HWK) halten die Kennzahlen der Betriebsvergleiche ihrer Mitglieder bereit und analysieren die Marktsituation im jeweiligen Kammerbezirk. Zudem verfügt diese Institution über das Datenbanksystem MauSI (Markt- und Standort-Informationssystem) mit regionalen Daten (z.B. Einwohnerzahl, Kaufkraft, Betriebsdichte usw.) sowie mit Informationen über die in der Handwerksrolle eingetragenen Betriebe.
- Der **Zentralverband des deutschen Handwerks** (ZdH) fasst die Ergebnisse aller Bezirke zu bundesweiten (nicht frei verkäuflichen, aber kostenlos einsehbaren) Konjunkturberichten zusammen.
- Das **Deutsche Handwerksinstitut** (DHI) und seine angeschlossenen Forschungseinrichtungen erstellen umfangreiche und detaillierte Untersuchungen zur Lage bestimmter Branchen. Interessenten können Publikationslisten anfordern und einzelne Schriftenreihen bestellen.
- **Wirtschaftsverbände** bzw. Berufs- und Branchenfachverbände (Bundesverbände, Bundesfachverbände, Bundesinnungsverbände sowie ihre Landesverbände) stellen mehr oder weniger umfangreiche allgemeine Marktdaten zusammen.

- Diverse **Marktforschungsinstitute**, aber auch einige **Werbeagenturen** erheben Marktinformationen, bereiten diese anwendungsorientiert auf und veröffentlichen sie.
- **Kreditinstitute** stellen häufig eigene Marktinformationen zusammen. Die Veröffentlichungen der Sparkassen sowie Volks- und Raiffeisenbanken werden z.B. von Industrie-, Handels- und Handwerkskammern genutzt und verteilt.
- Die **Sparkassenorganisation** verfasst sog. Branchenberichte zur konjunkturellen Entwicklung einzelner Branchen. Diese informieren über Strukturen und Trends, über die aktuelle Lage sowie über die kurz- und mittelfristigen Aussichten in der betreffenden Branche. Die Berichte basieren auf Daten der Wirtschaftsforschungsinstitute, des Statistischen Bundesamtes und der betreffenden Verbände. Außerdem fließt das Bilanzmaterial der Sparkassenorganisation ein. Kunden der Sparkassen erhalten die Berichte gegen eine Schutzgebühr.
- Die **Volks- und Raiffeisenbanken** bieten zwei Branchendienste an: „Branchen special" und die „Branchen-Briefe". Beide sind auch für Nichtkunden erhältlich. Die Ausgaben der „Branchen special" (Umfang: 4 Seiten) berichten detailliert über die 100 wichtigsten Branchen der mittelständischen Wirtschaft, werden halbjährlich überarbeitet und sind i.d.R. kostenlos. Die „Branchen-Briefe" (Umfang: 20 Seiten) fassen darüber hinaus spezielle Informationen für Existenzgründer in einer Branche zusammen (z.B. besondere Anforderungen, Probleme, Hilfen, überregionale und regionale Förderung und Kontakte).
- Mit Hilfe von **Wirtschaftsdatenbanken** kann man via Internet preisgünstig und schnell Informationen recherchieren. Genios etwa bietet Interessenten rund 500 Datenbanken mit Informationen über Konkurrenten und Märkte. Diese enthalten mehr als 750.000 Profile deutscher Firmen, aktuelle Berichte und Hintergründe aus zahlreichen Pressequellen.
- Die **DATEV**, Rechenzentrum und Softwarehaus für Steuerberater, liefert Informationen zu konkreten Unternehmensprojekten. Privatpersonen können die Informationen über ihren Steuerberater abrufen lassen. Für die Standardrecherche sichtet die DATEV das vorhandene Material im eigenen Datenpool. Für individuelle Anfragen wird auch in externen Datenbanken recherchiert.

Quelle: http://focus.de/D/DB/DBY/DBY05/DBY05A/dby05a.htm
(Stand: 17. Juni 2001; leicht modifiziert).

Unternehmen, die aufgrund ihrer Rechtsform oder ihrer Größe publizitätspflichtig sind, müssen nach Ablauf des Geschäftsjahres die gesetzlich vorgeschriebenen Informationen zur Entwicklung ihres Unternehmens veröffentlichen. Diese **Geschäftsberichte** können meistens über die jeweilige Internet-Homepage angefordert bzw. abgerufen werden. Information über den Markt erhält man auch auf Messen sowie in Fach- und Branchenzeitschriften (z.B. „absatzwirtschaft", „bank und markt"), wo i.d.R. auch auf Marktstudien und **weiterführende** Literatur hingewiesen wird. Weitere Quellen sind z.B. Veröffentlichungen von Industrieverbänden, Beratungsunternehmen und Werbeagenturen.

Wer sich über **Auslandsmärkte** informieren möchte, kann neben den genannten u.a. auch folgende Quellen nutzen:

- (Internationale) Organisationen (z.B. UN, WTO, EU, OECD, Weltbank),
- Institute der Wirtschaftsforschung (z.B. IW, ifo-Institut, HWWA, DIW),
- „World Competitiveness Yearbook“ des International Institute for Management Development (IMD), Lausanne,
- „Global Competitiveness Report“ des World Economic Forum (WEF), Genf,
- Botschaften / Konsulate,
- Internationale Handelskammer,
- (Internationale) Messen,
- Ländervereine.

Gegebenenfalls kann die **Bundesagentur für Außenwirtschaft** (BfAI), Köln, weiterhelfen, die Informationen über mehr als 100 Ländermärkte recherchiert bzw. anbietet. **Auslandshandelskammern** (AHK) wiederum informieren über knapp 80 Länder und deren Märkte. Für Forschungsarbeiten mit internationalem Bezug kann man u.U. auch über die in Abb. 34 zusammengestellten **Internet-Adressen** sekundärstatistische Informationen finden.

Abb. 34: Quellen für sekundärstatistische Informationen bei international angelegten Studien (Internet-Adressen)

Internet-Adresse	Wesentlicher Inhalt
www.wko.at	• Darstellung von Exportmarketing und Exportabwicklung für zahlreiche Länder
www.export.gov/marketresearch.html #MarketResearch(Non-Agricultural)	• Marktforschungsdaten zahlreicher Länder (u.a. Country Commercial Guides; CCGs)
www.hvri.dk/Default.aspx?ID=192	• Firmengründungen in der EU (außer Luxemburg), in Norwegen sowie in den mittel- und osteuropäischen EU-Beitrittsländern
www.dsgv.de/europaservice	• Informationen und Beratung über den Europäischen Binnenmarkt, dessen wirtschaftliche, rechtliche und soziale Auswirkungen sowie seine künftige Erweiterung • Rahmenbedingungen für Investitionen in Europa • Kooperationsservice (Kontakte zu Geschäftspartnern im Ausland) • EU-Förderprogramme
www.trade.gov/td/tic	• „Country Information" (u. a. mit Country Commercial Guides) • „Trade Promotion" (insbes. „TOP Targets for Trade" mit Ranking guter Marktchancen) • „Industry Information" mit Branchenberichten

(wird fortgesetzt)

(Fortsetzung)

Internet-Adresse	Wesentlicher Inhalt
www.tradeport.org	• Zahlreiche Informationen z.B. unter „Market Research" („Trade Statistics", „Country Library", „Industry Library") • Praktische Einführung für Exporteinsteiger
www.dbresearch.de	• Übersicht über zahlreiche Volkswirtschaften • Makrotrends • Aktuelle außenwirtschaftliche Publikationen
www.bayernlb.de/p/_de/idx/maerkte/volkswir/volkswir.jsp	• Länderanalysen (politische, v.a. wirtschaftliche Perspektiven; Darstellung der wichtigsten binnen- und außenwirtschaftlichen Wirtschaftsindikatoren zahlreicher Länder)
www.imf.org/external/country/index.htm	• Ausführliche volkswirtschaftliche Informationen
www.export.nl	• Strukturierte Linksammlung über Länder • „Industry Sector Reports" • „Export Knowledge"
www.strategis.ic.gc.ca/sc_mrkti/ibinddc/engdoc/1a1.html	• Länder- und Brancheninformationen
www.worldbank.org/data	• Volkswirtschaftliche Daten (optimal für Analyse: „Country Data", „Data Query", „Special Features")
www.oecd.org	• Zahlreiche statistische Daten über westliche Industrieländer
www.odci.gov/cia/publications/factbook/index.html	• CIA-World Factbook zu allen Ländern (mit Landkarten)
www.loc.gov/rr/frd	• Country Studies
www.ahk.de	• Anschriften aller deutschen Auslandshandelskammern
www.loc.gov/law/public/law.html	• Zahlreiche Links zu Informationen über die Rechtslage in verschiedenen Ländern
www.findlaw.com/12international/countries/index.html	• Zahlreiche Links zu Informationen über Wirtschaftsrecht
www.jura.uni-sb.de/internet	• Wichtige Adresse zu juristischen Fragen, z.B. internationale Rechtsnormen, internationale Gerichte und Entscheidungssammlungen, juristische Informationen mit internationalem Bezug, internationale Organisationen (z.B. Amnesty International, European Patent Office)
http://epp.eurostat.cec.eu.int	• Qualitativ hochwertige statistische Informationen über Europa und deren Länder
www.wto.org	• Z.B. World Trade Report • International Trade Statistics • WTO Annual Reports
www.eulerhermes.com	• Länder-Risikoanalysen
www.transparency.org/surveys/index.html#cpi	• Länderklassifizierung gemäß Korruptionsgrad

Quelle: eigene Zusammenstellung auf der Basis von Bayerischer Industrie- und Handelskammertag (2002, S.83f.).

Gerade in der **innerbetrieblichen Forschung** versucht man heutzutage immer häufiger, mit Hilfe EDV-gestützter Analyse großer Datenmengen signifikante, aussagekräftige **Muster zu identifizieren** (vgl. Beekmann/Chamoni 2006, S.263ff.; Neckel/Knobloch 2005). Mit dem hier angesprochenen **‚Data mining'** will man bspw. die Ursachen einer hohen Kundenfluktuation ermitteln. Dieser Analyseansatz basiert

- auf **internen** Daten, die an sämtlichen „Kontaktpunkten mit Kunden" gewonnen werden, z.B. im Marketing / Vertrieb (über Kundenkarten), im Service, ‚Call center' oder über das Internet;
- auf **externen** Daten, die in individueller (z.B. Adressdaten) und in aggregierter Form (Mikrogeographie, ‚Life style'-Analysen, Marktforschung usw.) vorliegen.

Voraussetzung für ‚Data mining' ist die Verfügbarkeit **multivariater** Analyseverfahren (vgl. hierzu z.B. Backhaus u.a. 2006). Ein wesentlicher Vorteil ist zwar darin zu sehen, dass der Anwender **a priori keine Hypothesen** über ein mögliches Beziehungsgeflecht formulieren muss; wie folgendes Beispiel verdeutlicht, liegt aus **wissenschaftstheoretischer Perspektive** aber genau darin das zentrale Problem.

‚Food for thought'	**‚Data mining': Darf man aus großen Datenmengen induktiv Gesetzmäßigkeiten ableiten?**

Die Marktforschung greift immer häufiger auf einen speziellen Anwendungsbereich des induktiven Ansatzes zurück: ‚Data mining'. Ziel ist es dabei, mit sog. explorativen Verfahren der Datenanalyse in den in Datenbanken gespeicherten Informationen Regelmäßigkeiten bzw. bestimmte Muster aufzudecken. „Hierbei werden bestehende oder aus bestehenden zusammengefügte Datensätze, z.B. Kundendaten aus Kaufhäusern oder Mitgliedsdaten von Versicherungen, mithilfe weitgehend automatisierter Analyseverfahren nach Strukturen durchsucht. Es geht darum, ohne vorherige theoretische Annahmen oder Überlegungen im Datenchaos auf Regelmäßigkeiten oder Gesetzmäßigkeiten zu stoßen. Die verwendeten Methoden und statistischen Verfahren, z.B. lineare Regression oder Clusteranalyse, sind aus der statistischen Analyse großer Datenbestände bekannt und werden durch neue Verfahren wie z.B. neuronale Netzwerke ergänzt. Die Besonderheit der Data Mining-Software besteht darin, dass sie im Sinne einer Black Box angewendet werden kann. Problematisch ist die Vorstellung, dass damit „das Stichprobenparadigma der Statistik obsolet" würde und aufgrund der großen Datensätze auf die Formulierung von Stichprobenverteilungen verzichtet werden kann.

Unhaltbar ist dabei aus wissenschaftstheoretischer Sicht, dass in blindem Vertrauen auf die Auswertungssoftware und ohne Beachtung der Sensibilität der Programme auf Ausreißer, Verzerrungen durch selektive Datenbasis, usw. weitreichende Entscheidungen getroffen werden. Aufgrund des in Kundendatenbanken dokumentierten Verhaltens früherer Kunden wird auf generelle Verhaltensregelmäßigkeiten aller zukünftigen und somit auch der potentiellen Kunden geschlossen. Zu der Problematik induktiver Schlussfolgerungen und dem Ignorieren möglicher Verzerrungen der Datenbasis kommt in diesem Fall die Problematik des Datenschutzes und des Schutzes der Verbraucherrechte hinzu."

Quelle: Haug (2004, S.90f.).

3.5 Primärerhebung (Feldforschung)

Falls die verfügbaren sekundärstatistischen Daten für ein bestimmtes Forschungsvorhaben ungeeignet sind bzw. nicht ausreichen, sind ggf. Daten zu erheben. Hierfür bieten sich grundsätzlich **drei Möglichkeiten** an, von denen die Befragung die am weitesten verbreitete ist. In Betracht kommen auch Beobachtung und Experiment (vgl. hierzu z.B. Hammann/Erichson 2000, S.96ff.; Lehmann u.a. 1998, S.130ff.).

3.5.1 Befragung

Wer diese Erhebungsmethode in seiner wissenschaftlichen Arbeit nutzen möchte, hat insbesondere folgende Fragen zu beantworten:

(1) Wer soll an der Befragung teilnehmen und wie sollen diese Auskunftspersonen (= „Probanden") **ausgewählt** werden?

(2) Welche **Befragungsform** ist zweckmäßig: schriftlich, mündlich, telefonisch?

(3) Wie ist der Fragebogen zu **gestalten** (Fragetyp, Skalierung, Aufbau des Fragebogens)?

3.5.1.1 Auswahl der Teilnehmer

Die Frage, welcher Personenkreis im Rahmen der Studie befragt werden soll, lässt sich nur vor dem Hintergrund der zu prüfenden Hypothesen beantworten. Wer etwa die Aussage „Unzufriedene Bankkunden wandern eher ab als zufriedene." testen will, sollte in seiner Analyse nicht nur derzeitige, sondern auch ehemalige Kunden berücksichtigen.

Darüber hinaus ist zu beantworten, ob es notwendig und zweckmäßig ist, alle Elemente der **Grundgesamtheit** (= Vollerhebung) oder aber lediglich einen Teil davon (= Teilerhebung) zu befragen (vgl. z.B. Kromrey 2006, S.279ff.; Schnell u.a. 2005, S.265ff.).

- Eine **Vollerhebung** empfiehlt sich, wenn die Zahl der Personen in der Grundgesamtheit „überschaubar" ist (z.B. BWL-Professoren an deutschen Universitäten).

- Zeit- und Kostengründe zwingen indessen häufig dazu, sich bei der Befragung auf einen Teil der Grundgesamtheit zu beschränken (= **Teilerhebung**). Entsprechende Stichproben lassen sich mit verschiedenen Verfahren ziehen (vgl. Abb. 35), von denen die am weitesten verbreiteten im Folgenden skizziert werden (vgl. hierzu Schneider/Kornmeier 2006, S.114ff. sowie Nieschlag u.a. 2002, S.430ff.; Hammann/Erichson 2000, S.125ff.; Meffert 1992, S.189ff.).

Abb. 35: Überblick über ausgewählte Stichprobenverfahren

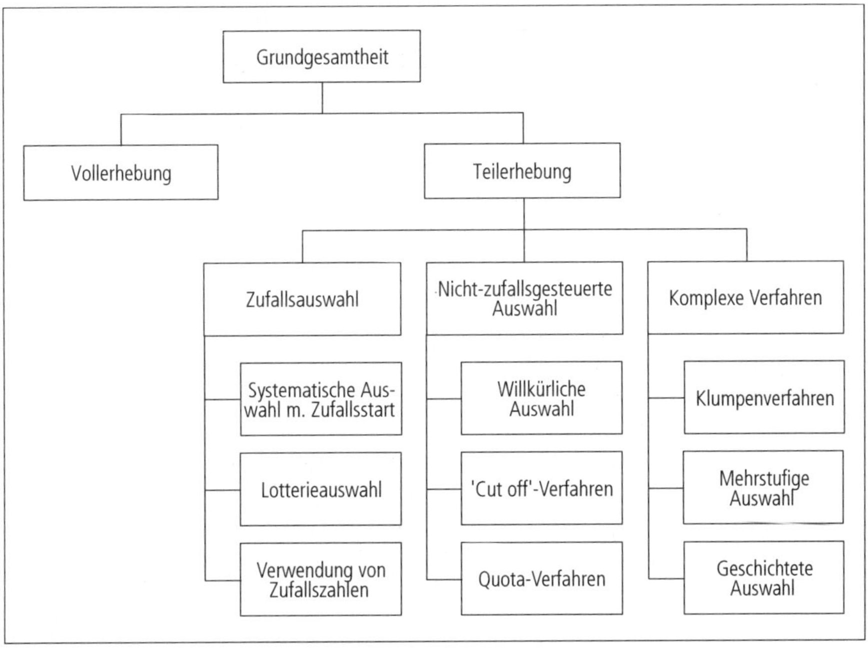

3.5.1.1.1 Stichprobenverfahren

(1) Zufallsauswahl

Wer eines der folgenden Verfahren anwendet, gibt jedem Element der Grundgesamtheit dieselbe **berechenbare**, von Null verschiedene Chance, in die Stichprobe zu gelangen. Voraussetzung ist, dass für die Ziehung ein **vollständiges Verzeichnis** der Grundgesamtheit vorliegt (z.B. Kundendatei; Verzeichnis aller BWL-Professoren an deutschen Universitäten).

- Die **systematische Auswahl** mit Zufallsstart (= sog. Herausgreifen des n-ten Falles) ist einfach zu handhaben. Angenommen man verfügt über ein vollständiges Verzeichnis aller Elemente in der Grundgesamtheit, z.B. eine alphabetisch geordnete Kundendatei mit 10.000 Adressen; um eine Stichprobe von 1.000 Personen zu ziehen, wählt man jede zehnte Adresse aus (d.h. Herausgreifen des n-ten (hier = zehnten) Falles).

- Bei der **Lotterieauswahl** werden Zettel o.ä. aus einem Behälter gezogen, weshalb sie für große Stichproben zu aufwendig ist.
- Wer **Zufallszahlen** verwendet, ordnet jedem Element der Grundgesamtheit eine Zahl zu, wobei diese Elemente in einem zweiten Schritt mit Hilfe eines Zufallszahlengenerators ausgewählt werden. Auch diese Vorgehensweise ist i.d.R. zu aufwendig und damit wenig praktikabel.

(2) Nicht-zufallsgesteuerte Verfahren

- Bei der **willkürlichen Auswahl** benötigt man keinen Erhebungsplan, sondern geht aufs Geratewohl vor. Dieses Verfahren ist somit kein zufallsgesteuertes Verfahren (selbst wenn man während der Befragung „zufällig" eine Person treffen mag, die man „ja schon so lange nicht mehr" gesehen hat). Ein Beispiel hierfür ist die Befragung von Kunden, die zu einer bestimmten Stunde ein Geschäft betreten. Je nach Tageszeit wird man dann in der Mehrzahl Berufstätige, Rentner, Schüler oder Studierende antreffen, deren Angaben aber keinesfalls die Meinung sämtlicher Kunden widerspiegeln. Folglich ist der Wert solcher Befunde stark eingeschränkt.
- Wer **bewusst** auswählt, muss die Struktur der Grundgesamtheit kennen:
  - o Beim **‚Cut off'-Verfahren**, das sich insbesondere bei Studien im Investitionsgüter- und im Handelssektor bewährt hat, berücksichtigt man nur die wichtigsten Elemente, z.B. Handelsunternehmen ab einem bestimmten Umsatzvolumen.
  - o Beim **Quota-Verfahren** werden Merkmalsquoten vorgegeben, die bei der Auswahl der Probanden zu berücksichtigen sind.

Beispiel (Quota-Verfahren):
Angenommen es sollen 60 Personen in vier Altersklassen (unter 18 Jahren; 18 bis 40 Jahre; 41 bis 64 Jahre; über 64 Jahre) befragt werden. Um die Grundgesamtheit näherungsweise abzubilden, sollen in der Gruppe der Befragten – analog zur Grundgesamtheit – lediglich 20% der Probanden unter 18 bzw. über 64 Jahre alt sein, während die beiden anderen Altersgruppen zu 10% (= 18 bis 40 Jahre) bzw. zu 50% (= 41 bis 64 Jahre) in der Stichprobe vertreten sein sollen. Außerdem soll (entsprechend der **Grundgesamtheit**) darauf geachtet werden, dass ebenso viele Frauen wie Männer teilnehmen (= 50% / 50%).

Auf Basis dieser **Vorgaben** kann der in Tab. 3 dargestellte **Quotenplan** entwickelt werden. Demnach muss man als Interviewer bspw. darauf achten, dass lediglich 3 männliche und 3 weibliche Personen zwischen 18 und 40 Jahren befragt werden. Für die Altergruppe 41 bis 64 Jahre benötigt man hingegen jeweils 15 männliche und 15 weibliche Probanden.

Tab. 3: Beispielhafter Quotenplan als Grundlage des Quota-Verfahrens

Altersklasse	Geschlecht Männlich (= 50%)	Geschlecht Weiblich (= 50%)	Summe
unter 18 Jahre (= 20%)	6	6	12
18 bis 40 Jahre (= 10%)	3	3	6
41 bis 64 Jahre (= 50%)	15	15	30
über 64 Jahre (= 20%)	6	6	12
Summe	**30**	**30**	**60**

Das Quota-Verfahren ist einfach zu planen und anzuwenden, wenngleich es bisweilen Schwierigkeiten bereitet, die Restquoten „aufzufüllen". Außerdem muss man geeignete **Quotenmerkmale** finden, um die Struktur der Grundgesamtheit möglichst genau abbilden zu können.

(3) Komplexe Formen der Stichprobenziehung

- Beim **Klumpenverfahren** teilt man die Grundgesamtheit in Untergruppen auf, um daraus dann – zufällig oder systematisch – einzelne Gruppen auszuwählen. Diese wiederum werden vollständig in die Stichprobe einbezogen. Voraussetzung ist, dass dieses ‚Sample' **„typisch"** (und damit in gewissem Sinne „repräsentativ") für die Grundgesamtheit ist. Anstatt bspw. alle Mitarbeiter eines nationalen Kreditinstituts zu befragen, könnte man sich darauf beschränken, lediglich in allen Filialen **einer Stadt** eine Vollerhebung durchzuführen. Mit Blick auf Kosten- und Zeitersparnis wäre diese Vorgehensweise durchaus vorteilhaft. Sie liefert allerdings schlechte Ergebnisse, wenn die Stichprobe „nicht typisch" ist, die Filialmitarbeiter in Stadt A also andere Vorstellungen haben als jene in Stadt B oder in der ländlichen Region C (= **„Klumpeneffekt"**).
- Hierarchisch strukturierte Grundgesamtheiten (z.B. regionale Niederlassungen eines nationalen Kreditinstituts → Filialen innerhalb der regionalen Niederlassungen → Mitarbeiter der einzelnen Filialen) kann man sich bei der **mehrstufigen Auswahl** zunutze machen. So wäre es möglich, zunächst unter den **Niederlassungen** eine Stichprobe zu ziehen, um daraus wiederum **Filialen** auszuwählen. Abschließend zieht man unter den **Mitarbeitern** der jeweils ausgewählten Filialen erneut eine Stichprobe. Wegen des einfachen Prinzips (z.B. Erhebungsarbeit, räumliche Konzentration) ist

dieses Verfahren relativ kostengünstig. Allerdings ist es schwierig, die Auswahlchancen der einzelnen Elemente exakt zu berechnen.

- Bei der **geschichteten Auswahl** wird eine heterogene Grundgesamtheit (z.B. Handelsunternehmen) anhand bestimmter Kriterien in möglichst homogene Schichten aufgeteilt, etwa in A-, B- und C-Handelsunternehmen (bspw. abhängig vom Umsatzvolumen pro Jahr). In diesem Zusammenhang ist auch zu klären, ob die fraglichen Segmente in der Stichprobe gleich stark vertreten sein sollen (= proportionale Stichprobe) oder ob man manchen Schichten – z.B. nach Maßgabe ihrer Relevanz (z.B. Handelsunternehmen im A-Segment) – einen größeren Anteil zubilligt (= disproportionale Stichprobe).

Praxis **Fehlerquellen bei der Stichprobenziehung**

(1) **Planungsfehler** treten auf, wenn man seine Untersuchungsziele unpräzise definiert bzw. die Grundgesamtheit nicht eindeutig abgrenzt. Wer etwa die Einflussfaktoren der Mitarbeiterzufriedenheit ermitteln will, sollte auch ehemalige Mitarbeiter analysieren, weil deren Verhaltensänderung (z.B. Wechsel des Unternehmens) möglicherweise auf „Un"zufriedenheit zurückzuführen ist.

Ein Fall aus den 1940er Jahren veranschaulicht den wohl bekanntesten Planungsfehler und dessen Folgen. Abgesehen vom Gallup-Institut erklärten alle Meinungsforschungsinstitute, die im Zuge der Wahl des US-amerikanischen Präsidenten im Jahre 1948 tätig waren, Thomas Dewey (= Kandidat der Republikaner) zum neuen Präsidenten der USA. Dass lediglich das Gallup-Institut den richtigen Wahlsieger, den Demokraten Harry S. Truman, vorhersagte, lag u.a. am Planungsfehler der anderen Institute. Diese hatten telefonisch befragt, dabei aber übersehen, dass in ihrer Stichprobe diejenigen überrepräsentiert waren, die sich zur damaligen Zeit ein Telefon leisten konnten: die wohlhabenden Bevölkerungsschichten – die (traditionell) eher republikanisch wähl(t)en. Lediglich das Gallup-Institut, das persönlich befragte, konnte ein repräsentatives Stimmungsbild zeichnen (vgl. Adler 1955, S.65ff.).

(2) Den **systematischen Fehlern** subsumiert man sämtliche Unzulänglichkeiten, die im Zuge der Erhebung entstehen und die Validität mindern, etwa

- **fehlerhafte Fragebogengestaltung**, z.B. Suggestivfragen, die Auskunftspersonen eine bestimmte Antwort nahe legen, die nicht deren eigentlichen Willen entspricht (Bsp.: „Die Mehrheit der Deutschen ist der Auffassung, dass man die Umwelt besser schützen muss. Sind Sie nicht auch dieser Meinung?"),
- **mangelhaftes Auswahlverfahren**, z.B. Fehler bei der Stichprobenziehung,
- **Fehler** bei der **Datenerhebung**, z.B. schlecht ausgefüllte Fragebogen.

(3) **Sachliche Fehler** sind Verzerrungen, die insbesondere dann auftreten, wenn Probanden falsche Auskünfte geben (z.B. sozial erwünschte Antworten) oder wenn übermäßig viele Auskunftspersonen einer bestimmten Gruppe nicht bereit sind, an der Befragung teilzunehmen (z.B. Berufstätige, die beim Kurzeinkauf während der

Mittagspause keine Zeit für ein Interview haben). Diese Fehlerquellen, welche die Reliabilität mindern, sind am schwierigsten zu beheben.

(4) Unter einem **Stichprobenfehler** versteht man die Abweichung eines Stichprobenergebnisses vom wahren (jedoch unbekannten) Wert der Grundgesamtheit. Grundsätzlich gilt: Je größer die Stichprobe, desto größer die Chance, ein repräsentatives Bild der Grundgesamtheit zu erhalten. Entsprechend groß ist allerdings der Aufwand an Zeit und Geld.

Quelle: Nieschlag u.a. (2002, S.441f.).

3.5.1.1.2 Größe der Stichprobe

Der Umfang einer Stichprobe hängt davon ab,

- wie **groß** die Grundgesamtheit ist,
- wie **genau** das Stichprobenergebnis sein soll und
- mit welcher **Sicherheit** die Aussagen zutreffen sollen, wobei sich
  - o eine Sicherheit von mindestens 95,5% mit
  - o einer Genauigkeit von 5% als empfehlenswert erwiesen hat.

Mit einer der beiden folgenden Formeln lässt sich – abhängig von der Größe der Grundgesamtheit – berechnen, wie viele Elemente die **Stichprobe** enthalten muss:

Falls Grundgesamtheit N < 100.000:

$$n = \frac{t^2 \cdot p \cdot q \cdot N}{t^2 \cdot p \cdot q + e^2 \cdot (N-1)}$$

Falls Grundgesamtheit N > 100.000:

$$n = \frac{t^2 \cdot p \cdot q}{e^2}$$

Dabei gilt:

n	=	Stichprobenumfang
t	=	zulässiger Fehlerbereich: • für t = 1: 68,3% Sicherheit • für t = 2: 95,5% Sicherheit • für t = 3: 99,7% Sicherheit
p	=	Anteil der Elemente in der Stichprobe, welche die Merkmalsausprägung aufweisen
q	=	Anteil der Elemente in der Stichprobe, welche die Merkmalsausprägung nicht aufweisen. Da p und q im Voraus nicht bekannt sind, wird der ungünstigste Fall angenommen, nämlich jeweils 50% (d.h. 50·50).
N	=	Größe der Grundgesamtheit
e	=	Genauigkeit

Den Formeln zufolge würde sich bei einer Grundgesamtheit von 5.000 Personen bspw. ein Stichprobenumfang von 370 Probanden ergeben, wenn man überdies eine Sicherheit von 95,5% und eine Genauigkeit von 5% anstrebte (vgl. Hinterhuber u.a. 1997, S.75f.). Berücksichtigte man darüber hinaus, dass bei **schriftlichen** Befragungen lediglich ein Teil der Angeschriebenen antwortet und legte man deshalb (im vorliegenden Beispiel) eine (geschätzte) Rücklaufquote von 20% zugrunde, dann müssten in der 1. Befragungswelle 1.850 Fragebögen versandt werden.

3.5.1.2 Befragungsform

Drei grundsätzliche Wege sind gangbar: schriftliche, mündliche und telefonische Befragung (vgl. im Folgenden Kornmeier/Schneider 2006, S.85ff; Schneider 2006, S.96ff.; Schnell u.a. 2005, S.321ff.).

3.5.1.2.1 Schriftliche Befragung

Hat der Fragebogen einen **‚Pretest'** (Vorabtest) bestanden, wird er an die Auskunftspersonen verteilt oder verschickt. Die Probanden füllen ihn aus und senden ihn zurück. Ein wesentliches Problem der schriftlichen Befragung, deren Vor- und Nachteile in Abb. 36 zusammengefasst sind, ist in den grundsätzlich eher geringen Rücklaufquoten zu erblicken, welche die Repräsentativität der Ergebnisse u.U. gefährden. Dies ist insbesondere bei sog. **echten Ausfällen** bzw. Antwortverweigerungen der Fall; denn wenn ein Teil der Probanden sich weigert, Auskunft zu geben (sog. **‚Non response'-Problem**), kann dies die Befunde erheblich verzerren.

Abb. 36: Vor- und Nachteile der schriftlichen Befragung

Vorteile	Nachteile
• Schnelle Auskunft von vielen Probanden • Befragte haben ausreichend Zeit zum Nachdenken • Da keine Interviewer benötigt werden, - ist die Befragung leichter zu organisieren, - entfällt der Interviewer-Einfluss (= ‚Interviewer bias') – und damit auch (nahezu vollständig) die Gefahr sozial erwünschter Antworten, - entstehen vergleichsweise geringe Kosten, was insbesondere in großen Befragungsgebieten zu Buche schlägt.	• Die Teilnahmebereitschaft der Auskunftspersonen sinkt bei längeren Fragebogen bzw. bei heiklen Fragen (z.B. Einkommen) • Abfrage spontaner Antworten nicht möglich • Schlechte Möglichkeit zur Stichprobenkontrolle (= keine Sicherheit, ob der Adressat selbst antwortet) • Tendenziell eher geringe Rücklaufquoten (u.a. abhängig vom Thema der Befragung)

Praxis **Möglichkeiten zur Steigerung der Rücklaufquote**

- Überwiegend geschlossene Fragen („80 / 20-Regel")
- Optische Verkleinerung des Fragebogens (z.B. durch kleinere Schrifttypen oder Bedrucken von Vorder- und Rückseite)
- Zeitaufwand für das Ausfüllen des Fragebogens reduzieren (bei privaten Haushalten max. 15 Minuten, bei Unternehmen max. 30 Minuten)
- Verständliche Fragen / klarer, nachvollziehbarer Aufbau des Fragebogens (mit Hilfe eines ‚Pretests' prüfen)
- Hotline für eventuelle Rückfragen der Befragungsteilnehmer
- Anleitung zum Ausfüllen des Fragebogens
- Individualisierung des Anschreibens und eigenhändige Unterschrift
- Begleitschreiben mit
  - Erläuterung von Untersuchungszweck und zugrunde liegendem Auswahlverfahren
  - Zusicherung der Anonymität
  - (bereits im Vorfeld der Studie) Dank für die Teilnahme
  - Hinweis auf Zeitpunkt, zu dem der Fragebogen spätestens zurückgeschickt werden sollte (14 Tage bis drei Wochen)
- Adressierten, frankierten Rückumschlag beilegen
- Materielle Anreize für die Befragungsteilnehmer (‚Incentives'), z.B. Teilnahme an einer Verlosung, Briefmarkenbriefchen, Telefonkarten, Gutscheine
- Wahl eines günstigen Versandzeitpunkts (bei Befragung privater Haushalte: Donnerstag oder Freitag; stressintensive Zeiten wie Vorurlaubs- und Urlaubszeit, Vorweihnachtszeit meiden)
- Ggf. Nachfassaktion (2. und 3. Welle) (erneut Fragebogen beilegen)

Quelle: Schneider/Kornmeier (2006, S.107f.).

Seit einiger Zeit gewinnt eine vergleichsweise innovative Form der schriftlichen Datenerhebung eine immer größere Bedeutung: die sog. **Internet**- bzw. **Online-Befragung**. Vor allem für Hochschulen und andere Forschungseinrichtungen wächst ihr Stellenwert, weshalb diese Methode im Folgenden gesondert behandelt wird.

3.5.1.2.2 Internetgestützte Befragung

Aufgrund des großen technischen Fortschritts können z.B. Angehörige wissenschaftlicher Einrichtungen die für ihre Forschung notwendigen Daten eigenständig, schnell und kostengünstig auch per „Online-Befragung" erheben. Gegen eine geringe Schutzgebühr bieten Unternehmen wie **„Globalpark"** (http://www.globalpark.de) oder **„2ask"** (http://2ask.de) bspw. **Hochschu-**

len und wissenschaftlich tätigen Einzelpersonen aus dem universitären Umfeld **Befragungssoftware** an. „Globalpark" etwa stellt Forschungseinrichtungen auf „UniPark" (http://www.unipark.de) zu günstigen Konditionen einen Zugang zu „umfragecenter" zur Verfügung. Die webgestützte **Benutzeroberfläche** ist bedienerfreundlich, was – zusammen mit weiteren ‚Features' (Fragebogengenerator usw.) – die Erstellung eines Online-Fragebogens vereinfacht. Die Software von

- „**Hot Potatoes**" (http://web.uvic.ca/hrd/hotpot/index.htm) und
- „**SurveyMonkey**" (http://surveymonkey.com)

wendet sich speziell an Studierende. Trotz all ihrer Vorzüge weist auch die internetgestützte Befragung noch immer zahlreiche **Probleme** auf (vgl. Schnell u.a. 2005, S.385f.) – nicht zuletzt mit Blick auf Sicherstellung der **Repräsentativität** (z.B. keine vollständigen Verzeichnisse der Grundgesamtheit, mangelnde Kooperationsbereitschaft der Auskunftspersonen).

- Sind bspw. die Mitglieder der Grundgesamtheit in keinem **Verzeichnis** erfasst, kann zwangsläufig **keine** Zufallsstichprobe gezogen werden – mit all den damit einhergehenden Konsequenzen (z.B. keine Übertragbarkeit der Befunde auf die gesamte Population).
- Auch sind nicht alle Mitglieder der „Internet-Community" gleichermaßen gewillt, an Online-Befragungen teilzunehmen (z.B. überdurchschnittlich viele ältere Menschen), was wiederum die **Validität** der Befunde mindert.
- Außerdem haben häufig nicht alle Elemente der Grundgesamtheit **Zugang** zum Internet.

3.5.1.2.3 Mündliche Befragung

Diese Methode, bei der sich Interviewer und Auskunftsperson unmittelbar gegenüberstehen (= **‚Face to face-Interview'**), ist in verschiedenen Varianten durchführbar: Als

- **‚Home'-Befragung** in der Wohnung der Auskunftsperson,
- **‚In hall'-Befragung** in einem Testlokal (z.B. in einem angemieteten Raum in einem Einkaufszentrum),
- **‚Street'-Interview** an einem stark frequentierten Ort (z.B. Straßenkreuzung, Fußgängerzone),
- **‚Store'-Interview** in der Einkaufsstätte sowie als
- **‚Office'-Interview**, das sich v.a. dann empfiehlt, wenn Experten, gewerbliche Kunden bzw. Führungskräfte einer vergleichsweise hohen Hierarchiestufe befragt werden sollen.

Für die mündliche Befragung, deren Vor- und Nachteile Abb. 37 zu entnehmen sind, bieten sich grundsätzlich **zwei Optionen**:

(1) Beim **standardisierten Interview** sind Inhalt und Reihenfolge der Fragen genau festgelegt. Da er die Fragen vorlesen und die Antworten exakt dokumentieren muss, kann der Interviewer den Befragten vergleichsweise wenig beeinflussen. Diese Methode eignet sich insbesondere für repräsentative Studien mit einer größeren Anzahl an Auskunftspersonen.

(2) Liegt es im Ermessen des Interviewers, wie er die Fragen formuliert, in welcher Reihenfolge er sie stellt und welche Erläuterungen er hinzufügt, so handelt es sich um ein **freies Interview**. Ein wesentlicher Vorteil dieser Vorgehensweise, bei der lediglich Ablauf und Inhalt des Interviews grob festgelegt sind (in einem Gesprächsleitfaden), ist darin zu sehen, dass der Interviewer tiefer- und weitergehend auf den Befragten eingehen kann (bspw. um neue Einsichten in einen Problemkreis zu gewinnen). Das freie Interview eignet sich demnach vor allem dann, wenn Experten oder Vertreter höherer Hierarchieebenen befragt werden sollen.

Ein großer Nachteil sind die relativ hohen Kosten. Wer systematische Fehler und Verzerrungen verringern bzw. vermeiden will, sollte nicht alleine befragen, sondern (zusätzlich) Interviewer einsetzen, was – wegen der erforderlichen Qualifikation – relativ hohe Kosten verursacht; denn das freie Interview stellt hohe Anforderungen an die Interviewer. Weil die Daten nicht standardisiert erhoben werden können („offene Fragen"), ist es mit Blick auf Zeit und Kosten außerdem viel aufwendiger, die gewonnenen Informationen auszuwerten. Im Übrigen stellt sich die Frage nach der Validität der Ergebnisse, da (auch) die Befragten (z.B. Experten) die Realität nur selektiv wahrnehmen und in ihre Meinung – bewusst oder unbewusst – eigene Interessen einfließen.

Abb. 37: Vor- und Nachteile der mündlichen Befragung

Vorteile	Nachteile
• Die Auskunftsbereitschaft ist i.d.R. größer als bei der schriftlichen Befragung, u.a. weil der Interviewer psychologische Hemmschwellen und Zweifel der Befragten im direkten Gespräch ausräumen kann. • Kontrollierbare Gesprächssituation • Geringere Gefahr von Missverständnissen durch Rückfragen (sowohl Auskunftsperson als auch Interviewer)	• Vergleichsweise hohe Kosten • Tendenziell erhöhter Zeitaufwand • (Ungewollter) Einfluss des Interviewers auf den Probanden (= ‚Interviewer bias') und damit Tendenz zu sozial erwünschten Antworten

3.5.1.2.4 Telefonische Befragung

Diese Befragungsform, die bis Anfang der 1970er Jahre als „Quick and dirty-Methode" galt, ist heutzutage fest etabliert (vgl. Schnell u.a. 2005, S.363ff.). Vorausgesetzt, die Mitglieder in der Stichprobe besitzen einen **Telefonanschluss**, eignet sich die telefonische Befragung v.a. dann, wenn nur wenige, leicht zu beantwortende Fragen gestellt werden, in deren Mittelpunkt vorzugsweise Fakten stehen. Da aber die telefonische Befragung mitunter missbraucht wird (z.B. von Unternehmen im Direktvertrieb), stehen immer mehr Menschen dieser Form der Datenerhebung skeptisch gegenüber.

Wer für die Datenerhebung per Telefon **CATI** nutzt (= ‚Computer aided telephone interviewing'), wird vom Computer unterstützt, wobei eine Software via Bildschirm Stichprobenauswahl, Instruktionen und Dokumentation der Antworten steuert. Fortschritte in der Computertechnologie können auch für die schriftliche und persönliche Befragung genutzt werden: Beim **CAPI** (= ‚Computer assisted personal interviewing') gibt man selbst die Daten ein, beim **CSAQ** (= ‚Computerized self-administered questioning') der Befragte.

‚Food for thought'	**Folgen Markt- und Meinungsforschung der Deduktion oder der Induktion?**

Demoskopie und Marktforschung (z.B. Konsum- und Einstellungsforschung) greifen sehr häufig auf das Instrument der Befragung zurück. „Bekannt sind z.B.

- die Sonntagsfrage („Wenn heute Bundestagswahl wäre, welche Partei würden Sie dann wählen?"),
- Befragungen zu verschiedenen Themen (wie z.B. der „ALLBUS"),
- Passantenbefragungen zu Konsummustern in der Fußgängerzone oder
- die Ermittlung von Zuschauerquoten der Fernsehsender durch die Gesellschaft für Konsumforschung (GfK).

Die Erhebung und statistische Auswertung von Stichproben und das Schließen auf eine Grundgesamtheit ist ein typisches Feld des induktiven Erkenntniswegs. Die Antworten weniger Befragter werden hierbei als Grundlage für die Schätzung der hypothetischen Antwortmuster einer Grundgesamtheit genommen: Die schließende Statistik umfasst Verfahren zur Generalisierung aus den Antworten weniger Befragter.

Von Bedeutung ist dabei zum ersten das umstrittene Konzept der „Repräsentativität". In der Praxis werden Stichproben nicht immer durch Zufallsauswahl gewonnen; die nicht-zufällige, subjektive Auswahl von Befragten, wie z.B. beim Schneeball- oder Quoten-Verfahren oder die Auswahl typischer oder extremer Fälle, führt jedoch zu verzerrten Stichproben. Oftmals wird in der Sozialforschung davon ausgegangen, dass bei einer hinreichend großen Stichprobe verallgemeinernde Schlüsse zulässig sind. Die induktive Statistik ist hierbei das üblicherweise angewendete Verfahren. Es ist jedoch nicht mit einer induktiv-statistischen Erklärung gleichzusetzen. In der induktiven Statistik wird von der Verteilung von

Merkmalen in der Stichprobe auf die Verteilung von Merkmalen in der Grundgesamtheit geschlossen. Dabei wird nicht ein logisches Argument beurteilt, sondern eine empirische Verallgemeinerung. Bei der deskriptiven Datenanalyse werden z.B. Prozentanteile oder Mittelwerte berechnet, die Auskunft über Verteilungen in der Gesamtbevölkerung geben sollen. Insofern ist an dieser Methode aus wissenschaftstheoretischer Sicht wenig auszusetzen, sofern die Grundprinzipien der Zufallsauswahl der Stichprobe gewahrt sind.

Diese Voraussetzung ist allerdings in der Demoskopie und Marktforschung nicht immer der Fall: das Institut für Demoskopie in Allensbach verwendet z.B. Quoten-Stichproben und „berufsmäßige" Befragte und in der Marktforschung werden Befragtenpools („Access Panels") durch die Vergabe von Geschenken („Incentives") aufgebaut. Nachdem Telefonbefragungen inzwischen neben mündlichen und schriftlichen Umfragen zum Standard gehören, werden zunehmend auch Online-Befragungen üblich; hierbei ist besonders offensichtlich, dass Internetnutzer eine Spezialpopulation repräsentieren, von der nicht auf die Allgemeinbevölkerung geschlossen werden kann."

Quelle: Haug (2004, S.89f.).

3.5.1.3 Gestaltung des Fragebogens

3.5.1.3.1 Wesentliche Fragetypen

(1) Bei **geschlossenen Fragen** (vgl. Abb. 38) sind Antwortmöglichkeiten vorgegeben (vgl. hierzu z.B. Kromrey 2006, S.373ff.; Schneider/Kornmeier 2006, S.111ff.; Schnell u.a. 2005, S.330ff.). Die Gestaltung der Antwortkategorien sollte sich dabei an der **Fragestellung**, aber auch am Differenzierungsvermögen der Auskunftspersonen orientieren.

- **Ja / Nein-Fragen** (Nominalskala: Klassifizierung, ohne Wertung)
  - *Beispiel:* „Haben Sie eine wissenschaftliche Fachzeitschrift abonniert?"
  - Antwortkategorien: Ja / nein
- **Alternativfragen** (Nominalskala: Klassifizierung, ohne Wertung), bei denen die Auskunftsperson eine oder mehrere Antworten aus einer Reihe vorgegebener Antwortmöglichkeiten auswählen muss
  - *Beispiel:* „Welche der folgenden wissenschaftlichen Fachzeitschriften haben Sie abonniert?"
  - Antwortkategorien: „Zeitschrift für betriebswirtschaftliche Forschung", „Zeitschrift für Betriebswirtschaft", „Die Betriebswirtschaft", „Journal of Marketing" usw.
- Zuordnung von **Rängen** (Ordinalskala: keine Aussage über Abstände)
  - *Beispiel:* „Wie bewerten Sie die folgenden (zehn) wissenschaftlichen Fachzeitschriften? Bitte bringen Sie diese nach Maßgabe Ihrer Präferenz in eine Rangfolge von 1 bis 10."
  - Antwortkategorien: Rang 1, 2, 3, ..., 10

- **Skalierungsfragen** (Intervall- / Verhältnisskala)
  - o Beispiel für eine **Intervallskala** (= feste Abstände; z.B. Celsius-Skala): „Bitte geben Sie an, in welchem Maße Sie der folgenden Aussage zustimmen: ‚Wenn ich abends mit Freunden weggehe, diskutiere ich mit ihnen sehr gerne über Wissenschaftstheorie.'"
  - o Antwortkategorien:

lehne voll und ganz ab	lehne ab	lehne eher ab	weder / noch	stimme eher zu	stimme zu	stimme voll und ganz zu
-3	-2	-1	0	+1	+2	+3

  - o Beispiel für eine **Verhältnisskala** (= absoluter Nullpunkt gegeben; z.B. Alter, Länge, Gewicht, Umsatz): „Welchen Betrag (in €) geben Sie durchschnittlich pro Jahr für wissenschaftliche Literatur aus?"
  - o Antwortmöglichkeiten unbegrenzt: z.B. 100 €, 204 €, 10 €, 90 € usw.

Abb. 38: Fragetypen im Überblick

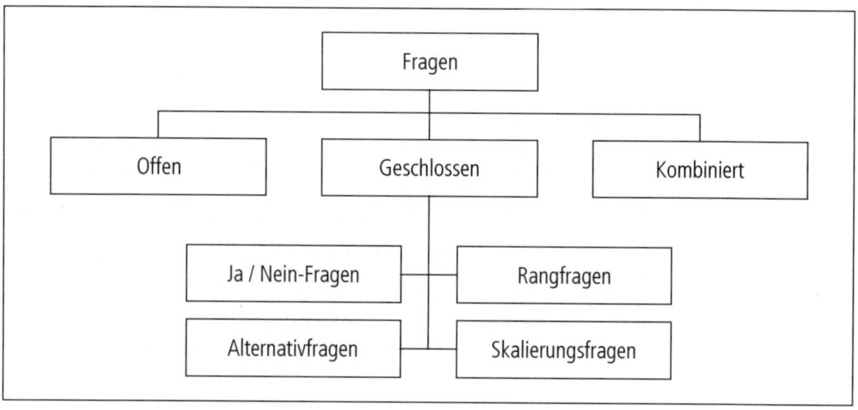

Praxis | **Befragung: Typische Probleme und Lösungsmöglichkeiten**

(1) **Soziale Erwünschtheit**: Auskunftspersonen, die zu tabuisierten Themen oder Fragen zu Prestige und Status (z.B. Einkommen, Vermögensverhältnisse, Besitz von Produkten) Stellung nehmen sollen, geben häufig nicht ihre eigene Meinung bzw. den tatsächlichen Sachverhalt wieder. Stattdessen antworten sie so, wie sie glauben, dass ihre Umwelt bzw. der Interviewer es von ihnen erwartet. Für dieses Problem der „sozialen Erwünschtheit" bieten sich zwei Lösungsmöglichkeiten:

- Formulierung indirekter Fragen (z.B. „Was glauben Sie, denken die meisten Menschen über ...?") oder
- Vorgabe eines anderen als des tatsächlichen Befragungsthemas.

(2) **„Ja-Sage"-Tendenz**: Auskunftspersonen neigen dazu, häufiger mit „ja" als mit „nein" zu antworten, wenn Fragen schwer nachvollziehbar sind und die Probanden lediglich zwischen Zustimmung und Ablehnung wählen können. Um zu vermeiden, dass die sog. Ja-Sage-Tendenz die Befragungsergebnisse verzerrt, kann man manche Fragen negativ formulieren (Bsp.: „Ich bin dagegen, dass ..." oder „... sollte man abschaffen").

(3) **Verständnisprobleme**: Fragen mit Fremdwörtern, mehrdeutigen Begriffen (z.B. selten, häufig) oder einem gehobenen Sprachstil überfordern i.d.R. viele Auskunftspersonen, weshalb man einfache, eindeutige und neutrale Fragestellungen verwenden sollte.

(2) Bei **offenen Fragen** werden keine Antwortkategorien vorgegeben, so dass die Antworten nicht verzerrt werden, z.B.: „Welche Eigenschaften sollte eine sehr gute wissenschaftliche Fachzeitschrift Ihres Erachtens besitzen?". Außerdem lassen sich auf diese Weise leichter neue Aspekte zu einem bestimmten Problem aufdecken. Dass die Antworten nicht vergleichbar sind, ist jedoch ebenso als Nachteil zu werten wie die Vielfalt an Antworten, was die Kodierung und Auswertung der Daten erschwert.

Aus verschiedenen Gründen bietet es sich an, **überwiegend geschlossene** Fragen einzusetzen (Daumenregel: 80% geschlossene, 20% offene Fragen). Beispielsweise bereitet es wesentlich weniger Mühe, die entsprechenden Fragen zu beantworten sowie die Daten zu codieren und auszuwerten.

Praxis

Hinweise zur korrekten Formulierung von Fragen

- Keine Suggestivfragen stellen, weil sie dem Befragten eine bestimmte Antwort nahe legen (schlechtes Bsp.: „Glauben Sie nicht auch, dass ...?").
- Präzise Fragen formulieren (schlechtes Bsp.: „Finden Sie diese Werbung gut?").
- Fragen bzw. Antworten sollten sich auf konkrete Situationen beziehen.
- Wer zu einem Sachverhalt, den der Befragte nicht unbedingt kennen kann, Fragen stellt, sollte eine kurze Erklärung oder ein Beispiel voranstellen.
- Soll sich der Befragte in eine bestimmte Situation versetzen, sind Zeit, Ort und Zusammenhang anzugeben (schlechtes Beispiel: „Als Sie jung waren ..."; besser: „Als Sie das Gymnasium besuchten ...".
- Neutrale Fragen stellen (schlechtes Bsp.: „Wie zufrieden sind Sie mit diesem innovativen Produkt?")
- „Negativ beladene" Begriffe vermeiden.
- Wenn möglich unrealistische Beispiele vermeiden (insbes. hypothetische Situationen).
- Je Frage lediglich einen Sachverhalt erfassen (schlechtes Bsp.: „Wie zufrieden sind Sie mit Gestaltung und Informationsgehalt der Fachzeitschrift X?"; besser:

  - o „Wie zufrieden sind Sie mit der Gestaltung der Fachzeitschrift X?" und
  - o „Wie zufrieden sind Sie mit dem Informationsgehalt der Fachzeitschrift X?").
- Die Auskunftsperson sollte die Fragen leicht erfassen können, d.h. insbesondere
  - o keine doppelte Verneinung (z.B. „Ist es nicht richtig, dass Sie Fachzeitschrift X nicht gekauft haben, weil Sie ...?"),
  - o möglichst kurze Fragen,
  - o einfache Formulierungen, die sich an der Alltagssprache der Probanden orientieren,
  - o keine ungebräuchlichen Fachausdrücke, Fremdwörter und Abkürzungen,
  - o keine komplexen Berechnungen (schlechtes Bsp.: „Wie viel Prozent Ihrer Freizeit verbringen Sie mit dem Lesen von Fachzeitschriften?"; besser: alle Aktivitäten getrennt erfragen: „Wie viele Stunden pro Woche verbringen Sie grundsätzlich mit Freizeitaktivitäten (generell), mit dem Lesen von Fachzeitschriften, mit Musik hören, mit Sport, mit ...?").
- Fragen teils positiv, teils negativ formulieren, um Gewöhnungseffekte beim Antworten zu vermeiden.

Quelle: Schneider/Kornmeier (2006, S.63) sowie ähnlich Schnell u.a. (2005, S.334ff.); Kromrey (2006, S.373ff.); Lehmann u.a. (1998, S.181f.).

3.5.1.3.2 Operationalisierung der Forschungsfragen

Wer eine Hypothese oder Theorie empirisch testen will, muss bestimmte Sachverhalte (z.B. theoretische Konstrukte) mit Hilfe einer Skala, d.h. einer „**Messlatte**", messen. **Messen** ist dabei letztlich nichts anderes als der Vorgang,

- die **Ausprägung(en)**, z.B. 1 kg, 2 kg, 3 kg / grün, gelb, blau, rot, schwarz,
- von **Objekteigenschaften** (hier = Gewicht / Farbe)

empirisch festzustellen. Während es bspw. kein größeres Problem darstellt, quantitative Merkmale, wie Umsatz, Einkommen, Zahl der Mitarbeiter usw., zu erfassen, gestaltet sich die **Messung theoretischer Konstrukte** (vgl. Kap. 2.4.4.3) weitaus komplizierter. Insgesamt stellen sich bei der Operationalisierung, d.h. „Messbarmachung" von Hypothesen zwei zentrale Fragen:

- Wie will man den theoretischen Konstrukten empirische **Werte zuweisen** (= „sie operationalisieren") (→ Skalierungsverfahren)?
- Wie **präzise** soll die Skala sein, mit der die Begriffe bzw. theoretischen Konstrukte erfasst werden sollen (→ Skalenniveau)?

3.5.1.3.2.1 Skalenniveau

Messen bedeutet, dass Eigenschaften von Objekten nach bestimmten Regeln in **Zahlen** ausgedrückt werden (vgl. Hammann/Erichson 2000, S.86ff.; Neibecker 2001c, S.1553ff.; Lehmann u.a. 1998, S.234ff.; Mühlbacher 1995, Sp.2284ff.). Das folgende – bewusst (!) vereinfachende – Beispiel zeigt, dass man die Variable „Unternehmensumsatz“ mindestens auf drei verschiedene Arten angeben könnte (Frage: *„Bitte geben Sie den Umsatz Ihres Unternehmens an.“*):

a) ❑ niedrig ❑ hoch

b) ❑ weniger als 1 Mio. € ❑ 1 Mio. bis 2 Mio. € ❑ über 2 Mio. €

c) ✍ ________________ *(bitte Umsatz in € eintragen)*

Das Beispiel verdeutlicht, dass die **Genauigkeit**, mit der man misst (und damit der Informationsgehalt der gemessenen Daten) wesentlich davon abhängt, welche **Ausprägungen** ein Sachverhalt bzw. eine Eigenschaft besitzt. Je nach Eigenschaft unterscheidet man vier **Skalenniveaus**, die sich nicht nur auf den **Informationsgehalt** der Daten, sondern auch auf die Anwendbarkeit von **Rechenoperationen** auswirken (vgl. Abb. 39):

- Nominal- und Ordinalskala werden als **nichtmetrische** Skalen,
- Intervall- und Verhältnisskala als **metrische** Skalen

bezeichnet. Im o.g. Beispiel ist a) eine Nominalskala, b) eine Ordinalskala und c) eine Verhältnisskala.

(1) Die **Nominalskala**, die einfachste Form des Messens, klassifiziert qualitative Eigenschaftsausprägungen, mit denen man Objekte jeweils bestimmten Gruppen zuordnen kann, z.B.

- Geschlecht (männlich / weiblich),
- Familienstand (ledig / verheiratet / verwitwet / geschieden),
- Berufsgruppe (z.B. Angestellte(r) / Arbeiter(in) / Arbeitslose(r) / Auszubildende(r) / Beamte(r) / Hausmann(-frau) / Rentner(in) / Selbständige(r) / Student(in) / Sonstige),
- Ja / nein-Fragen, z.B. „Rauchen Sie?“ (Ja / Nein).

Nominalskalierte Daten lassen sich i.d.R. leichter verarbeiten (per EDV), wenn man die Ausprägungen der Eigenschaften durch Zahlen ausdrückt (z.B. ja = 1; nein = 0 / männlich = 0, weiblich = 1). Da es sich hierbei aber lediglich um eine **frei wählbare Kodierung** der Merkmalsausprägungen handelt (d.h. anstatt der Zahlen könnte man auch andere Symbole verwenden), sind arithmetische Operationen (z.B. Addition, Subtraktion, Multiplikation) mit diesen Zahlen unzulässig. Statthaft ist allenfalls, die Merkmalsausprägungen zu zählen, um die (absoluten oder relativen) Häufigkeiten der einzelnen Ausprägungen zu ermitteln (z.B. ja = 45%, nein = 55%).

Abb. 39: Messniveaus und Messwerteigenschaften

		Messniveau	Mathematische Eigenschaften der Messwerte	Beschreibung der Messwerteigenschaften	Beispiele
Zunahme des Informationsgehaltes	Nicht-metrische Daten	Nominalniveau	$A = A \neq B$	*Klassifikation:* Die Messwerte zweier Untersuchungseinheiten sind identisch oder nicht identisch.	*Zwei Klassen:* Geschlecht (männlich / weiblich) *Mehrere Klassen:* Branche (Maschinenbau / Elektrotechnik / Chemie / Automobilbau)
		Ordinalniveau	$A > B > C$	*Rangordnung:* Messwerte lassen sich auf einer Merkmalsdimension als kleiner / größer / gleich einordnen.	*Präferenz- und Urteilsdaten:* z.B. „Produkt X gefällt mir besser / gleich / weniger gut als Produkt Y"
	Metrische Daten	Intervallniveau	$A > B > C$ und $A - B = B - C$	*Rangordnung und Abstandsbestimmung:* Die Abstände zwischen Messwerten können angegeben werden.	Thermometer (Celsius), Kalenderzeit
		Rationiveau (Verhältnisskala)	$A = x \cdot B$	*Absoluter Nullpunkt:* Nicht nur der Abstand zwischen zwei Messwerten, sondern auch deren Verhältnis kann berechnet werden.	Absatzmenge, Alter, Einkommen, Körpergewicht, Körpergröße, Preis, Umsatz

Quelle: Berekoven u.a. (1999, S.68); leicht modifiziert.

(2) Kann man die Messobjekte, z.B. einen Fruchtsaft, in Bezug auf eine bestimmte Eigenschaft (z.B. Geschmack) in eine Rangordnung bringen, so liegt eine **Ordinalskala** vor. Demnach könnten Konsumenten bspw. Fruchtsaft A (hinsichtlich des Geschmacks) besser einstufen als Fruchtsaft C, aber schlechter als Fruchtsaft B. Eine Ordinalskala hat **keinen** natürlichen Nullpunkt und auch keine gleich großen Intervalle. Letzteres bedeutet, dass eine Rangfolge **keine Information** zu den Abständen zwischen den Objekten liefert, so dass man an einer Ordinalskala nicht ablesen kann, um wie viel besser die Konsumenten bspw. Fruchtsaft B im Vergleich zu den beiden anderen Produkten einstufen.

Folglich sind auch in diesem Fall – wie bei der Nominalskala – keine arithmetischen Operationen möglich. Zulässig sind (neben Häufigkeiten) lediglich statistische Maße, z.B. Median und Quantile (vgl. zu den verschiedenen Maßen z.B. Bleymüller u.a. 2000). Während der Median die untere Hälfte aller Werte von der oberen trennt, gibt das Quantil an, welcher Anteil aller Untersuchungseinheiten höchstens einen bestimmten Wert aufweist.

(3) Typisches Merkmal einer **Intervallskala** sind die gleich großen Abstände zwischen den Zahlen. Allerdings hat auch sie keinen natürlichen Nullpunkt. „Klassisches Beispiel" ist die Celsius-Skala, die den Abstand zwischen Gefrier- und Siedepunkt des Wassers in 100 gleich große Intervalle unterteilt. Wegen der gleichen Skalenabstände darf man – anders als bei nominal- und ordinalskalierten Daten – die Differenz zwischen zwei Zahlen berechnen (nicht aber die Summe). Neben den bereits genannten statistischen Maßen lassen sich auch Mittelwert (= arithmetisches Mittel) und Standardabweichung (= Streuungsmaß; Quadratwurzel der Varianz) bestimmen.

(4) Die **Ratio**- oder **Verhältnisskala** besitzt alle Eigenschaften von Zahlen und repräsentiert damit das höchste Messniveau. Im Gegensatz zu den anderen Skalenniveaus hat sie einen **natürlichen** Nullpunkt. Dies bedeutet, dass ein Merkmal, dem die Zahl 0 zugeordnet wird, nicht existiert, z.B. Körpergröße = 0 cm (Hingegen wäre bspw. eine Temperatur von 0 Grad Celsius „durchaus spürbar"). Da die meisten physikalischen (z.B. Länge, Gewicht, Geschwindigkeit) und ökonomischen Merkmale (z.B. Absatzmenge, Einkommen, Kosten, Preis, Umsatz) einen natürlichen Nullpunkt haben, sind diese ratioskaliert. Wegen dieser Eigenschaft kann man auch den Quotienten bzw. das „Verhältnis" (‚ratio') zweier Zahlen bestimmen. Mit ratioskalierten Daten sind sämtliche arithmetischen Operationen möglich; überdies lassen sich (neben den bereits genannten statistischen Maßen) auch das geometrische Mittel sowie der Variationskoeffizient (= relatives Streuungsmaß; Quotient aus Standardabweichung und arithmetischem Mittelwert) angeben.

Insgesamt lässt sich festhalten: Mit zunehmendem Skalenniveau vergrößert sich

- der **Informationsgehalt** der jeweiligen Daten,
- die Zahl der möglichen **Rechenoperationen** und anwendbaren statistischen Maße.

Außerdem können, bspw. aus Gründen der Übersichtlichkeit, Daten von einem höheren auf ein niedrigeres Skalenniveau **transformiert** werden, z.B. Zusammenfassung der (ratioskalierten) Altersangaben (in Jahren) zu (nominalskalierten) Altersklassen (z.B. 18-25 Jahre; 26-50 Jahre, über 50 Jahre). Da mit der Transformation auf ein niedrigeres Skalenniveau der **Verlust** an Information einhergeht, ist der umgekehrte Weg (Transformation von einem niedrigeren auf ein höheres Skalenniveau) – plausiblerweise – nicht möglich.

3.5.1.3.2.2 Skalierungsverfahren

Mit Skalierungsverfahren (vgl. Abb. 40) lassen sich **theoretische Konstrukte operationalisieren**, d.h. in (empirisch) messbare Größen umwandeln (vgl.

hierzu z.B. Schnell u.a. 2005, S.166ff.; Neibecker 2001d, S.1555ff.; Mühlbacher 1995, Sp.2284ff.). Ganz generell kommen **zwei Optionen** in Betracht:

- Die Auskunftsperson stuft selbst ein (= ‚rating'), wobei „**Selbsteinstufung**" nicht bedeutet, dass ein Proband „sich selbst" einstuft.
- Der Forscher konstruiert aus der / den Antwort(en) eines Probanden eine Skala, die dessen Einstellung bzw. Bewertung widerspiegelt (= „**Fremdeinstufung**").

Abb. 40: Wesentliche Skalierungsverfahren im Überblick

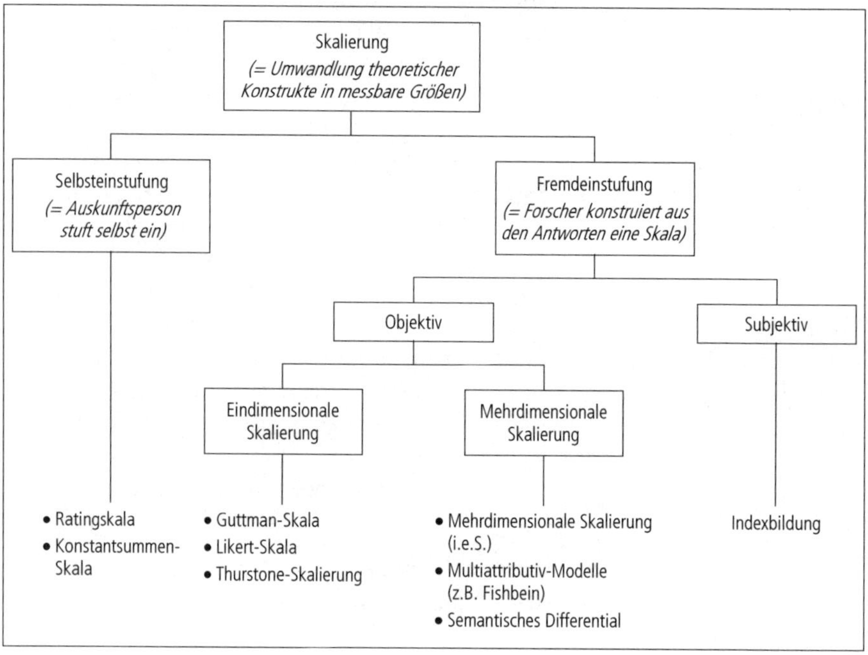

Die empirische Sozialforschung kennt eine Fülle an Skalierungsmethoden. Wenn im Folgenden lediglich **Grundzüge** und **Nutzenpotential** einiger wesentlicher und für die Forschung typischer Verfahren skizziert werden, so deshalb, weil es das Ziel dieses Buches verfehlen und dessen Rahmen sprengen würde, alle Methoden detailliert vorzustellen (vgl. hierzu z.B. Schnell u.a. 2005, S.166ff.; Atteslander 2003).

(1) Rating-Skala

Mit Hilfe dieser in der empirischen Forschung sehr **häufig** verwendeten Skala kann ein Proband Ausmaß bzw. **Intensität** seiner Bewertung bzw. Zustimmung zum Ausdruck bringen. Zwar finden sich sehr unterschiedliche Ausgestaltungsformen, i.d.R aber bietet sich eine zweipolige (= bipolare) fünf- oder siebenstufige Skala an (vgl. z.B. Abb. 41). Dabei gilt: Je mehr (bzw. weniger) Skalenpunkte, desto höher der Informationsgehalt (bzw. desto besser die Reliabilität) (vgl. Lehmann u.a. 1998, S.244f.). Rating-Skalen eignen sich bspw., um

- die **Einstellung** zu Subjekten, Objekten bzw. Institutionen (z.B. Spendenorganisationen; vgl. Abb. 41)
- die **Meinung** über eine Institution (vgl. Abb. 42) oder etwa
- die **Zufriedenheit** z.B. von Kunden (vgl. Abb. 43)

zu erfassen.

Abb. 41: Ratingskala: Messung der generellen Einstellung am Beispiel „Spendenorganisationen“

Wie **bewerten** Sie ganz allgemein die Arbeit von **Spendenorganisationen**?

sehr schlecht	schlecht	eher schlecht	weder / noch	eher gut	gut	sehr gut
-3	-2	-1	0	+1	+2	+3

Abb. 42: Ratingskala: Messung der Meinung zu Institutionen am Beispiel „Spendenorganisationen“

Bitte geben Sie an, in welchem **Maße** Sie der folgenden Aussage zustimmen: „Ohne die Tätigkeit von Spendenorganisationen wäre es um manches in der Welt schlechter bestellt."

lehne voll und ganz ab	lehne ab	lehne eher ab	weder / noch	stimme eher zu	stimme zu	stimme voll und ganz zu
-3	-2	-1	0	+1	+2	+3

Abb. 43: Ratingskala zur Messung der Kundenzufriedenheit

Wenn Sie einmal all Ihre Erfahrungen Revue passieren lassen: Wie zufrieden sind Sie mit dem **Golf IV ganz allgemein**?

sehr unzufrieden	unzufrieden	eher unzufrieden	weder / noch	eher zufrieden	zufrieden	sehr zufrieden
-3	-2	-1	0	+1	+2	+3

Im Zusammenhang mit den Skalenpunkten ist darüber zu befinden, ob deren Anzahl **gerade** oder **ungerade** sein soll.

- Ist sie gerade (= ohne neutralen Punkt; z.B. „weder / noch“), müssen sich die Probanden entscheiden, ob sie (eher) zustimmen oder ablehnen (= **‚forced choice rating'**).

- Ist sie ungerade (= mit neutralem Punkt / „**Indifferenzpunkt**"), vergrößert sich tendenziell die Antwortbereitschaft.

Im Allgemeinen entscheiden sich Forscher häufiger für eine ungerade Anzahl an Skalenpunkten bzw. Antwortkategorien (vgl. Lehmann u.a. 1998, S.244f.) – jedenfalls in Deutschland – bspw. mit sieben Kategorien und mit „weder / noch" als Mitte. Wird ein „Indifferenzpunkt" verwendet, dann sollten die Auskunftspersonen ggf. die Kategorie „**Kann ich nicht beurteilen**", „Weiß nicht" oder bspw. „Keine Kenntnisse" ankreuzen können, da man sonst Gefahr läuft, die Kategorie „weder / noch" nicht eindeutig interpretieren zu können (vgl. z.B. Neibecker 2001d, S.1556):

- Ist ein Proband mit dieser Eigenschaft **tatsächlich** „weder zufrieden noch unzufrieden"?
- Oder wählt er diese Option, weil er die erfragte Leistungskategorie **nicht bewerten** kann?

Überdies muss der Forscher darauf achten, dass die Skala **ausgewogen** ist, z.B. von „sehr" unzufrieden bis „sehr" zufrieden oder von „sehr" schlecht bis „sehr" gut.

(2) Konstantsummen-Skala

Menschen sind tendenziell „Anspruchs-Maximierer": Wenn sie einen Sachverhalt (z.B. Unternehmen, Produkt, Person, Ereignis) bewerten sollen, dann stufen sie i.d.R. nahezu alle Eigenschaften als wichtig oder sehr wichtig ein (vgl. Neibecker 2001d, S.1556; Dichtl/Müller 1986, S.233ff.). Wegen dieser als „**Anspruchsinflation**" bekannten typisch menschlichen Eigenheit ist es nicht zweckmäßig, bspw. die **Wichtigkeit** von Leistungskomponenten mit einer Rating-Skala zu erfassen, weil dann tatsächlich bestehende Unterschiede in der Relevanz der einzelnen Leistungskomponenten wegen des sog. **‚Ceiling'-Effekts** (ceiling = Höchstgrenze) verschwimmen (vgl. Schneider/Kornmeier 2006, S.68ff.).

Das Problem der „Anspruchsinflation" lässt sich u.a. mit Hilfe der sog. **Konstantsummen-Skala** mindern, bei welcher jede Auskunftsperson eine bestimmte Punktzahl (z.B. 100) nach Maßgabe der jeweils empfundenen Wichtigkeit auf die einzelnen Leistungskomponenten verteilen muss. Der Vorteil dieser Vorgehensweise ist darin zu sehen, dass die Befragten ihre Ansprüche nicht maximieren können, sondern sich zwischen den Eigenschaften entscheiden müssen (= **‚Trade off'**): Denn wer einer Eigenschaft viele Punkte gibt, hat zwangsläufig weniger Punkte übrig, die er auf die restlichen Leistungskomponenten verteilen kann. Abb. 44 erläutert das Prinzip der Konstantsummen-Skala am Beispiel „Stellenwert verschiedener gesellschaftspolitischer Aufgaben".

Abb. 44: Anwendung der Konstantsummen-Skala am Beispiel „Stellenwert verschiedener gesellschaftspolitischer Aufgaben"

Stellen Sie sich vor, Sie wären **Finanzminister** der Bundesrepublik Deutschland. Wie würden Sie, wenn Ihnen ein **Budget** von **100 Millionen €** zur Verfügung stünde, die Finanzmittel auf folgende Bereiche **verteilen**?

Aufgabe	**Platz zum Ausrechnen**	**Endgültige Aufteilung**
• Ausbau des Verkehrsnetzes	5	10
• Bildung und Kultur	5	10
• Entwicklungshilfe	15	10
• Gesundheitswesen	15	15
• Kinderfreundliche Gesellschaft	5	5
• Landesverteidigung	5	5
• Schaffung von Arbeitsplätzen	15	20
• Seniorenfreundliche Gesellschaft	10	10
• Umweltschutz	20	10
• Verbrechensbekämpfung	5	5
Summe	**100**	**100**

Wer die Konstantsummen-Methode nutzen will, sollte darauf achten, dass die Anzahl der Eigenschaften (hier = 10) sowie die zu vergebende Punktzahl in einem für die Befragungsperson **nachvollziehbaren** Verhältnis stehen (z.B. 100 Punkte). Beispielsweise würde es die Aufgabe unnötig erschweren (und damit die Validität der Ergebnisse mindern), wenn ein Proband 65 Punkte auf 17 Eigenschaften verteilen sollte. Die Konstantsummen-Methode ist sehr anspruchsvoll und sollte deshalb selten eingesetzt werden (i.d.R. höchstens einmal pro Befragung).

(3) Likert-Skala

Der Messwert (‚Score') dieser eindimensionalen Skala resultiert aus der **Summe** mehrerer Statements (= Aussagen), die ein Proband in Bezug auf einen bestimmten Sachverhalt (z.B. Spendenorganisation) abgibt (vgl. Schnell u.a. 2005, S.187ff.; Lehmann u.a. 1998, S.242). Das Ausmaß der Zustimmung wird auch in diesem Fall mit Rating-Skalen gemessen, so dass die Likert-Skala in gewissem Sinn eine „**Methode der summierten Ratings**" darstellt (vgl. Neibecker 2001d, S.1556).

Zur Konstruktion dieser Skala formuliert man zunächst eine Vielzahl von Einstellungs-Statements, die je zur Hälfte eindeutig positiv bzw. negativ ausgedrückt werden. In einer anschließenden „**Itemanalyse**" (vgl. hierzu z.B.

Schnell u.a. 2005, S.189ff.) destilliert man dann jene (trennschärfsten) Statements bzw. Items, die zwischen Personen mit unterschiedlichen Einstellungen am besten trennen, d.h. „**diskriminieren**" (vgl. Neibecker 2001d, S.1556). Misst man die so entstandene „**Itembatterie**" anschließend mit Rating-Skalen, dann ergibt sich der Einstellungswert als Summe dieser Statements, vorausgesetzt sie – die Statements – laden auf einer Dimension.

In Abb. 45 ist eine solche Itembatterie (hier = sechs Statements) beispielhaft dargestellt. Nehmen wir an, ein Proband würde bei jeder Aussage jeweils den Wert „1" ankreuzen, so betrüge seine Einstellung gegenüber Spendenorganisationen „6".

Abb. 45: Likert-Skala: Messung der Einstellung gegenüber „Spendenorganisationen"

Im Folgenden finden Sie verschiedene **Auffassungen**, die im Zusammenhang mit **Spendenorganisationen** bisweilen geäußert werden. Bitte geben Sie jeweils an, in welchem Maße Sie den einzelnen Aussagen **zustimmen**.

Dabei bedeuten:

lehne voll und ganz ab	lehne ab	lehne eher ab	weder / noch	stimme eher zu	stimme zu	stimme voll und ganz zu
-3	-2	-1	0	+1	+2	+3

							Kann ich nicht beurteilen
Ohne die Tätigkeit von Spendenorganisationen wäre es um manches in der Welt schlechter bestellt.	-3	-2	-1	0	1	2	3	❑
Spendenorganisationen helfen schnell und unbürokratisch.	-3	-2	-1	0	1	2	3	❑
Viele Spendenorganisationen arbeiten unprofessionell.	-3	-2	-1	0	1	2	3	❑
Bei der Vielzahl der Spendenorganisationen weiß man überhaupt nicht mehr, wofür man spenden soll.	-3	-2	-1	0	1	2	3	❑
Viele Spendenorganisationen gehen verschwenderisch mit dem ihnen anvertrauten Geld um.	-3	-2	-1	0	1	2	3	❑
Ein Großteil der Spendengelder wird für Menschen ausgegeben, die an ihrem Elend selbst schuld sind.	-3	-2	-1	0	1	2	3	❑

Um Fragen bzw. Statements für die **Konstruktion** der Likert-Skala zu gewinnen, könnte man eine **explorative Studie** vorschalten. Im vorliegenden Fall wurden die Items (bzw. die Meinungen und Einstellungen zu Spendenorganisationen) auf Basis einer Literaturrecherche sowie anhand einer Gruppendiskussion ermittelt.

Praxis **Ergebnis einer explorativen Vorstudie: Meinungen / Einstellungen zu Spendenorganisationen (Auszug)**

- Alles in allem ist die Arbeit der Spendenorganisationen gut organisiert.
- Bei der Vielzahl der Spendenorganisationen weiß man überhaupt nicht mehr, wofür man spenden soll.
- Die immer häufiger auftretenden Probleme und Katastrophen überfordern den Staat zunehmend. Hier können nur Spendenorganisationen bzw. private Initiativen helfen.
- Ein Großteil der Spendengelder wird für Menschen ausgegeben, die an ihrem Elend selbst schuld sind.
- Gäbe es keine Spendenorganisationen, so würden die Anliegen von Minderheiten und sozialen Randgruppen nur unzureichend berücksichtigt.
- Spendenorganisationen helfen schnell und unbürokratisch.
- Spendenorganisationen sollten stärker vom Gesetzgeber kontrolliert werden.
- Spendenorganisationen stecken zu viel Geld in Werbung und Verwaltung. Da bleibt für den eigentlichen Zweck kaum noch etwas übrig.
- Viele Spendenorganisationen arbeiten unprofessionell.
- Wir haben doch genügend staatliche Einrichtungen. Spendenorganisationen sind überflüssig.
- ...

(4) Multiattributive Verfahren

Wer diese Verfahren verwendet (z.B. Fishbein- oder Trommsdorff-Modell), geht davon aus, dass die Gesamtbewertung (z.B. Beurteilung eines Produkts, Einstellung gegenüber einer Organisation) aus der **individuellen Einschätzung** einer Vielzahl (= **‚multi'**) von Merkmalen (= **‚attribute'**) resultiert. Formal lässt sich dies folgendermaßen darstellen:

$$B_{ij} = f(B_{ij1}, B_{ij2}, ..., B_{ijn})$$

Legende:

B_{ij} = Bewertung des Probanden i bez. des Sachverhalts j (= Pauschalurteil z.B. über ein Unternehmen / Produkt usw.)

B_{ijk} = Bewertung des Probanden i bez. der Eigenschaft k des Sachverhalts j ($k = 1, ..., n$)

Die Bewertung der Sachverhalte basiert dabei auf einer sog. kognitiven und einer affektiven Komponente:

- Die **kognitive** Komponente beschreibt die objektbezogenen Prozesse der Wahrnehmung, der Überzeugung bzw. des Wissens, z.B. die Vermutung oder das Wissen einer Auskunftsperson über die Qualität einer bestimmten

Dienstleistung, die Höhe der Preise oder die Freundlichkeit des Servicepersonals (vgl. Abb. 46).

- Das Gefühl, das ein Proband einem Sachverhalt entgegenbringt, kommt in der **affektiven** Komponente (Fühlen, emotionale Bindung usw.) zum Ausdruck, z.B. in der Freude, die eine Person empfindet, wenn sie an eine bestimmte Produkt- oder Dienstleistungseigenschaft denkt (vgl. Abb. 47).

Kognitive und affektive Komponente können u.a. mit folgender Formel zu einem „**Gesamteinstellungswert**" verknüpft werden:

$$E = \sum_{i=1}^{n} k_i \cdot a_i$$

Legende:

E = Einstellung

k_i = Wissen über die Ausprägung von Leistungskomponente i (= kognitiv)

a_i = Gefühl gegenüber Leistungskomponente i (= affektiv)

Dabei gilt: Je **größer** der Gesamteinstellungswert, desto **positiver** die Einstellung (und damit z.B. die Zufriedenheit). Zu beachten ist allerdings, dass die Skalenwerte, die, wie in Abb. 46 und Abb. 47 dargestellt, aus Gründen einer fundierten Datenerhebung auf einer siebenstufigen Skala von -3 bis +3 erfasst werden sollten, in einem ersten Schritt **transponiert** werden müssen: durch **Addition von jeweils +4** auf eine Skala von +1 bis +7.

Abb. 46: Beispielhafte Messung kognitiver Leistungskomponenten

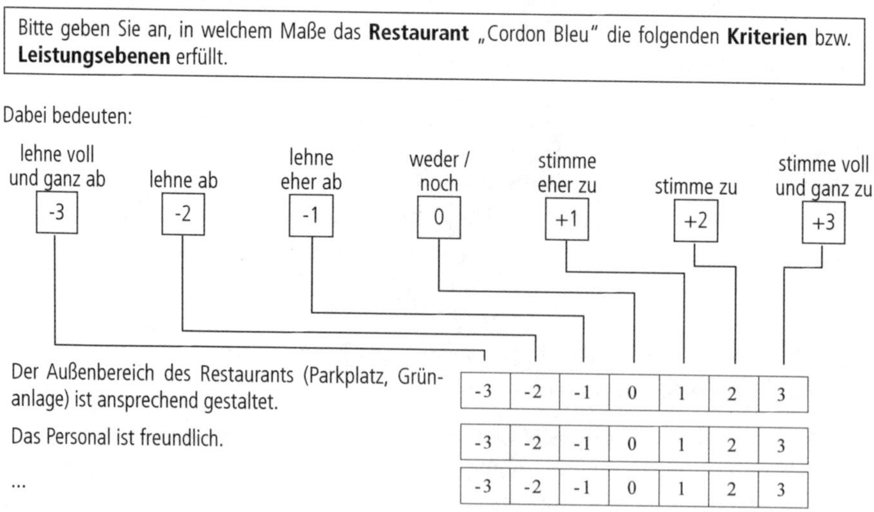

Abb. 47: Mögliche Messung affektiver Leistungskomponenten

Bitte geben Sie an, wie gut Sie es fänden, wenn ein **Restaurant** die folgenden **Kriterien** bzw. **Leistungsebenen** erfüllte.

Dabei bedeuten:

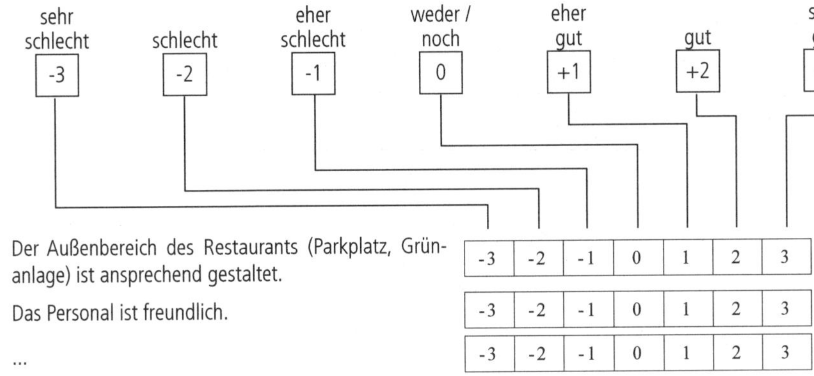

(5) Semantisches Differential

Bei diesem Verfahren müssen die Auskunftspersonen einen Sachverhalt (z.B. Produkt, Person, Institution)

- mit Hilfe von **Gegensatzpaaren** (Antonymen) in Form von Adjektiven (z.B. „angenehm / unangenehm", „schön / hässlich", „modern/ unmodern")
- auf **Rating-Skalen** (z.B. 7-stufig)

bewerten (vgl. z.B. Schnell u.a. 2005, S.175ff.; Hammann/Erichson 2000, S.349). Faktorenanalytisch konnte gezeigt werden, dass man mit bestimmten Eigenschaften (als Antonymen) einen Sachverhalt auf **drei Dimensionen** messen kann (vgl. Neibecker 2001e, S.1528):

- Adjektive, wie „gut / schlecht", „sympathisch / unsympathisch", repräsentieren die Dimension „**Bewertung**" (‚evaluation'),
- „stark / schwach", „klein / groß" u.ä. drücken „**Stärke**" aus (‚potency'),
- „aktiv / passiv", „schnell / langsam" repräsentieren zusammen mit anderen Eigenschaften „**Aktivität**" (‚activity').

Gemeinsam bilden diese drei Dimensionen den sog. **semantischen Raum**. Denkbar sind aber auch weitere Dimensionen, die dann entstehen können, wenn man je nach Sachverhalt spezifische Eigenschaftspaare **ergänzt** – im Falle einer Spendenorganisation z.B. „sozial / unsozial", „menschlich / unmenschlich" oder etwa „sparsam / verschwenderisch".

Die einfachste Möglichkeit, die mit dem Semantischen Differential gemessenen Daten auszuwerten, besteht darin, die Mittelwerte je Gegensatzpaar durch Linien zu verbinden, um auf diese Weise den Profilverlauf

- **verschiedener Objekte**, z.B. Produkt A, B und C (vgl. Abb. 48), bzw.
- desselben Objekts bei **unterschiedlichen Probandengruppen**, z.B. Produktnutzer vs. Nicht-Nutzer (vgl. Abb. 49),

graphisch zu vergleichen. Der Abstand zweier Objekte im semantischen Raum kann auch mit der Euklidischen Distanz berechnet werden (vgl. hierzu z.B. Neibecker 2001e, S.1528).

Abb. 48: Ergebnis des Semantischen Differentials: Profilverlauf der Produkte A, B und C

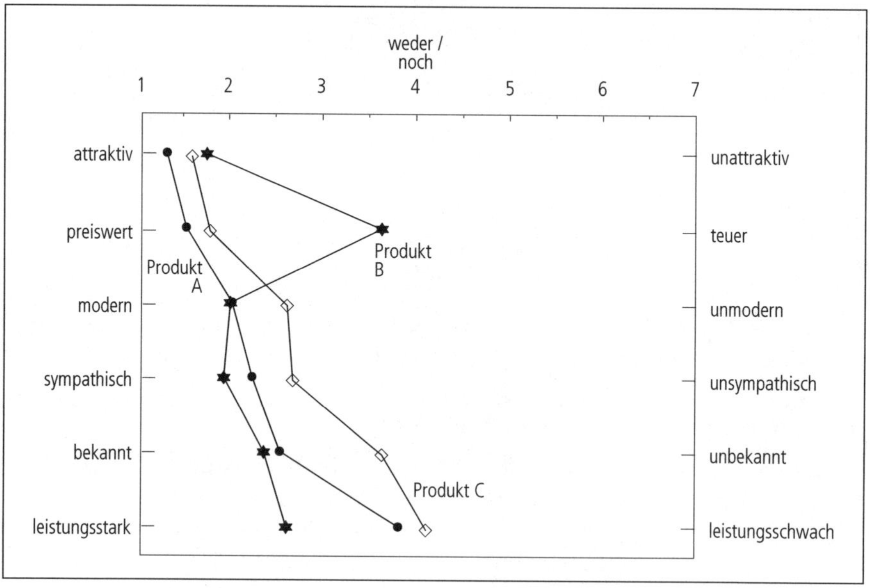

Wer einen Sachverhalt mit dem Semantischen Differential messen will, sollte

- **„echte" Gegensatzpaare** verwenden, die nachvollziehbar sind (z.B. „groß / klein"; „freundlich / unfreundlich"),
- Skalen nutzen, die sich in **früheren Studien** bereits bewährt haben,
- ggf. die Kategorie **„weiß nicht"** vorgeben, da ein echter Mittelpunkt angenommen wird,
- auf der Skala die positiven und negativen Pole der Eigenschaften immer wieder **tauschen**, um „Gewöhnungseffekte" zu vermeiden.

In dem in Abb. 50 dargestellten Beispiel diente das Semantische Differential dazu, **Images** gegenüber verschiedenen Ländern zu analysieren. Weil die

Probanden „gezwungen" werden sollten, Ihr **(Vor-)Urteil** – basierend auf mehr oder minder gesichertem Länderwissen – abzugeben, wurde auf die Kategorie „weiß nicht" bewusst verzichtet. Die Gegensatzpaare beruhen dabei im Wesentlichen auf dem von Schäfer (1975, S.314ff.; 1973, S.29ff.) entwickelten Eindrucksdifferential zur Messung vorurteilsvoller Orientierung.

Abb. 49: Profilverlauf von Produkt A bei Nutzern und Nicht-Nutzern: Ergebnis des Semantischen Differentials

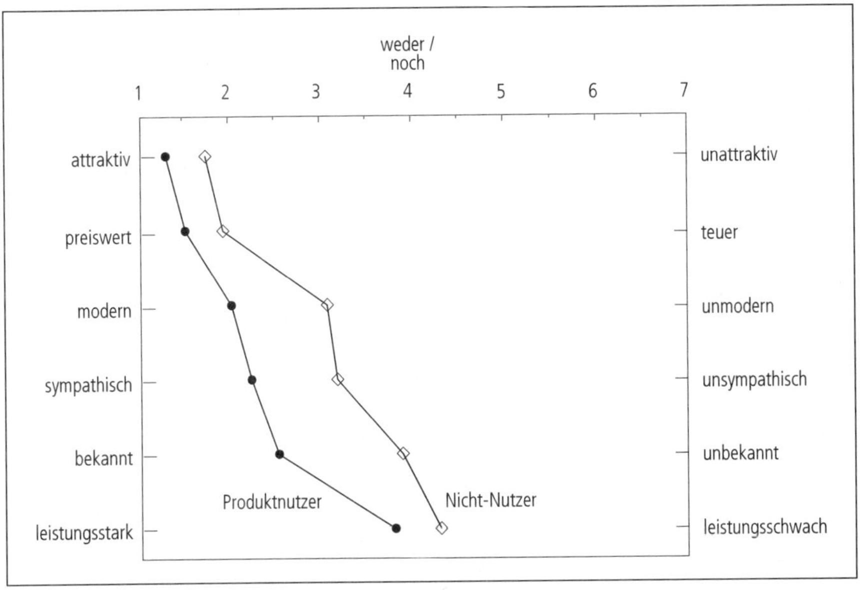

3.5.1.3.3 Aufbau des Fragebogens

Hierfür bietet sich folgende Struktur an (vgl. z.B. Lehmann u.a. 1998, S.183ff.):

(1) **Eisbrecherfragen** (Einleitungs- / Kontaktfragen) dienen dazu, die Befragung einzuleiten und eine „entkrampfte" Atmosphäre zu schaffen, indem man der Auskunftsperson die Befangenheit nimmt („Aufwärmphase").

(2) **Sachfragen** behandeln den eigentlichen Untersuchungsgegenstand. In diesem Hauptteil der Befragung sollte man auch den Großteil jener Fragen behandeln, die für den **Hypothesen-Test** vorgesehen sind.

(3) Mit **Kontrollfragen** (Plausibilitätsfragen) lässt sich in erster Linie prüfen, ob die Befragten konsistent antworten. Hierzu wird an einer anderen Stelle des Fragebogens eine inhaltlich identische, aber anders formulierte Frage platziert. Diesen Fragetyp sollte man allerdings sehr sparsam einsetzen, da

Auskunftspersonen, die „das Prinzip" erkennen, die Befragung sonst aus Verärgerung abbrechen könnten („Reaktanz").

(4) **Fragen zur Person** stehen am Ende des Fragebogens, da i.d.R. erst im Laufe der Befragung jenes Vertrauen wächst, welches man benötigt, damit der Proband auch „heikle Fragen" (z.B. zu Einkommen, Alter, Bildung) beantwortet. Auch die soziodemographischen Angaben (z.B. Alter, Beruf, Haushaltsgröße) sind u.a. für die **Prüfung der Hypothesen** bedeutsam (z.B. „Je älter die Konsumenten, desto markentreuer sind sie.").

Abb. 50: Messung von Vorurteilen bzw. Images mit dem Semantischen Differential

Im Folgenden finden Sie verschiedene **Eigenschaften**, mit denen Sie die "**typischen Deutschen**" beschreiben können. Bitte kreuzen Sie auf der von 1 bis 7 reichenden Skala jeweils jene Ausprägung an, die **Ihre Meinung** über „die Deutschen" am besten widerspiegelt.

Die "typischen Deutschen" sind ...

aufgeschlossen	1	2	3	4	5	6	7	verschlossen
böse	1	2	3	4	5	6	7	gut
faul	1	2	3	4	5	6	7	fleißig
schön	1	2	3	4	5	6	7	hässlich
städtisch	1	2	3	4	5	6	7	bäuerlich
laut	1	2	3	4	5	6	7	leise
modern	1	2	3	4	5	6	7	altmodisch
ruhig	1	2	3	4	5	6	7	temperamentvoll
sauber	1	2	3	4	5	6	7	schmutzig
unselbständig	1	2	3	4	5	6	7	selbständig
ungenau	1	2	3	4	5	6	7	genau
unterdrückt	1	2	3	4	5	6	7	frei
dumm	1	2	3	4	5	6	7	intelligent
höflich	1	2	3	4	5	6	7	unhöflich
intolerant	1	2	3	4	5	6	7	tolerant
fröhlich	1	2	3	4	5	6	7	traurig

3.5.2 Beobachtung

Will man im Rahmen seiner wissenschaftlichen Arbeit bspw. das Verhalten von Schuhkäufern (z.B. Präferenzen, Dauer des Besuchs in einem Schuhgeschäft, Kundenwege) oder jenes der Verkäufer (z.B. Kundenorientierung, Gesprächsführung) analysieren, bietet sich die Beobachtung an (vgl. z.B. Schnell u.a. 2005, S.390ff.), d.h. die systematische Erfassung von sinnlich wahrnehmbaren Verhaltensweisen bzw. Eigenschaften von Personen im Augenblick ihres Auftretens durch den Beobachter. In der Regel handelt es sich dabei um eine Beobachtung im **Feld** (z.B. in einem realen Handelsunternehmen), die **standardisiert** (= anhand eines Fragebogens bzw. eines Lageplans) und **persönlich** (= durch einen Beobachter) durchgeführt wird. Denkbar wäre auch, die Beobachtung **apparativ** zu unterstützen (z.B. mit einer Kamera).

Es gehört zu den **Vorteilen** der Beobachtung, dass man – anders als bei der Befragung – auf die Mitarbeit der Probanden nicht angewiesen ist. Überdies lassen sich bestimmte Sachverhalte vergleichsweise genau erfassen, wenn man apparative Verfahren einsetzt und bspw. das Verhalten der Probanden (z.B. während des Schuhkaufs) aufzeichnet. Mit der Beobachtung sind indes auch einige **Nachteile** verknüpft, denn

- komplexere **psychische Prozesse** (z.B. Informationsverarbeitung, Einstellungen zu bestimmten Produkten, Produktkenntnisse usw.) sind per Beobachtung nicht zu erfassen.
- Repräsentativität kann des Öfteren **nicht sichergestellt** werden, bspw. weil bei Laborversuchen die Stichproben (zu) klein sind, oder weil in Handelsgeschäften (= Feldversuch) je nach Tages-, Wochen- und Jahreszeit die Kundengruppen unterschiedlich stark vertreten sind,
- ein Proband, der weiß, dass er beobachtet wird (= offene Beobachtung), neigt dazu, sein ursprüngliches Verhalten zu verändern (= „**Beobachtungseffekt**"),
- bei einer offenen bzw. teilnehmenden Beobachtung besteht die Gefahr, dass der Beobachter den zu untersuchenden Sachverhalt **steuert**, die Daten nur **selektiv** erfasst und bei der nicht-standardisierten Beobachtung die Auswertung **verzerrt**.

3.5.3 Experiment

3.5.3.1 Übersicht

Das Experiment ist eine wiederholbare Untersuchung, die unter kontrollierten Bedingungen durchgeführt wird. Im Gegensatz zu den bereits dargestellten Methoden ist das Experiment kein eigentliches Verfahren zur Datenerhebung. Damit lassen sich vielmehr **kausale Zusammenhänge** feststellen, indem man den Einfluss einer oder mehrerer (unabhängiger) Variablen (z.B. Preis, Verpackung, Vertriebsweg, Werbung) auf eine oder mehrere (abhängige) Variablen (z.B. Umsatz, Marktanteil, Bekanntheitsgrad) systematisch erfasst (vgl. Schneider 2006 sowie die dort angegebene Literatur). Abhängig von der Problemstellung können die erforderlichen Daten per Befragung bzw. Beobachtung erhoben werden. Häufig **kombiniert** man beide Verfahren. Je nach den Bedingungen, unter denen sie durchgeführt werden, unterscheidet man zwischen Feld- und Laborexperiment.

3.5.3.2 Arten

3.5.3.2.1 Laborexperiment

Um Störeinflüsse (z.B. Verhalten anderer Menschen oder Unternehmen) auszuschalten, werden Laborexperimente in **künstlicher** Umgebung (= abiotisch) durchgeführt, wobei man einzelne Ausschnitte der Realität simuliert. Im Gegensatz zu Feldexperimenten, in denen meist nicht alle Störeinflüsse kontrolliert werden können, haben Laborexperimente grundsätzlich eine höhere interne Validität. Da sich aber Probanden wegen der „abiotischen" Situation (Realitätsferne; Testsituation) häufig untypisch verhalten, muss man mit **Einbußen** bei der externen Validität rechnen (vgl. Lehmann u.a. 1998, S.147ff.). Dieser Nachteil lässt sich bei einem Feldexperiment vermeiden.

3.5.3.2.2 Feldexperiment

Da sie in einem realen Umfeld durchgeführt werden, sind Feldexperimente wirklichkeitsnäher, was ihrer externen Validität zugute kommt. Die Befunde sind demnach eher auf andere Zielgruppen, Situationen und Zeiträume übertragbar. Neben dem Problem unkontrollierbarer Störeinflüsse, die die interne Validität mindern (= Eindeutigkeit der Messung im Experiment), ergibt sich gerade für den wissenschaftlich Arbeitenden häufig die Schwierigkeit, ein **Unternehmen** zu **finden**, das bereit ist, bei einem Feldexperiment mitzuwirken (z.B. zeitweilige Änderung von Preisen oder Verpackungen für **Versuchszwecke**). Hingegen vereinfacht die Scannertechnologie die Durchführung von Feldexperimenten, weil die notwendigen Daten exakt, schnell und kostengünstig erfasst werden können.

3.5.3.3 Struktur experimenteller Designs

Bei einem Experiment sind folgende **Faktoren** bzw. **Elemente** zu berücksichtigen (vgl. Meffert 1992, S.207f.).

(1) Wesentlicher Bestandteil sind die „**Untersuchungseinheiten**", d.h. Subjekte oder Objekte, an denen das Experiment durchgeführt wird (z.B. Bankkunden, Konsumenten, Führungskräfte / Mitarbeiter eines Unternehmens).

(2) Als „**unabhängige Variablen**" bezeichnet man jene Faktoren, deren Einfluss gemessen werden soll, z.B. der Einfluss verschiedener

- Kreditzinsen,
- Geschmacksrichtungen eines Fruchtsaftgetränks,
- Werbespots für ein Waschmittel,
- Verpackungen einer Zahncreme,
- Arbeitszeitmodelle.

(3) Diejenigen Größen, die durch die unabhängigen Variable(n) beeinflusst werden (sollen), sind „**abhängige Variable**", z.B.

- Bereitschaft zum Abschluss eines Kreditvertrags,
- Bereitschaft zum Kauf eines Fruchtsaftgetränks,
- Marktanteil eines Waschmittels,
- Anmutungsqualität der Zahncreme,
- Zufriedenheit der Mitarbeiter.

(4) Wer vermeiden will, dass unerwünschte Faktoren die abhängige(n) Variable(n) beeinflussen, muss diese kontrollieren, indem er sie – die „**kontrollierten Variablen**" – konstant hält (= **‚Ceteris paribus'-Bedingung**). Um bspw. zu messen, wie sich verschiedene Werbespots eines Produkts auf dessen Absatz auswirken, darf man alle anderen Marketingaktivitäten nicht verändern (z.B. Preise, Maßnahmen der Verkaufsförderung).

(5) Exogene Einflüsse während des Experiments, z.B. Maßnahmen der Wettbewerber, wirtschaftliche oder rechtliche Änderungen, werden als „**Störvariablen**" bezeichnet, da sie im Zuge des Experiments nicht oder nur bedingt kontrolliert werden und die abhängige(n) Variable(n) somit ebenfalls beeinflussen können. Deren Wirkung versucht man durch bestimmte **experimentelle Designs** auszuschalten. Hierbei bedient man sich vorzugsweise sog. **informaler Experimente** (vgl. Abb. 51):

- Auf die **Experimentalgruppe E** (‚Experimental group') wird durch die unabhängige(n) Variable(n) Einfluss ausgeübt.
  Beispiel: E erhält ein Medikament **mit** dem zu testenden **Wirkstoff**.
- Die **Kontrollgruppe C** (‚Control group') wird durch die unabhängige(n) Variable(n) **nicht beeinflusst**, weil man auf diese Weise Störvariablen kontrollieren kann.
  Beispiel: C erhält ein Medikament **ohne Wirkstoff**.
- Außerdem kann die Situation der beiden Gruppen **vor (B; = ‚before')** und **nach (A; = ‚after')** dem Experiment gemessen werden.

Je nachdem, ob man

- neben der Experimentalgruppe eine Kontrollgruppe einsetzt, und ob man
- vor und / oder nach dem Experiment misst,

ergeben sich **vier** in Abb. 51 dargestellte **Versuchsanordnungen**.

Abb. 51: Typische informale experimentelle Designs

Typ	Charakteristikum	Beispiel	Messung der Wirkung	Beurteilung
EBA	• Messung der Werte der abhängigen Variablen **vor und nach** Einsatz der (veränderten) unabhängigen Variablen **nur** in einer **Experimentalgruppe**	• Messungen der Auswirkung einer Preissenkung auf den Umsatz eines Produkts in ausgewählten Einzelhandelsunternehmen	• Differenz zwischen Experimentalgruppe (Zeitpunkt 1) und Experimentalgruppe (Zeitpunkt 0) $X_1 - X_0$	• Vernachlässigung von Störeinflüssen • Kontrollgruppe fehlt • Effekte zur zeitlichen Entwicklung nicht messbar
CB / EA	• Messung der Werte der abhängigen Variablen **vor** Einsatz der (veränderten) unabhängigen Variablen in einer **Kontrollgruppe** und **nach** Einsatz der (veränderten) unabhängigen Variablen in einer **Experimentalgruppe**	• Befragung eines repräsentativen Ausschnitts der Probanden (z.B. **vor** einer Werbeaktion) bezüglich ihrer Einstellung zu einem Produkt und Befragung eines **anderen** Teils **nach** der betreffenden (Werbe-)Aktion	• Differenz zwischen Experimentalgruppe (Zeitpunkt 1) und Kontrollgruppe (Zeitpunkt 0) $X_1 - Y_0$	• Vernachlässigung von Störeinflüssen • keine richtige Kontrollgruppe • Effekte zur zeitlichen Entwicklung nicht messbar
EA / CA	• Messung der Werte der abhängigen Variablen **nur nach** Einsatz der (veränderten) unabhängigen Variablen in Experimental- **und** Kontrollgruppe	• Preisaktion in ausgewählten Testgeschäften und Vergleich der Umsätze mit Geschäften, die nicht in die Aktion einbezogen wurden	• Differenz zwischen Experimental- und Kontrollgruppe (jeweils Zeitpunkt 1) $X_1 - Y_1$	• Vernachlässigung von Störeinflüssen • Annahme gleicher Ausgangslage von Experimental- und Kontrollgruppe
EBA / CBA	• Messung der Werte der abhängigen Variablen **vor und nach** Einsatz der (veränderten) unabhängigen Variablen in Experimental- **und** Kontrollgruppe	• Wie bei EBA-Design, jedoch werden zusätzlich weitere Geschäfte untersucht, in denen keine Preisaktion durchgeführt wurde	• Differenz zwischen den gemeinsamen Unterschieden in Experimental- und Kontrollgruppe im Zeitpunkt 1 $(X_1 - X_0) - (Y_1 - Y_0)$	• Bereinigung der Wirkung der unabhängigen Variablen in der Experimentalgruppe um Entwicklungseffekte, die sich in der Kontrollgruppe zeigen • Vernachlässigung von Störeinflüssen

Quelle: Meffert (1992, S.211); leicht modifiziert.

3.5.3.4 Würdigung

Experimente erlauben zwar zu einem gewissen Grad Einblick in die dem Verhalten zugrunde liegenden Ursachen, lassen aber im Allgemeinen nur Tendenzaussagen zu, da zwei Schwächen die Genauigkeit der Testergebnisse einschränken:

- Experimente messen i.d.R. **kurzfristige** Wirkungen.
- Mangelnde Kooperationsbereitschaft von Unternehmen (z.B. Handelsunternehmen, Hersteller), zu hohe Kosten aber auch ungenügende Erfahrung zwingen den Forscher häufig dazu, **vereinfachte Versuchsanlagen** zu konzipieren – mit der Konsequenz, dass u.U. nicht alle Störeinflüsse kontrolliert werden können.

3.6 Wahl der Erkenntnisquelle: Einflussfaktoren

Welche der oben beschriebenen Methoden man wählt, hängt von verschiedenen Faktoren ab (vgl. zum Folgenden insbes. Nienhüser/Magnus 2003, S.19ff.): von

- den Vorkenntnissen,
- dem Untersuchungsobjekt,
- den Rahmenbedingungen bzw. verfügbaren Ressourcen.

3.6.1 Vorkenntnisse

Die Entscheidung für eine eher empirisch oder aber eher theoretisch ausgerichtete wissenschaftliche Arbeit hängt auch von den jeweils erforderlichen Fähigkeiten und Vorkenntnissen ab. Wer mehr oder minder ausgeprägte Kenntnisse in empirischer Sozialforschung besitzt und sich mit Programmen der Datenanalyse auskennt, z.B. SPSS (= „Statistical Product and Service Solutions"; ursprünglich „Statistical Package for the Social Sciences"), wird möglicherweise einer empirischen Arbeit den Vorzug geben.

Wer eine (oder mehrere) Quelle(n) zur Erkenntnisgewinnung nutzt, z.B. die **Inhaltsanalyse**, muss eine neue Technik ggf. erst erlernen und sich „einlesen".

- Dies gilt bspw. bei der Anwendung der Meta-Analyse; denn wer die statistischen Befunde verschiedener Untersuchungen „meta-analysieren" will, benötigt plausiblerweise profunde **Methodenkenntnisse**.
- Aber auch bei überwiegend theoretischen Arbeiten muss man sich ggf. in spezifische Aufgaben einarbeiten, bspw. in die Konstruktion theoretischer Modelle (vgl. z.B. Nienhüser 1996).

Unbekanntes Terrain zu betreten und spezielle Methoden zu erlernen erfordert **Zeit**, die man bei der **Planung** der Arbeit berücksichtigen muss.

Wissenschaftliche Arbeiten unterscheiden sich zwar im Stellenwert, den Theorie bzw. Empirie jeweils genießen; dennoch aber kommt man nicht umhin,

- seiner **empirischen** Arbeit ein **theoretisches** Gerüst zu geben bzw.
- seine **theoretische** Arbeit mit Beispielen aus der **Empirie** zu untermauern.

Gestaltungsorientierte Arbeiten, die sich mit der Entwicklung von Handlungsmöglichkeiten und deren Wirkungen befassen, benötigen Theorie und Empirie gleichermaßen.

3.6.2 Untersuchungsobjekt

Die Wahl der Untersuchungsmethode (z.B. persönliche Befragung, Inhaltsanalyse) hängt auch vom **Gegenstand** bzw. **Zweck** der Untersuchung ab. Wer bspw.

- in einem Unternehmen eine Mitarbeiterbefragung oder
- in einem Handelsunternehmen ein Preisexperiment oder eine Kundenbefragung

durchführen möchte, benötigt hierfür die **Genehmigung** des Unternehmens, welches gewöhnlich nur dann einwilligt, wenn es durch die Studie gewisse **Vorteile** (z.B. Zugang zu den Untersuchungsergebnissen), zumindest aber **keine Nachteile** erwarten kann. Im Übrigen muss – etwa bei Mitarbeiterbefragungen – neben der Unternehmensleitung auch der Betriebsrat **zustimmen**.

Auch die **Suche** nach Fachleuten für eine **Expertenbefragung** gestaltet sich häufig schwierig, bspw. wenn Zeitmangel herrscht oder wenn sensible Information erfragt werden soll und das betreffende Unternehmen deshalb seinen Mitarbeitern die Teilnahme verweigert. Besonders stark strapaziert wird die Teilnahmebereitschaft von Unternehmen, wenn mehrere Entscheidungsträger zu befragen sind, z.B. für die Analyse gewerblicher Kaufentscheidungen. Denn wie u.a. das ‚Buying center'-Konzept verdeutlicht, sind an einer solchen Entscheidung i.d.R. mindestens vier Funktionsbereiche unmittelbar beteiligt:

- Einkauf,
- Nutzer,
- Geschäftsleitung,
- Finanzabteilung.

Praxis

Multipersonale Entscheidungen im ‚Buying center': Kauf eines Transporters

Die Geschäftsleitung der Müller GmbH, eines mittelständischen Unternehmens im Möbeleinzelhandel, beabsichtigt, für die Auslieferung an Kunden zwei neue Transporter zu beschaffen. Deshalb beauftragt sie die Einkaufsabteilung damit, entsprechende Angebote einzuholen. Der Chef der Einkaufsabteilung spricht zunächst mit einigen Fahrern, notiert deren Erfahrungen mit dem bisherigen Fuhrpark, erfragt deren Wünsche bezüglich der Anschaffung neuer Fahrzeuge und holt anschließend entsprechende Angebote ein. Nach deren Prüfung präsentiert er seine Vorschläge der Geschäftsführung: Diese schließt sich nach kurzer Überlegung der Empfehlung des Chefeinkäufers (Erwerb von zwei Transportern des Automobilherstellers CD) an. Um Details (Finanzierung, Leasing, Zahlungsabwicklung) zu klären, soll sich die Finanzabteilung mit dem Lieferanten in Verbindung setzen.

Quelle: Schneider/Kornmeier (2006, S.101).

Anders als in kleineren Unternehmen, wo häufig eine einzige Person die angesprochenen Funktionsbereiche ausübt (so dass bei einer Befragung diesbezüglich keine Probleme auftreten), muss man bei einer Befragung in größeren Unternehmen (mit **multipersonalen Kaufentscheidungen**) den Fragebogen nach einzelnen Funktionsbereichen unterteilen (i.d.R. Einkauf, Geschäftsleitung, Nutzer, Finanzabteilung) und die einzelnen **Module** von den jeweiligen Vertretern ausfüllen lassen.

Falls bestimmte Untersuchungsmethoden aus den genannten Gründen nicht in Betracht kommen, können andere Konzeptionen, etwa die Inhaltsanalyse einschlägiger Zeitungsartikel oder Geschäftsberichte eines bestimmten Unternehmens, u.U. dazu beitragen, die eigentliche Forschungsfrage zu beantworten. Indessen bleibt zu prüfen, ob die so gewonnenen Daten gleichwertige Schlüsse über das Untersuchungsobjekt erlauben.

3.6.3 Verfügbarkeit der erforderlichen Ressourcen

Im Gegensatz zu überwiegend theoretischen Arbeiten benötigen empirische Studien gewöhnlich deutlich mehr Ressourcen.

(1) Zeit
Wer bspw. eine Befragung eigenständig durchführen möchte, sollte in seinem Zeitbudget berücksichtigen, dass v.a. folgende **Arbeitsschritte** relativ **aufwendig** sind:

- ggf. explorative Voruntersuchung,
- Erarbeitung des Fragebogens und Formulierung der Fragen,
- Suche nach Befragungsteilnehmern,

- Durchführung eines ‚Pretest',
- Datenerhebung,
- Bereinigung und Kodierung der Daten,
- Analyse und Aufbereitung der Daten.

Für Rücklauf des Fragebogens und etwaige Nachfassaktionen muss man gleichfalls Zeit einplanen. Auch Befragungen z.B. von Experten sind sehr zeitintensiv – und zwar nicht nur die Interviews an sich, sondern auch die anschließende Transkription (= wortwörtliche Abschrift) des Befragungsinhalts.

(2) Finanzielle Mittel
Bei Befragungen entstehen u.U. Kosten für materielle Anreize (**‚Incentives'**), mit denen man die avisierten Personen zu einer Teilnahme an der Befragung bewegen will (z.B. Verlosung, Briefmarkenbriefchen, Telefonkarten, Gutscheine). Nicht zuletzt schriftliche Befragungen sind relativ teuer, weil die Befragten im Allgemeinen auch einen frankierten Rückumschlag erhalten. Da i.d.R. nicht alle angeschriebenen Personen antworten, müssen – um eine hinreichend große Zahl an Daten zu erhalten – häufig mehr Briefe bzw. Fragebogen versandt werden, was zusätzliche Kosten verursacht. Bei Expertenbefragungen wiederum sollte man bspw. die Kosten für Fahrt (und ggf. Übernachtung) einkalkulieren.

(3) Technische Hilfsmittel
Schließlich beeinflusst auch die Verfügbarkeit des erforderlichen **‚Equipment'** die Wahl der Untersuchungsmethode. Beispielsweise benötigt man bei

- Beobachtungen i.d.R. Aufzeichnungsgeräte,
- Experteninterviews außerdem ein Transkriptionsgerät,
- persönlichen Befragungen ein leistungsfähiges Notebook (falls die erhobenen Daten unmittelbar eingegeben werden; vgl. Kap. 3.5.1.2.4).

Für eine profunde Datenanalyse sind PC und geeignete Software (d.h. Statistikprogramme wie SPSS) vonnöten; Ähnliches gilt für die Inhaltsanalyse von Texten.

4 Idealtypischer Aufbau einer wissenschaftlichen Arbeit

Abschließend sei in groben Zügen skizziert, welchen **idealtypischen Verlauf** eine wissenschaftliche Arbeit nehmen könnte (vgl. Abb. 52).

(1) Die Initialzündung für die Formulierung des Forschungsproblems könnte von einem in der Empirie beobachteten **Phänomen** ausgehen, welches man **nicht erklären** kann (= ①), z.B. die zunehmende Tendenz bestimmter Kunden, von ihrem „angestammten" Kreditinstitut „abzuwandern".

Abb. 52: Gestaltung einer wissenschaftlichen Arbeit: idealtypischer ganzheitlicher Ansatz

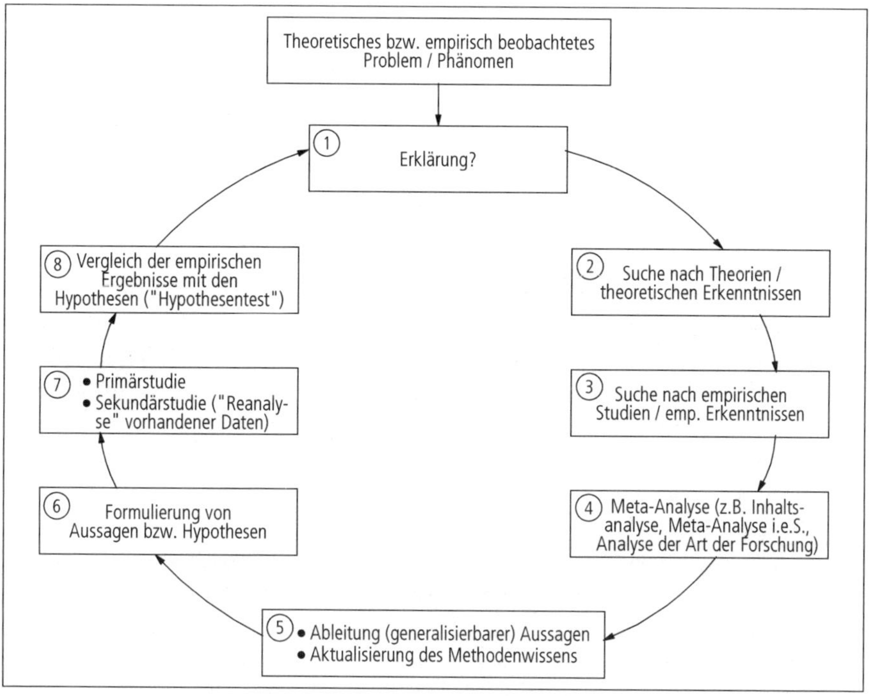

Quelle: in Anlehnung an Tomczak (1992, S.84); stark modifiziert.

(2) Falls man für das betreffende Phänomen bislang keine **geeignete Theorie** entwickelt hat, kommt folgende Option in Betracht, die allerdings mit einem intensiven Literaturstudium (vgl. Kap. 3.2) einhergeht (= ②). Ganz ge-

nerell gilt, dass man zur Erklärung des Sachverhalts möglichst **theoriegeleitet**, zumindest aber **theoretisch-eklektisch** (vgl. Abb. 53) vorgehen sollte. So wäre denkbar, Hypothesen anhand übergeordneter Theorien (z.B. Transaktionskostenansatz) abzuleiten (= theoriegeleitet) bzw. vorhandene (Mini-) Theorien nach Maßgabe der Problemstellung auszuwählen und „zusammenzustellen" (= theoretisch-eklektisch).

Abb. 53: Erscheinungsformen theoretisch / empirischer Forschung

Keine theoretische Basis	"Empirizistisch"	Vager theoretischer Bezug	Theoretisch-eklektische Ausrichtung	Theorie-geleitet
"Narrativer" Ansatz; rein deskriptiv (auf-, erzählend)	Datengeleitete Forschung (evtl. verbunden mit theoretischen Ex post-Erklärungen)	Assoziativer Rekurs auf ein mehr oder minder fundiertes theoretisches Konzept (häufig nur per 'name dropping')	An der jeweiligen Fragestellung orientierte Auswahl und Zusammenstellung verschiedener Theorien bzw. theoretischer Strömungen (primäre Zielsetzung: möglichst weitgehende Varianzaufklärung)	Ableitung von Hypothesen z.B. aus der Transaktionskosten-Theorie und empirische Überprüfung (primäre Zielsetzung: Überprüfung und Weiterentwicklung einer Theorie)

Wenn in benachbarten, relativ nah **verwandten Gebieten** ein **ähnliches Phänomen** bereits beobachtet und erklärt wurde, liegt es nahe, die dort entwickelte(n) Theorie(n) bzw. Erkenntnisse auf den eigenen Sachverhalt zu **übertragen**. Grundsätzlich ist zu empfehlen, sich in „**konzentrischen Kreisen**" von der eigenen Problemstellung zu entfernen. Wer sich etwa mit dem „Zusammenhang zwischen Mitarbeiter- und Kundenzufriedenheit im **Bankensektor**" zu beschäftigen hat, dort aber keine einschlägigen Theorien findet, könnte bspw. erkunden, ob vergleichbare Probleme bereits im Bereich der **Versicherungen** erforscht wurden. Falls nicht, entfernt man sich noch weiter vom eigentlichen Erkenntnisproblem, z.B. indem man bei **weniger** verwandten Dienstleistungen nach Theorien sucht (z.B. „Mitarbeiter- und Kundenzufriedenheit im Einzelhandel").

(3) In einer weiteren Phase (die sich mit der vorhergehenden gewöhnlich überschneidet) sucht man – vorzugsweise in Fachzeitschriften bzw. Journals – nach **empirischen Studien** zu dem zu erklärenden Phänomen (= ③), z.B. nach Arbeiten, in denen „Einflussfaktoren der Mitarbeiterzufriedenheit auf die Kundenzufriedenheit" mit Hilfe einer Befragung ermittelt wurden.

(4) Der nächste Schritt besteht dann darin, das gesammelte Material **metaanalytisch** auszuwerten (= ④), wobei nicht nur die mathematische Berechnung von Effekten (vgl. Kap. 3.3.2) in Betracht kommt. Wie Kap. 3.3.1.2 verdeutlicht, sind auch folgende Spielarten der Meta-Analyse denkbar:

- Auswertung der verfügbaren **Literatur** (z.B. Theorien, theoretische Erkenntnisse) und Darstellung des **‚State of the Art'**,
- **Inhaltsanalyse** (z.B. Fallstudien, Erfahrungsberichte von Praktikern),
- Analyse der **Art** der Forschung.

Selbstverständlich ist grundsätzlich auch eine **quantitative Meta-Analyse** (= Meta-Analyse i.e.S.) möglich, vorausgesetzt, die verfügbaren empirischen Studien erfüllen die Anforderungen an dieses Instrument (vgl. hierzu die Ausführungen in Kap. 3.3.2.4).

Wie Abb. 54 zu erkennen gibt, sind auch **Mischformen** möglich. Winter (2005, S.63f.) z.B. hat die in den vergangenen Jahren durchgeführten Studien zum Zusammenhang zwischen Mitarbeiterverhalten (‚Commitment', Zufriedenheit) und Kundenverhalten (Zufriedenheit, Kundenbindung, Beschwerden) gesammelt und hinsichtlich verschiedener **Kriterien** betrachtet, u.a.

- Wer hat die Studie durchgeführt?
- Wann wurde die Studie durchgeführt?
- Wo wurde die Studie durchgeführt?
- In welcher Branche?
- Wie viele Probanden (hier = Mitarbeiter, Kunden) lagen der Studie zugrunde?
- Wie viele Schnittstellen (z.B. Kontaktpunkte zwischen Unternehmen und Kunden) wurden analysiert?
- Auf welcher Ebene wurde analysiert (z.B. Individualebene, Abteilung)?
- Welche Analysemethoden wurden angewandt (z.B. Korrelations- oder Regressionsanalyse)?
- Welche Ergebnisse wurden zutage gefördert?

Auf Basis der gesammelten und ausgewerteten empirischen Studien kam Winter (2005, S.77) u.a. zu dem Schluss, dass der Zusammenhang zwischen Mitarbeiter- und Kundenzufriedenheit **keineswegs eindeutig** sei (vgl. hierzu ausführlich Winter 2005, S.60ff.).

(5) In einem weiteren Schritt kann man nunmehr das gesammelte Wissen „zusammentragen" (= ⑤), d.h.

- **Aussagen** ableiten (ggf. sogar generalisierbare) bzw.
- das sog. **Methodenwissen** aktualisieren. Damit ist jenes Wissen gemeint, welches man benötigt, um (empirische) Erkenntnisse zu gewinnen, z.B. über (innovative oder bessere) Optionen der Datenerhebung, Design der Untersuchung, Fragebogengestaltung, Verfahren zur Datenanalyse usw.

Winter (2005) bspw. hat auf Basis der gewonnenen theoretischen und empirischen Erkenntnisse ein Modell mit verschiedenen in der Literatur genannten Einflussfaktoren gebildet.

Abb. 54: Zusammenhang zwischen dem Verhalten von Mitarbeitern und Kunden: Ergebnisse empirischer Studien (Auszug)

Autoren	Jahr	Forschungsgebiet	Land	Branche	Anzahl befragter Mitarbeiter	Anzahl befragter Kunden	Anzahl der Schnittstellen	Analyseebene	Methode	Ergebnis
Schneider	1973	Personal / Organisation	USA	Banken	-	674	-	Individuen	Korrelationsanalyse	Serviceklima ↔ Wechselbereitschaft
Schneider/ Parkington/ Buxton	1980	Personal / Organisation	USA	Banken	263	1657	23	Filialen	Korrelationsanalyse	MAZ ↔ SQ wahrg. SQ ↔ SQ
Kelley	1990	Marketing	USA	Banken	249	-	-	Individuen	Korrelations- / Regressionsanalyse	MAZ ↔ KO
Schlesinger/ Zornitsky	1991	Personal / Organisation	USA	Versicherung	1277	-	-	Individuen	Korrelations- / Regressionsanalyse	wahrg. KUZ ↔ MAZ wahrg. Servicefähigkeit ↔ MAZ
Tornow/Wiley	1991	Marketing	USA	Softwareunternehmen	667	633	30	Regionen	Korrelationsanalyse	MAZ ↔ KUZ
Schwetje	1999	Marketing	D	Handel	77	171	77	Individuen	Regressionsanalyse	Personalintensität → MAZ, KUZ
Banker/Konstans/Mashruwala	2000	Rechnungswesen	USA	Handel	k.A.	k.A.	>500	Filialen	Korrelations- / Regressionsanalyse	MAZ ↔ KUZ
Stock	2001, 2003	Marketing	D	B2B	111	222	111	Individuen	Kausalanalyse	MAZ → KUZ (direkter und indirekter Effekt)
Dormann/ Kaiser	2002	Psychologie	D	Kindergärten	36	102	36	Individuen	Korrelations- / Regressionsanalyse	Arbeitsbedingungen ↔ KUZ
Krause/ Dunckel	2003	Psychologie	D	Reinigungsunternehmen	k.A.	k.A.	33	Reviere	Korrelationsanalyse	Veränderung KUZ ↔ MAZ ↔ Leistung
Koop	2004	Psychologie	D	Dienstleistungsunternehmen	1764	2488	59	Abteilungen	Korrelationsanalyse	kein Zusammenhang zwischen MAZ / KUZ

Legende:
KUZ = Kundenzufriedenheit
KO = Kundenorientierung
MAZ = Mitarbeiterzufriedenheit
SQ = Servicequalität
wahrg. = wahrgenommene(r)
↔ = Zusammenhang zwischen
→ = Einfluss auf

Quelle: Winter (2005, S.63f.); modifiziert.

(6) Das zusammengetragene Wissen wiederum bildet den Ausgangspunkt für die Formulierung von **Aussagen** bzw. Hypothesen (= ⑥). Sind diese „aussage"kräftig genug, um die eigene Fragestellung zu beantworten, kann es zweckmäßig sein, die Arbeit an dieser Stelle zu beenden. Häufig allerdings wird dies nicht genügen, da viele Themen zu spezifisch sind, als dass das verfügbare Wissen genügen würde.

(7) Reicht das vorhandene Wissen nicht aus, dann müssen Informationen auswertet werden, die sich speziell mit der eigenen **Problemstellung** auseinandersetzen (= ⑦). Neben sekundärstatistischen Daten, die sich für eine **Re-Analyse** eignen (vgl. Kap. 3.4), kommen auch **primärstatistische Daten** in Betracht, die z.B. per Befragung oder Beobachtung zu erheben sind. In diesem Fall müsste man folglich z.B.

- ein geeignetes Untersuchungsdesign konzipieren (z.B. Befragungsform, Aufbau des Fragebogens, Formulierung der Fragen, Auswahl der Befragungsteilnehmer),
- Variablen bzw. theoretische Konstrukte operationalisieren,
- Daten erheben und
- anschließend analysieren (vgl. hierzu ausführlich Kap. 3.5).

(8) Die (empirischen) Ergebnisse der sekundär- oder primärstatistischen Analyse erlauben einen Vergleich mit den **Hypothesen** (= ⑧). Werden diese nicht falsifiziert, so spricht Einiges dafür, dass man eine plausible Erklärung für die Forschungsfrage gefunden hat; andernfalls (= Falsifikation) beginnt die Suche erneut.

„Die verschiedenen Vermutungen oder Hypothesen sind unsere intuitiven Erfahrungen.
Sie werden durch Erfahrung, durch bittere Erfahrung, ausgemerzt
und damit wird ihre Ersetzung durch bessere Vermutungen angeregt [...]
Wer seine Gedanken der Widerlegung nicht aussetzt,
der spielt nicht mit in dem Spiel Wissenschaft."

Sir Karl Popper in „Logik der Forschung"

Abbildungsverzeichnis

Abb. 1: Bedeutungen von Wissenschaft 5
Abb. 2: Einordnung der Betriebswirtschaftslehre in die Wissenschaften 14
Abb. 3: Allgemeine und Spezielle Betriebswirtschaftslehren 21
Abb. 4: Zielsystem der Betriebswirtschaftslehre 25
Abb. 5: Arten von Fragestellungen in wissenschaftlichen Arbeiten 30
Abb. 6: Vereinfachte Darstellung wesentlicher erkenntnistheoretischer Positionen 31
Abb. 7: Zusammenspiel von Theorie und Empirie 43
Abb. 8: Arten von Aussagen 46
Abb. 9: Generalisierbare Aussagen am Beispiel „Marketing" 50
Abb. 10: Entwicklung der Nachfrage bei einer Preisänderung als erkenntnistheoretisches Problem 56
Abb. 11: Heterogene Aussagen zu ein und demselben Thema: Das Beispiel „Argumente zur Standort-Diskussion" 60
Abb. 12: Kausalität als wissenschaftstheoretisches Problem 64
Abb. 13: Unternehmensstrategie → Unternehmensstruktur: Kausalität oder Scheinkorrelation? 66
Abb. 14: Perspektivenvielfalt als Ursache für den Bedeutungshof „Globalisierung" 71
Abb. 15: Mögliche Konsequenzen unterschiedlicher Definitionen am Beispiel „Mitarbeiterloyalität" 73
Abb. 16: Definiendum und Definiens als Bestandteile einer Definition 73
Abb. 17: Ausgewählte Möglichkeiten der Hypothesenformulierung am (fiktiven) Beispiel „Marktanteil" und „Return on investment" 75
Abb. 18: Anforderungen an eine Hypothese 77
Abb. 19: Vereinfachte Darstellung der Modell- bzw. Theorienbildung 85
Abb. 20: „Porters Diamant-Modell": Einflussfaktoren der nationalen Wettbewerbsfähigkeit 86
Abb. 21: Modell der Mitarbeiter- und Kundenzufriedenheit 88
Abb. 22: Vereinfachtes Modell der Markteintrittsentscheidung 89
Abb. 23: Stellenwert der Theorie im Zusammenspiel mit Empirie und Unternehmenspraxis 90
Abb. 24: Betrachtung der Realität aus multiplen theoretischen Perspektiven: Das Beispiel „Internationalisierung" 93
Abb. 25: Kooperationen als wissenschaftliches Erkenntnisobjekt 94
Abb. 26: Leistungsmerkmale bzw. Anforderungen an Theorien 96
Abb. 27: Zusammenhang zwischen Hypothese, theoretischen Konstrukten, Korrespondenzregeln und Indikatoren 99
Abb. 28: Operationalisierung und Messung komplexer (theoretischer) Konstrukte 102

Abb. 29: Mögliche zeitliche Entwicklung von Theorien 103
Abb. 30: Quellen zur systematischen Gewinnung von Wissen 107
Abb. 31: Typische Angaben in deutsch- bzw. englischsprachigen Quellen 129
Abb. 32: Formen der Meta-Analyse 137
Abb. 33: Ergebnis einer Meta-Analyse: Der „Country of origin-Wirkungstrichter" 141
Abb. 34: Quellen für sekundärstatistische Informationen bei international angelegten Studien (Internet-Adressen) 155
Abb. 35: Überblick über ausgewählte Stichprobenverfahren 159
Abb. 36: Vor- und Nachteile der schriftlichen Befragung 164
Abb. 37: Vor- und Nachteile der mündlichen Befragung 167
Abb. 38: Fragetypen im Überblick 170
Abb. 39: Messniveaus und Messwerteigenschaften 174
Abb. 40: Wesentliche Skalierungsverfahren im Überblick 176
Abb. 41: Ratingskala: Messung der generellen Einstellung am Beispiel „Spendenorganisationen" 177
Abb. 42: Ratingskala: Messung der Meinung zu Institutionen am Beispiel „Spendenorganisationen" 177
Abb. 43: Ratingskala zur Messung der Kundenzufriedenheit 177
Abb. 44: Anwendung der Konstantsummen-Skala am Beispiel „Stellenwert verschiedener gesellschaftspolitischer Aufgaben" 179
Abb. 45: Likert-Skala: Messung der Einstellung gegenüber „Spendenorganisationen" 180
Abb. 46: Beispielhafte Messung kognitiver Leistungskomponenten 182
Abb. 47: Mögliche Messung affektiver Leistungskomponenten 183
Abb. 48: Ergebnis des Semantischen Differentials: Profilverlauf der Produkte A, B und C 184
Abb. 49: Profilverlauf von Produkt A bei Nutzern und Nicht-Nutzern: Ergebnis des Semantischen Differentials 185
Abb. 50: Messung von Vorurteilen bzw. Images mit dem Semantischen Differential 186
Abb. 51: Typische informale experimentelle Designs 190
Abb. 52: Gestaltung einer wissenschaftlichen Arbeit: idealtypischer ganzheitlicher Ansatz 195
Abb. 53: Erscheinungsformen theoretisch / empirischer Forschung 196
Abb. 54: Zusammenhang zwischen dem Verhalten von Mitarbeitern und Kunden: Ergebnisse empirischer Studien (Auszug) 198

Tabellenverzeichnis

Tab. 1: Nutzenpotential der Meta-Analyse: „Einfluss des ‚Country of origin' auf wahrgenommene Qualität und Kaufabsicht 141

Tab. 2: Beispiel der Auszählmethode: „Einflussfaktoren auf die nachgefragte Menge an Informationen“ 152

Tab. 3: Beispielhafter Quotenplan als Grundlage des Quota-Verfahrens........... 161

Literaturverzeichnis

Adler, M. K. (1955): Moderne Marktforschung, Stuttgart 1955.

Albach, H. (1991): Ansprache anläßlich der Eröffnung der 52. Wissenschaftlichen Jahrestagung des Verbandes der Hochschullehrer für Betriebswirtschaft, in: Ordelheide, D.; Rudolph, B.; Büsselmann, E. (Hrsg.): Betriebswirtschaftslehre und Ökonomische Theorie, Stuttgart 1991, S.3-9.

Albach, H. (1993): Betriebswirtschaftslehre als Wissenschaft, in: Albach, H.; Brockhoff, K. (Hrsg.): Die Zukunft der Betriebswirtschaftslehre in Deutschland, Zeitschrift für Betriebswirtschaft, Ergänzungsheft Nr.2, Wiesbaden 1993, S.7-25.

Albers, S.; Hildebrandt, L. (2006): Methodische Probleme bei der Erfolgsfaktorenforschung: Messfehler, formative versus reflektive Indikatoren und die Wahl des Strukturgleichungs-Modells, in: Zeitschrift für betriebswirtschaftliche Forschung, 58.Jg. (2006), Februar, S.2-33.

Albert, H. (1967): Modell-Platonismus: Der neo-klassische Stil des ökonomischen Denkens in kritischer Beleuchtung, in: Albert, H. (Hrsg.): Marktsoziologie und Entscheidungslogik: Ökonomische Probleme in soziologischer Perspektive, Neuwied/Rhein 1967, S.331-367.

Albert, H. (1991): Traktat über kritische Vernunft, 5. Aufl., Tübingen 1991.

Atteslander, P. (2003): Methoden der empirischen Sozialforschung, 10. Aufl., Berlin 2003.

Aulakh, P. S.; Kotabe, M. (1993): An Assessment of Theoretical and Methodological Development in International Marketing: 1980-1990, in: Journal of International Marketing, Vol.1 (1993), No.2, pp.5-28.

Backhaus, K.; Erichson, B.; Plinke, W.; Weiber, R. (2006): Multivariate Analysemethoden: Eine anwendungsorientierte Einführung, 11. Aufl. Berlin 2006.

Bartelborth, T. (1996): Der Schluß auf die beste Erklärung, in: Hubig, C.; Poser, H. (Hrsg.): Cognitio humana: Dynamik des Wissens und der Werte, XVII. Deutscher Kongreß für Philosophie Leipzig 1996, Workshop-Beiträge Bd. 1, Leipzig 1996, S.552-559.

Barwise, P. (1995): Good Empirical Generalizations, in: Marketing Science, Vol.14 (1995), No.3, Part 2/2, pp.G29-G35.

Bass, F. M. (1969): A New Product Growth Model for Consumer Durables, in: Management Science, Vol.15 (1969), January, pp.215-227.

Bass, F. M., Wind, J. (1995): Introduction to the Special Issue: Empirical Generalizations in Marketing, in: Marketing Science, Vol.14 (1995), No.3, Part 2/2, pp.G1-G5.

Bayerischer Industrie- und Handelskammertag (Hrsg.) (2002): Export-Ratgeber für unternehmensnahe Dienstleister in Bayern (Stand: Januar 2002), in: http://www.bayern-international.de/media/bayern_exportratgeber.pdf (Stand: 14. September 2005).

Bea, F. X.; Dichtl, E.; Schweitzer, M. (Hrsg.) (2006): Allgemeine Betriebswirtschaftslehre, Bd. 3 (Leistungsprozess), 8. Aufl., Stuttgart 2006.

Bea, F. X.; Friedl, B.; Schweitzer, M. (Hrsg.) (2004): Allgemeine Betriebswirtschaftslehre, Bd. 1 (Grundfragen), 9. Aufl., Stuttgart 2004 (5. Aufl. = 1990).

Bea, F. X.; Friedl, B.; Schweitzer, M. (Hrsg.) (2005): Allgemeine Betriebswirtschaftslehre, Bd. 2 (Führung), 9. Aufl., Stuttgart 2005.

Becker, F. G. (2006): Zitat und Manuskript: Eine praktische Arbeitshilfe zur Erstellung von wirtschaftswissenschaftlichen Arbeiten, in: https://www.schaeffer-poeschel.de/index.php?mod=zitat&menu=2 (Stand: 2. September 2006).

Beekmann, F.; Chamoni, P. (2006): Verfahren des Data Mining, in: Chamoni, P.; Gluchowski; P. (Hrsg.): Analytische Informationssysteme: Business-Intelligence-Technologien und -Anwendungen, Berlin u.a. 2006, S.263-282.

Behrens, G. (1993): Wissenschaftstheorie und Betriebswirtschaftslehre, in: Wittmann, W.; Kern, W.; Köhler, R.; Küpper, H.-U.; Wysocki, K. v. (Hrsg.): Handwörterbuch der Betriebswirtschaft, Bd. 3, 5. Aufl., Stuttgart 1993, Sp.4763-4772.

Behrens, G. (1995): Verhaltenswissenschaftliche Grundlagen des Marketing, in: Tietz, B.; Köhler, R.; Zentes, J. (Hrsg.): Handwörterbuch des Marketing, 2. Aufl., Stuttgart 1995, Sp.2554-2564.

Bellinger, B. (1967): Geschichte der Betriebswirtschaftslehre, Stuttgart 1967.

Benninghaus, H. (1990): Einführung in die sozialwissenschaftliche Datenanalyse, München u.a. 1990.

Berekoven, L.; Eckert, W.; Ellenrieder, P. (1999): Marktforschung, 8. Aufl., Wiesbaden 1999.

Berger, M.; Uhlmann, L. (1985): Auslandsinvestitionen kleiner und mittlerer Unternehmen, Berlin 1985.

Beyfuß, J. (1997): Ausfuhren und Weltmarktposition Deutschlands 1996, in: iw-trends, 24.Jg. (1997), Nr.1, S.5-14.

Birker, K. (Hrsg.) (2005): Das neue Lexikon der BWL: Betriebswirtschaft, Wirtschaftsinformatik, Wirtschaftsrecht, 2. Aufl., Berlin 2005.

Bleymüller, J.; Gehlert, G.; Gülicher, H. (2000): Statistik für Wirtschaftswissenschaftler, 12. Aufl., München 2000.

Bridgman, P. W. (1922): Dimensional Analysis, New Haven 1922.

Brodbeck, K.-H. (2001): ABC der Wissenschaftstheorie für Betriebswirte (Version von 2001), in: http://www.fh-wuerzburg.de/professoren/bwl/brodbeck/abc.htm (Stand: 18. August 2006).

Brown, S. A. (1991): Measurement of Quality of Primary Studies for Meta-analysis, in: Nursing Research, Vol.40 (1991), No.6, pp.352-355.

Brühl, R. (2006): Abduktion und Induktion in wissenschaftlichen Untersuchungen, in: Wirtschaftswissenschaftliches Studium, 35.Jg. (2006), Nr.4, S.182-186.

Carnap, R. (1968): Einführung in die symbolische Logik mit besonderer Berücksichtigung ihrer Anwendung, 3. Aufl., Wien u.a. 1968.

Chalmers, A. F. (2001): Wege der Wissenschaft: Einführung in die Wissenschaftstheorie, 5. Aufl., Berlin u.a. 2001.

Chmielewicz, K. (1994): Forschungskonzeptionen der Wirtschaftswissenschaft, 3. Aufl., Stuttgart 1994.

Cooper, H. M. (1984): The Integrative Research Review: A Systematic Approach, Beverly Hills/CA 1984.

Cyert, R. M.; March, J. G. (2005): A Behavioral Theory of the Firm, 2nd Ed., Repr., Malden/MA et al. 2005.

Deters, J. (1990): Mensch und Betriebswirtschaftslehre, Stuttgart 1990.

Dichtl, E. (1983): Marketing auf Abwegen?, in: Zeitschrift für betriebswirtschaftliche Forschung, 35.Jg. (1983), S.1066-1074.

Dichtl, E.; Müller, S. (1986): Anspruchsinflation und Nivellierungstendenz als meßtechnische Probleme in der Absatzforschung, in: Marketing·ZFP, 8.Jg. (1986), Nr.4, S.233-236.

Die Gruppe von Lissabon (Hrsg.) (1997): Grenzen des Wettbewerbs: Die Globalisierung der Wirtschaft und die Zukunft der Menschheit, München 1997.

Dülfer, E. (1999): Internationales Management in unterschiedlichen Kulturbereichen, München 1999.

Eberhard, K. (1999): Einführung in die Erkenntnis- und Wissenschaftstheorie: Geschichte und Praxis der konkurrierenden Erkenntniswege, 2. Aufl., Stuttgart 1999.

Edington, E. S. (1972): A Normal Curve Method for Combining Probability Values From Independent Experiments, in: Journal of Psychologie, Vol.82 (1972), pp.85-89.

Eisenführ, F.; Weber, M. (2003): Rationales Entscheiden, 4. Aufl., Berlin u.a. 2003.

Eliashberg, J.; Lilien, G. L.; Kim, N. (1995): Searching for Generalizations in Business Marketing Negotiations, in: Marketing Science, Vol.14 (1995), No.3, Part 2/2, pp.G47-G60.

Engelhard, P. (1999): Paradigmata des Konsumentenverhaltens, Berlin 1999.

Engelmeyer, E. (1992): Identitätsorientierte interkulturelle Personalführung aus gesellschaftstheoretischer Perspektive, in: Schoppe, S. G. (Hrsg.): Kompendium der Internationalen Betriebswirtschaftslehre, 2. Aufl., München 1992, S.395-438.

Farin, E. (1994): Forschungsperspektive und Methodik der Metaanalyse, Forschungsberichte des Psychologischen Instituts der Albert-Ludwigs-Universität Freiburg im Breisgau Nr.113, Freiburg 1994.

Fassott, G. (2006): Operationalisierung latenter Variablen in Strukturgleichungsmodellen: Eine Standortbestimmung, in: Zeitschrift für betriebswirtschaftliche Forschung, 58.Jg. (2006), Februar, S.67-88.

Festinger, L. (1957): A Theory of Cognitive Dissonance, Evanston/Ill. et al. 1957.

Fiedler, F. E. (1967): A Theory of Leadership Effectiveness, New York 1967.

Fischer, L. (Hrsg.) (2006): Arbeitszufriedenheit: Konzepte und empirische Befunde, 2. Aufl., Göttingen 2006.

Fisher, R. A. (1932): Statistical Methods for Research Workers, 4th Ed., London 1932.

Fisher, R. A. (1948): Combining Independent Tests of Significance, in: American Statistician, Vol.2 (1948), pp.30.

Forschungsgruppe Konsum und Verhalten (Hrsg.) (1994): Konsumentenforschung, München 1994.

Frank, U. (2003): Einige Gründe für die Wiederbelebung der Wissenschaftstheorie, in: Die Betriebswirtschaft, 63.Jg. (2003), Nr.3, S.278-292.

Fricke, R.; Treinies, G. (1985): Einführung in die Metaanalyse, Bern 1985.

Fülbier, R. U. (2004): Wissenschaftstheorie und Betriebswirtschaftslehre, in: Wirtschaftswissenschaftliches Studium, 33.Jg. (2004), Nr.5, S.266-271.

Geldsetzer, L. (1994): Hermeneutik, in: Seiffert, H.; Radnitzky, G. (Hrsg.): Handlexikon zur Wissenschaftstheorie, 2. Aufl., München 1994, S.127-139.

Gemünden, H. G. (1991): Success Factors of Export Marketing: A Meta-analytic Critique of the Empirical Studies, in: Paliwoda, S. J. (Ed.): New Perspectives on International Marketing, London 1991, pp.33-62.

Gemünden, H. G. (1993): Informationsverhalten, in: Hauschildt, J.; Grün, O. (Hrsg.): Auf dem Wege zu einer Realtheorie der Unternehmung: Ergebnisse empirischer betriebswirtschaftlicher Forschung, Stuttgart 1993, S.839-877.

Gierl, H.; Praxmarer, S. (2001): Die wahrgenommene Dynamik des Kommunikators und Einstellungen der Rezipienten, in: Marketing·ZFP, 23.Jg. (2001), Nr.4, S.236-251.

Glass, G. V. (1976): Primary, Secondary, and Meta-Analysis of Research, in: Educational Researcher, Vol.10 (1976), pp.3-8.

Glass, G. V.; McGaw, B.; Smitth, M. L. (1981): Meta-analysis in Social Research, Beverly Hills/CA 1981.

Gouthier, M. H. J. (2004): Das Management von Neukundenbeziehungen, in: Wirtschaftswissenschaftliches Studium, 33.Jg. (2004), Nr.10, S.590-596.

Gümbel, R. (1985): Handel, Markt und Ökonomik, Wiesbaden 1985.

Gutenberg, E. (1951): Grundlagen der Betriebswirtschaftslehre, Teil 1: Die Produktion, Berlin u.a. 1951.

Gutenberg, E. (1955): Grundlagen der Betriebswirtschaftslehre, Bd. 2: Der Absatz, Berlin u.a. 1955.

Gutenberg, E. (1991): Betriebswirtschaftslehre als Wissenschaft, Auszug aus einer akademischen Festrede, gehalten bei der Gründungsfeier der Universität Köln am 22. Mai 1957, in: Albach, H. (Hrsg.): Meilensteine der Betriebswirtschaftslehre: 60 Jahre Zeitschrift für Betriebswirtschaft, Zeitschrift für Betriebswirtschaft, Ergänzungsheft Nr.2, Wiesbaden 1991, S.1-7.

Hammann, P.; Erichson, B. (2000): Marktforschung, 4. Aufl., Stuttgart 2000.

Harman, G. (1965): The Inference to the Best Explanation, in: Philosophical Review, Vol.74. (1965), pp.88-95.

Harman, G. (1968): Enumerative Induction as Inference to the Best Explanation, in: The Journal of Philosophy, Vol.65 (1968), pp.529-533.

Harman, G. (1986): Change in View: Principles of Reasoning, Cambridge/MA 1986.

Haug, S. (2004): Wissenschaftstheoretische Problembereiche empirischer Wirtschafts- und Sozialforschung: Induktive Forschungslogik, naiver Realismus, Instrumentalismus, Relativismus, in: Frank, U. (Hrsg.): Wissenschaftstheorie in Ökonomie und Wirtschaftsinformatik: Theoriebildung und -bewertung, Ontologien, Wissensmanagement, Wiesbaden 2004, S.85-107.

Hauschildt, J.; Grün, O. (Hrsg.) (1993): Auf dem Wege zu einer Realtheorie der Unternehmung: Ergebnisse empirischer betriebswirtschaftlicher Forschung, Festschrift für Eberhard Witte, Stuttgart 1993.

Hayek, F. A. (1929): Geldtheorie und Konjunkturtheorie, Wien 1929.

Hedges, L. V. (1986): Issues in Meta-analysis, in: Review of Research in Education, Vol.13 (1986), pp.353-403.

Hedges, L. V.; Olkin, I. (1985): Statistical Methods for Meta-analysis, Orlando/FL 1985.

Heinen, E. (1992): Einführung in die Betriebswirtschaftslehre, 9. Aufl., Nachdruck, Wiesbaden 1992.

Herrmann, A. (1998): Produktmanagement, München 1998.

Herrmann, A.; Huber, F.; Kressmann, F. (2006): Varianz- und kovarianzbasierte Strukturgleichungsmodelle: Ein Leitfaden zu deren Spezifikation, Schätzung und Beurteilung, in: Zeitschrift für betriebswirtschaftliche Forschung, 58.Jg. (2006), Februar, S.34-66.

Heuser, U. J. (1999): Armer Homo Oeconomicus, in: Die Zeit, Nr.9 (25.2.1999), S.47.

Hill, C. W. L.; Hwang, P.; Kim, W. C. (1990): An Eclectic Theory of the Choice of International Entry Mode, in: Strategic Management Journal, Vol.11 (1990), pp.117-128.

Hinterhuber, H. H.; Handlbauer, G.; Matzler, K. (1997): Kundenzufriedenheit durch Kernkompetenzen: Eigene Potentiale erkennen, entwickeln, umsetzen, München u.a. 1997.

Hochschullehrer für Betriebswirtschaftslehre und Mitarbeiter der Wirtschaftswissenschaftlichen Fakultät der Westfälischen Wilhelms-Universität Münster (1989): Erwartungen an eine Allgemeine Betriebswirtschaftslehre aus der Sicht von Lehre und Forschung, in: Die Betriebswirtschaft, 49.Jg. (1989), Nr.5, S.655-667.

Hoffmeister, J. (1955): Wörterbuch der philosophischen Begriffe, 2. Aufl., Hamburg 1955.

Holland, M. (2005): Citing References (Version: July 2005), in: http://www.bournemouth.ac.uk/academicsupport/documents/Library/Citing_References.pdf (Stand: 11. September 2006).

Homburg, C.; Giering, A. (1996): Konzeptualisierung und Operationalisierung komplexer Konstrukte: Ein Leitfaden für die Marketingforschung, in: Marketing·ZFP, 18.Jg. (1996), Nr.1, S.5-24.

Hunter, J. E.; Schmidt, F. L. (1990): Methods of Meta-analysis: Correcting Error and Bias in Research, Newbury Park 1990.

Hunter, J. E.; Schmidt, F. L.; Jackson, G. B. (1982): Meta-analysis: Accumulating Research Findings Across Studies, Beverly Hills/CA 1982.

Kahneman, D.; Tversky, A. (1982): The Psychology of Preferences, in: Scientific American, Vol.246 (1982), No.1, pp.136-142.

Kappler, E. (1988a): Betriebswirtschaftslehre als Zukunftswissenschaft: Das kausalanalytische Mißverständnis, in: Das Wirtschaftsstudium, 17.Jg. (1988), Nr.7, S.396-400.

Kappler, E. (1988b): Betriebswirtschaftslehre als Zukunftswissenschaft? Die Freiheit zur Möglichkeit, in: Das Wirtschaftsstudium, 17.Jg. (1988), Nr.8-9, S. 463-466.

Kern, M. (1979): Klassische Erkenntnistheorien und moderne Wissenschaftslehre, in: Raffée, H.; Abel, B. (Hrsg.): Wissenschaftstheoretische Grundfragen der Wirtschaftswissenschaften, München 1979, S.11-27.

Kieser, A. (1995): Anleitung zum kritischen Umgang mit Organisationstheorien, in: Kieser, A. (Hrsg.): Organisationstheorien, 2. Aufl., Stuttgart 1995, S.1-30.

Kluge, J. (1996): Standortverlagerung ist nicht das Allheilmittel für die Kostensenkung, in: Blick durch die Wirtschaft, 39.Jg. (1996), Nr.237, S.11.

Körner, S. (1980): Wissenschaft, in: Speck, J. (Hrsg.): Handbuch wissenschaftstheoretischer Begriffe, Bd. 3, Göttingen 1980, S.726-737.

Kornmeier, M. (2002): Kulturelle Offenheit gegenüber Auslandsmärkten: Auswirkungen psychischer Distanz im interkulturellen Marketing, Wiesbaden 2002.

Kornmeier, M.; Schneider, W. (2006): Balanced Management: Toolbox für erfolgreiche Unternehmensführung, Berlin 2006.

Kroeber-Riel, W. (1975): Konsumentenverhalten, München 1975.

Kroeber-Riel, W.; Weinberg, P. (2003): Konsumentenverhalten, 8. Aufl., München 2003.

Kromrey, H. (2006): Empirische Sozialforschung: Modelle und Methoden der standardisierten Datenerhebung und Datenauswertung, 11. Aufl., Stuttgart 2006.

Kuhn, T. S. (1997): Die Struktur wissenschaftlicher Revolutionen, 14. Aufl., Frankfurt/Main 1997 (1. Aufl. = 1967).

Kurz, H. (1984): Bankenmarketing und Dissonanztheorie, Wien 1984.

Lazarsfeld, P. F. (1976): Die Interpretation statistischer Beziehungen als Forschungsoperation, in: Hummell, H. J.; Ziegler, R. (Hrsg.): Korrelation und Kausalität, Bd. 1, Stuttgart 1976, S.1-15.

Lehmann, D. R.; Gupta, S.; Steckel, J. H. (1998): Marketing Research, Reading/MA et al. 1998.

Liefeld, J. P. (1993): Experiments on Country-of-origin Effects: Review and Meta-analysis of Effect Size, in: Papadopoulos, N.; Heslop, L. A. (Eds.): Product-country Images: Impact and Role in International Marketing, New York 1993, pp.117-156.

Lindner-Braun, C. (1973): Die Dissonanztheorie und ihre Relevanz zur Erklärung von Einstellungsbildung durch massenkommunikatorische Aussagen, Sonderforschungsbereich 22 (Sozialisations- und Kommunikationsforschung), Forschungsbericht Nr.49, Arbeitsbericht Nr.4 des Teilprojektes 2, Universität Erlangen-Nürnberg, Nürnberg 1973.

Lingenfelder, M. (1996): Die Internationalisierung im europäischen Einzelhandel, Berlin 1996.

Lingnau, V. (1995): Kritischer Rationalismus und Betriebswirtschaftslehre, in: Wirtschaftswissenschaftliches Studium, 24.Jg. (1995), Nr.3, S.124-129.

Lohmann, F. (1997): Loyalität von Bankkunden, Wiesbaden 1997.

Lorenzen, P. (1974): Konstruktive Wissenschaftstheorie, Frankfurt/Main 1974.

Lück, W. (Hrsg.) (2004): Lexikon der Betriebswirtschaft, 6. Aufl., München u.a. 2004.

Lüthgens, C. (1997): Wo Janis irrte: Eine kritische Betrachtung zentraler Randbedingungen für Groupthink unter besonderer Berücksichtigung der Dissonanztheorie, Regensburg 1997.

Mahajan, V.; Muller, E.; Bass, F. M. (1990): New Product Diffusion Models in Marketing: A Review and Directions for Research, in: Journal of Marketing, Vol.54 (1990), January, pp.1-26.

Mahajan, V.; Muller, E.; Bass, F. M. (1995): Diffusion of New Products: Empirical Generalizations and Managerial Uses, in: Marketing Science, Vol.14 (1995), No.3, Part 2/2, pp.G79-G88.

March, J. G.; Simon, H. A. (1995): Organizations, 2nd Ed., Repr., Cambridge/MA et al. 1995.

Marr, R. (1983): Problemaspekte bei der Entwicklung eines Wissenschaftsprogramms des „Internationalen Managements": Aus personalwirtschaftlicher Sicht, in: Dülfer, E. (Hrsg.): Personelle Aspekte im Internationalen Marketing, Berlin 1983, S.27-40.

Matthyssens, P.; Pauwels, P. (1995): Measuring Success in Export Marketing Strategy: A Critical Review, Paper Presented at CIMaR Conference, May 1995, Odense 1995.

Mauerer, N. (1995): Die Wirkung absatzpolitischer Instrumente: Metaanalyse empirischer Forschungsarbeiten, Wiesbaden 1995.

Meffert, H. (1992): Marketingforschung und Käuferverhalten, 2. Aufl., Wiesbaden 1992.

Meffert, H. (1998): Herausforderungen an die Betriebswirtschaftslehre: Die Perspektive der Wissenschaft, in: Die Betriebswirtschaft, 58.Jg. (1998), Nr.6, S.709-730.

Meissner, H. G. (1997): Der Kulturschock in der Betriebswirtschaftslehre, in: Engelhard, J. (Hrsg.): Interkulturelles Management, Wiesbaden 1997, S.1-14.

Mellerowicz, K. (1973): Allgemeine Betriebswirtschaftslehre, Bd.1, 14. Aufl., Berlin u.a. 1973.

Miller, D. (1997): Karl R. Popper Lesebuch: Ausgewählte Texte zu Erkenntnistheorie, Philosophie der Naturwissenschaften, Metaphysik, Sozialphilosophie, 2. Aufl., Tübingen 1997.

Mosteller, F. M.; Bush, R. R. (1954): Selected Quantitative Technics, in: Lindzey, G. (Ed.): Handbook of Social Psychologie, Vol.1: Theory and Method, Cambridge 1954.

Mühlbacher, H. (1995): Skalen und Skalierungsverfahren, in: Tietz, B.; Köhler, R.; Zentes, J. (Hrsg.): Handwörterbuch des Marketing, 2. Aufl., Stuttgart 1995, Sp.2284-2298.

Müller, S.; Kornmeier, M. (2000): Internationale Wettbewerbsfähigkeit: Irrungen und Wirrungen der Standort-Diskussion, München 2000.

Müller, S.; Kornmeier, M. (2001a): Paradigma, in: Diller, H. (Hrsg.): Vahlens Großes Marketinglexikon, 2. Aufl., München 2001, S.1244-1245.

Müller, S.; Kornmeier, M. (2001b): Metaanalyse, in: Diller, H. (Hrsg.): Vahlens Großes Marketinglexikon, 2. Aufl., München 2001, S.1127-1128.

Müller, S.; Kornmeier, M. (2002a): Strategisches Internationales Management: Internationalisierung der Unternehmenstätigkeit, München 2002.

Müller, S.; Kornmeier, M. (2002b): Interkulturelles Marketing, unveröffentlichtes Manuskript, Lehrstuhl für Marketing, Technische Universität Dresden, Dresden 2002.

Münster, W. (1999): Drückend hohe Steuern, in: Süddeutsche Zeitung, Nr.97 (28.4.1999), S.25.

Neckel, P.; Knobloch, B. (2005): Customer Relationship Analytics: Praktische Anwendung des Data Mining im CRM, Heidelberg 2005.

Neibecker, B. (2001a): Theoretische Konstrukte, in Diller, H. (Hrsg.): Vahlens Großes Marketinglexikon, 2. Aufl., München 2001, S.1668.

Neibecker, B. (2001b): Operationalisierung, in Diller, H. (Hrsg.): Vahlens Großes Marketinglexikon, 2. Aufl., München 2001, S.1230.

Neibecker, B. (2001c): Skalenniveau, in Diller, H. (Hrsg.): Vahlens Großes Marketinglexikon, 2. Aufl., München 2001, S.1553-1555.

Neibecker, B. (2001d): Skalierungstechnik, in Diller, H. (Hrsg.): Vahlens Großes Marketinglexikon, 2. Aufl., München 2001, S.1555-1557.

Neibecker, B. (2001e): Semantisches Differential, in: Diller, H. (Hrsg.): Vahlens Großes Marketinglexikon, 2. Aufl., München 2001, S.1528-1529.

Nienhüser, W. (1996): Die Entwicklung theoretischer Modelle als Beitrag zur Fundierung der Personalwirtschaftslehre: Überlegungen am Beispiel der Erklärung des Zustandekommens von Personalstrategien, in: Weber, W. (Hrsg.): Grundlagen der Personalwirtschaft: Theorien und Konzepte, Wiesbaden 1996, S.39-88.

Nienhüser, W.; Magnus, M. (2003): Die wissenschaftliche Bearbeitung personalwirtschaftlicher Problemstellungen: Eine Einführung, Essener Beiträge zur Personalforschung Nr.2/2003, Fachbereich Wirtschaftswissenschaften Universität Duisburg-Essen, Essen 2003.

Nieschlag, E.; Dichtl, E.; Hörschgen, H. (2002): Marketing, 19. Aufl., Berlin 2002 (18. Aufl. = 1997).

Oehler, A. (1992): „Anomalien", „Irrationalitäten" oder „Biases" der Erwartungsnutzentheorie und ihre Relevanz für Finanzmärkte, in: Zeitschrift für Bankrecht und Bankwirtschaft, 4.Jg. (1992), Nr.2, S.97-124.

Pausenberger, E. (1992): Internationalisierungsstrategien industrieller Unternehmungen, in: Dichtl, E.; Issing, O. (Hrsg.): Exportnation Deutschland, 2. Aufl., München 1992, S.199-220.

Pausenberger, E.; Nöcker, R. (2000): Kooperative Formen der Auslandsmarktbearbeitung, in: Zeitschrift für betriebswirtschaftliche Forschung, 52.Jg. (2000), Juni, S.393-412.

Peirce, C. S. (1960): Pragmatism and Pragmaticism (Vol. V), in: Hartshorne, C.; Weiss, P. (Eds.): Collected Papers of Charles Sanders Peirce, Cambridge/MA 1960.

Pelzmann, L. (2006): Wirtschaftspsychologie: Behavioral Economics, Behavioral Finance, Arbeitswelt, 4. Aufl., Wien u.a. 2006.

Perlitz, M. (2000): Internationales Management, 4. Aufl., Stuttgart 2000 (2. Aufl. = 1995).

Peterson, R. A.; Jolibert, A. J. P. (1995): A Meta-analysis of Country-of-origin Effects, in: Journal of International Business Studies, Vol.26 (1995), No.4, pp.883-900.

Popper, K. R. (1994): Logik der Forschung, 10. Aufl., Tübingen 1994 (9. Aufl. = 1989; 3. Aufl. = 1969).

Porter, M. E. (1990): The Competitive Advantage of Nations, London 1990.

Porter, M. E. (1991): Nationale Wettbewerbsvorteile: Erfolgreich konkurrieren auf dem Weltmarkt, München 1991.

Raffée, H. (1974): Grundprobleme der Betriebswirtschaftslehre, Göttingen 1974.

Raffée, H. (1989): Gegenstand, Methoden und Konzepte der Betriebswirtschaftslehre, in: Bitz, M.; Dellmann, K.; Domsch, M.; Egner, H. (Hrsg.): Vahlens Kompendium der Betriebswirtschaftslehre, Bd.1, 2. Aufl., München 1989, S.1-46.

Raffée, H. (1995): Marketing-Wissenschaft, in: Tietz, B.; Köhler, R.; Zentes, J. (Hrsg.): Handwörterbuch des Marketing, 2. Aufl., Stuttgart 1995, Sp.1668-1682.

Reichenbach, H. (1938): Experience and Prediction, Chicago 1938.

Riesenkönig, M. (2005): Struktureller organisatorischer Wandel bei gering wahrgenommener Dringlichkeit („Sense Of Urgency“) am Beispiel der Airline-Branche, in: Wirtschaftspsychologie, 7.Jg. (2005), Nr.1, S.93-104.

Rosenthal, R. (1978): Combining Results of Independent Studies, in: Psychological Bulletin, Vol.85 (1978), pp.185-193.

Rosenthal, R. (1984): Meta-analytic Procedures for Social Research, Newbury Park 1984.

Rossig, W. E.; Prätsch, J. (2002): Wissenschaftliche Arbeiten: Ein Leitfaden für Haus-, Seminar-, Examens- und Diplomarbeiten sowie Präsentationen. Mit PC- und Internet-Nutzung, 4. Aufl., Bremen 2002 (entnommen: http://www.haus-arbeiten.de/inhalt.htm (Stand: 2. September 2006).

Roth, G. (1995): Das Gehirn und seine Wirklichkeit, 3. Aufl., Frankfurt/Main 1995.

Ruigrok, W. M.; van Tulder R. J. (1993): The Ideology of Interdependence: The Link between Restructuring, Internationalisation and International Trade, Amsterdam 1993.

Ruß, H. G. (2004): Wissenschaftstheorie, Erkenntnistheorie und die Suche nach Wahrheit: Eine Einführung, Stuttgart 2004.

Schäfer, B. (1973): Die Messung der „Beurteilung von Völkern“ mit Hilfe eines Eindrucksdifferentials, in: Archiv für Psychologie, 125.Jg. (1973), S.29-38.

Schäfer, B. (1975): Klassifikation vorurteilsvoller versus xenophiler Personen, in: Schweitzer, C. C.; Feger, H. (Hrsg.): Das deutsch-polnische Konfliktverhältnis seit dem Zweiten Weltkrieg, Boppard 1975, S.314-346.

Schanz, G. (1977): Grundlagen der verhaltenstheoretischen Betriebswirtschaftslehre, Tübingen 1977.

Schanz, G. (1988): Methodologie für Betriebswirte, 2. Aufl., Stuttgart 1988.

Schanz, G. (1993): Verhaltenswissenschaften und Betriebswirtschaftslehre, in: Wittmann, W.; Kern, W.; Köhler, R.; Küpper, H.-U.; Wysocki, K. v. (Hrsg.): Handwörterbuch der Betriebswirtschaft, Bd. 3, 5. Aufl., Stuttgart 1993, Sp.4521-4532.

Schanz, G. (2000a): Personal und Arbeit in verhaltenswissenschaftlicher Perspektive, in: Clermont, A.; Schmeisser, W., Krimphove, D. (Hrsg.): Personalführung und Organisation, München 2000, S.193-208.

Schanz, G. (2000b): Personalwirtschaftslehre: Lebendige Arbeit in verhaltenswissenschaftlicher Perspektive, 3. Aufl., München 2000.

Schanz, G. (2004) Wissenschaftsprogramme der Betriebswirtschaftslehre, in: Bea, F. X.; Friedl, B.; Schweitzer, M. (Hrsg.): Allgemeine Betriebswirtschaftslehre, Bd. 1 (Grundfragen), 9. Aufl., Stuttgart 2004, S.83-161.

Schmalenbach, E. (1911/1912): Die Privatwirtschaftslehre als Kunstlehre, in: Zeitschrift für handelswissenschaftliche Forschung, 6.Jg. (1911/12), S.304-316.

Schmeichel, C. (2005): Personalmanagement als Instrument zur Markenbildung im Privatkundengeschäft von Kreditinstituten: Eine kausalanalytische Betrachtung, München 2005.

Schmid, S. (1996): Multikulturalität in der internationalen Unternehmung, Wiesbaden 1996.

Schneck, O. (Hrsg.) (2005): Lexikon der Betriebswirtschaft: 3500 grundlegende und aktuelle Begriffe für Studium und Beruf, 6. Aufl., München 2005.

Schneider, D. (1981): Geschichte betriebswirtschaftlicher Theorie, München 1981.

Schneider, D. (1983): Marketing als Wirtschaftswissenschaft oder Geburt einer Marketingwissenschaft aus dem Geiste des Unternehmerversagens? in: Zeitschrift für betriebswirtschaftliche Forschung, 35.Jg. (1983), S.197-223.

Schneider, D. (1987): Allgemeine Betriebswirtschaftslehre, 3. Aufl., München u.a. 1987.

Schneider, D. (1995): Betriebswirtschaftslehre, Bd. 1: Grundlagen, 2. Aufl., München 1995.

Schneider, D. (1999): Geschichte der Betriebswirtschaftslehre, in: Lingenfelder, M. (Hrsg.): 100 Jahre Betriebswirtschaftslehre in Deutschland, München 1999, S.1-29.

Schneider, W. (2006): Marketing und Käuferverhalten, 2. Aufl., München 2006.

Schneider, W.; Kornmeier, M. (2006): Kundenzufriedenheit: Konzept, Messung, Management, Bern 2006.

Schnell, R.; Hill, P. B.; Esser, E. (2005): Methoden der empirischen Sozialforschung, 7. Aufl., München u.a. 2005.

Schülein, J. A.; Reitze, S. (2005): Wissenschaftstheorie für Einsteiger, 2. Aufl., Wien 2005.

Segler, K. (1986): Basisstrategien im internationalen Marketing, Frankfurt/Main 1986.

Seyffert, R. (1956): Geschichte der Betriebswirtschaftslehre, in: Seischab, H.; Schwantag, K. (Hrsg.): Handwörterbuch der Betriebswirtschaft, Bd.1, 3. Aufl., Stuttgart 1956, Sp.995-1011.

Shefrin, H. (2005): A Behavioral Approach to Asset Pricing, Amsterdam et al. 2005.

Shleifer, A. (2004): Inefficient Markets: An Introduction to Behavioral Finance, Repr., Oxford et al. 2004.

Singer, K. (1958): Oikonomia: An Inquiry into Beginnings of Economic Thought and Language, in: Kyklos, Vol.11 (1958), pp.29-57.

Singer, R.; Willimczik, K. (Hrsg.) (2002): Sozialwissenschaftliche Forschungsmethoden in der Sportwissenschaft: Eine Einführung, Hamburg 2002.

Staehle, W. H. (1999): Management: Eine verhaltenswissenschaftliche Perspektive, 8. Aufl., München 1999 (1. Aufl. = 1980).

Stamm, H.; Schwarb, T. M. (1995): Metaanalyse: Eine Einführung, in: Zeitschrift für Personalforschung, 9.Jg. (1995), Nr.1, S.5-27.

Steinmann, H.; Scherer, A. G. (2000): Wissenschaftstheorie, in: Corsten, H. (Hrsg.): Lexikon der Betriebswirtschaftslehre, 4. Aufl., München 2000, S.1056-1063.

Strube, M. J.; Garcia, J. E. (1981): A Meta-analytic Investigation of Fiedlers' Contingency Model of Leadership Effectiveness, in: Psychological Bulletin, Vol.90 (1981), pp.307-321.

Süchting, J. (1998): Die Theorie der Bankloyalität: (Immer noch) eine Basis zum Verständnis der Absatzbeziehungen von Kreditinstituten?, in: Süchting, J.; Heitmüller H.-M. (Hrsg.): Handbuch des Bankmarketing, 3. Aufl., Wiesbaden 1998, S.1-25 (1. Aufl. = 1987).

Szyperski, N. (1962): Zur Problematik der quantitativen Terminologie in der Betriebswirtschaftslehre, Berlin 1962.

Tellis, G. J. (1988): The Price Elasticity of Selective Demand: A Meta-analysis of Econometric Models of Sales, in: Journal of Marketing Research, Vol.25 (1988), November, pp.331-342.

Thommen, J.-P. (Hrsg.) (2004): Lexikon der Betriebswirtschaft: Managementkompetenz von A bis Z, 3. Aufl., Zürich 2004.

Tippett, L. H. C. (1931): The Methods of Statistics, London 1931.

Tomczak, T. (1992): Forschungsmethoden in der Marketingwissenschaft: Ein Plädoyer für den qualitativen Forschungsansatz, in: Marketing·ZFP, 14.Jg. (1992), S.77-87.

Töpfer, A. (1994): Zeit-, Kosten- und Qualitätswettbewerb: Ein Paradigmenwechsel in der marktorientierten Unternehmensführung?, in: Blum, U.; Greipl, E.; Hereth, H.; Müller, S. (Hrsg.): Wettbewerb und Unternehmensführung, Stuttgart 1994, S.223-261.

Unger, M. (1998): Die Automobil-Kaufentscheidung: Ein theoretischer Erklärungsansatz und seine empirische Überprüfung, Frankfurt/Main 1998.

Vaughan, G. M.; Corballis M. C. (1969): Beyond Tests of Significance: Estimating Strength of Effects in Selected ANOVA Designs, in: Psychological Bulletin, Vol.72 (1969), November, pp.204-213.

Walter-Busch, E. (1985): Zur Sozialgeschichte des wissenschaftstheoretischen Selbstverständnisses der Betriebswirtschaftslehre, in: Probst, G.; Siegwart, H. (Hrsg.): Integriertes Marketing, Bern 1985, S.113-134.

Welge, M. K. (1984): Die Führung von Betriebseinheiten im Ausland aus organisatorischer Sicht, in: Dichtl, E.; Issing, O. (Hrsg.): Exporte als Herausforderung für die deutsche Wirtschaft, Köln 1984, S.369-395.

Westermann, R. (1987): Wissenschaftstheoretische Grundlagen in der experimentellen Psychologie, in: Luer, G. (Hrsg.): Allgemeine Experimentelle Psychologie, Stuttgart 1987, S.5-42.

Wiedmann, K.-P. (Hrsg.) (2004): Fundierung des Marketing: Verhaltenswissenschaftliche Erkenntnisse als Grundlage einer angewandten Marketingforschung, Festschrift für Günter Silberer, Wiesbaden 2004.

Winer, B. J. (1971): Statistical Principles in Experimental Design, New York 1971.

Winter, S. (2005): Mitarbeiterzufriedenheit und Kundenzufriedenheit: Eine mehrebenenanalytische Untersuchung der Zusammenhänge auf Basis multidimensionaler Zufriedenheitsmessung, Diss., Universität Mannheim, Mannheim 2005.

Wirth, U. (1995): Abduktion und ihre Anwendungen, in: Zeitschrift für Semiotik, 17.Jg. (1995), S.405-424.

Wöhe, G. (1985): Gegenwärtige theoretische Ansätze der Betriebswirtschaftslehre, Diskussionsbeiträge, Nr.A 8501, Fachbereich Wirtschaftswissenschaft, Universität des Saarlandes, Saarbrücken 1985.

Wöhe, G. (1996): Einführung in die Allgemeine Betriebswirtschaftslehre, 19. Aufl., München 1996.

Wollnik, M. (1977): Die explorative Verwendung systematischen Erfahrungswissens: Plädoyer für einen aufgeklärten Empirismus in der Betriebswirtschaftslehre, in: Köhler, R. (Hrsg.): Empirische und handlungstheoretische Forschungskonzeptionen in der Betriebswirtschaftslehre: Bericht über die Tagung in Aachen, März 1976, Kommission für Wissenschaftstheorie im Verband der Hochschullehrer für Betriebswirtschaft e.V., Stuttgart 1977, S.37-64.

Wright, G. H. v. (1974): Erklären und Verstehen, Frankfurt/Main 1974.

Zinkhan, G. M.; Hirschheim, R. (1992): Truth in Marketing Theory and Research: An Alternative Perspective, in: Journal of Marketing, Vol.56 (1992), No.2, pp.80-88.

Stichwortverzeichnis

A

Abduktion · 80ff.
Affektive Komponente · 181f.
Annahmen · 1, 95f., 145, 157
Anspruchsinflation · 178
Antezedenzbedingung · 36
Arbitrage Pricing Theory · 105
Argumentation · 10ff., 28f., 40, 57f., 109, 122, 124f.
Attributionstheorie · 33
Aussagen · 3f., 6ff., 10ff., 23, 25f., 28, 31, 36ff., 40f., 45ff., 52ff., 65ff., 72, 74ff., 84, 90f., 95f., 101, 105f., 109, 111, 114, 116, 118, 121f., 125, 137f., 140, 142, 151, 163, 179f., 197, 199
- All-Aussagen · 76
- Deskriptive · 47f.
- Empirische · 46
- Explikative · 49
- Gesetzesaussagen · 36, 42, 52f., 55ff., 75f.
- Inhaltsleere · 45
- Logische · 46
- Meta-physische · 47
- Nomologische · 52
- Normative · 47
- Präskriptive · 47
- Quasi-normative · 47
- Quasi-stochastische · 55
- Quasi-theoretische · 55
- Soll-Aussagen · 47
- Stochastische · 53
- Technologische · 55
- Tendenzielle · 53ff., 146, 191
- Theoretische · 24, 52, 55
- Wahrheitsfähige · 46, 48
- Ziel / Mittel-Aussagen · 55
- Zusammengesetzte · 56
Auszählmethode · 152

B

Befragung · 36, 65, 68, 73, 75, 108, 158ff., 162, 164ff., 170, 179, 185ff., 190, 192ff., 196, 199
Befragungsform · 158, 164, 168, 199
Begleitforschung · 78
Begreifen · 30
Begründungszusammenhang · 5, 77
Behavioral Finance · 18f., 105
Benchmarking · 26f.
Beobachtung · 32f., 35ff., 41, 48f., 76, 83f., 101, 108, 158, 186ff., 194, 199
Beobachtungseffekt · 187
Beobachtungssätze · 47
Beschreibung · 28ff., 174
Best Practice · 78
Betriebswirtschaftslehre · 1ff., 5f., 13ff., 20ff., 35, 38ff., 42f., 47, 53f., 58, 69f., 90, 97f., 101, 103ff., 116, 118, 130, 140
- Allgemeine · 20f.
- Spezielle · 20f.
Bibliothek · 110, 112, 114
Bounded rationality · 33
Box score · 150

C

CAPI (Computer assisted personal interviewing) · 168
Capital Asset Pricing-Modell · 105
CATI (Computer aided telephone interviewing) · 168
CSAQ (Computerized self-administered questioning) · 168

D

Dann-Komponente · 55f.
Data mining · 157
Datenanalyse · 30, 65, 108, 143, 147, 150, 157, 168, 191, 194, 197
Datenbanken · 110, 112ff., 120, 153, 157
- Business Source Premier · 110, 112
- EconLit · 110, 112, 114, 120
- LexisNexis · 112
- WISO · 112
Datenerhebung · 60, 108, 143, 162, 165, 168, 182, 187, 194, 197
Deduktion · 33, 35f., 38ff., 78, 82, 168
- Deduktiv-nomologisch · 35f.
Definiendum · 72f.
Definiens · 73
Definition · 8, 24, 67ff., 73ff.
- Operationale · 53, 69
Denkprinzipien · 22
Denkschule · 146
Desk research · 107
Deskription · 10, 28, 122, 142
Dilettantismus-Debatte · 20
Dissonanztheorie · 97
Dokumentlieferdienste · 113

E

Effektstärke · 143, 147
Einflussfaktoren · 79, 86, 88, 94, 97, 139, 149, 151f., 162, 191, 196f.
Einstellung · 140, 176f., 180ff., 190
Eisbrecherfragen · 185
Elastizität · 51, 148
Empirie · 39, 43, 47, 90f., 107, 192, 195
Empirische Forschung · 4, 42, 90, 108
Empirismus · 29, 36ff., 41, 101
Entscheidungstheorie · 17, 92f., 95, 104f.
Epistemologie · 6, 29
Erfahrungsobjekt · 13f., 16
Erfolgsfaktorenforschung · 93
Erkenntnisfortschritt · 22, 29, 97
Erkenntnisobjekt · 15, 17, 20, 68, 94, 140
Erkenntnisquelle · 38, 78, 107, 109, 191
Erkenntnistheorie · 6, 8, 29
Erklären · 5, 27, 30
Erklärung · 24, 28ff., 45, 56, 81, 83, 96, 105, 168, 171, 196, 199
Erlanger Konstruktivismus · 6, 40
Erlanger Schule · 39
Experiment · 19, 36, 65, 158, 187ff.
Experimentalgruppe · 189f.
Experimentelles Design · 150, 188f.
Expertenbefragung · 192
Explanandum · 36, 56
Explanans · 36
Explikation · 10, 28

F

Fachzeitschriften · 6, 108ff., 114ff., 144, 169, 171, 196
Fail-safe N · 144
Fallibilismus · 40
Fallstudien · 78f., 139, 197
Falsifikation · 41, 53, 76, 199
Falsifizierbarkeit · 41, 77, 96f.
Falsifizierbarkeitsgrad · 42
Falsifizieren · 41, 76

Fehlentscheidungen · 19, 33
Feldexperiment · 188
Feldforschung · 107, 158
Field research · 107
File drawer-Problem · 144
Forschungsmethoden · 8, 13, 105
Fragebogen · 158, 165f., 169, 185ff., 193f., 199
Fragen zur Person · 186
Fragetypen · 169f.
Freies Interview · 167

G

Geisteswissenschaften · 15, 106
Generalisierung · 49, 62, 139, 146, 168
Gesamteinstellungswert · 182
Gesetz · 26, 37, 53, 56, 82f., 141
Gesetzeshypothesen · 49, 52
Gesetzmäßigkeit · 36, 82f.
Gestaltungsempfehlungen · 20, 27, 30, 45
Graue Literatur · 127f., 130, 144
Groupthink · 97
Grundgesamtheit · 158ff., 166, 168
Gruppendiskussion · 79, 180

H

Handbücher · 70
Handelswissenschaft · 3
Handlungsempfehlung · 53
Handlungssysteme · 95
Handlungswissenschaft · 2
Handwörterbücher · 70, 118, 130
Harvard-Zitierweise · 125f.
Hempel / Oppenheim-Schema · 49
Hermeneutik · 80, 130
Hilfswissenschaft · 17, 105
Homonyme · 69
Hypothese · 30, 35, 40ff., 49, 52, 75ff., 83f., 86, 88, 100f., 142f., 150f., 153, 157f., 172, 185f., 196, 199
Hypothesenexploration · 101
Hypothesenformulierung · 75
Hypothesen-Test · 185

I

Identitätsprinzipien · 15, 17
Indikatoren · 57, 99f., 147
Induktion · 36ff., 41, 76, 78, 82, 168
Infiniter Regress · 74
Informales Experiment · 189
Informationsgehalt · 8, 42, 49, 53, 58, 63, 77, 115, 171, 173, 175, 177
Inhaltsanalyse · 139, 191ff., 197
Institutionenökonomik · 95, 101, 105
Internet · 110ff., 126, 128, 134ff., 153ff., 165f.
Internetrecherche · 113
Intersubjektivität · 40, 48, 74
Intersubjektive Überprüfbarkeit · 48
Intervallskala · 170, 175
Intervenierende Variable · 64, 141
Interview · 79, 162, 166f.
Interviewerleitfaden · 79
Itemanalyse · 179
Itembatterie · 180

J

Journal · 108, 110, 112, 114f., 117, 119f., 138, 144, 196

K

Karlsruher virtueller Katalog · 112
Kausalität · 63f., 66
Kausalzusammenhang · 42
- Association · 64f.

- Lack of spuriousness · 65
- Temporal precedence · 64f.

Klassifikation · 25, 30, 174
Klumpeneffekt · 161
Kodierung · 143, 147, 171, 173, 194
Kognitive Komponente · 181
Konsistenz · 11, 13, 49, 72, 96, 127
Konstantsummen-Skala · 178f.
Konstrukt · 33, 86, 88, 96, 98ff., 145, 172, 175, 199
- Hypothetisches · 98
- Latentes · 99
- Theoretisches · 69, 87, 98ff., 172

Konstruktivismus · 29, 32f., 35, 39f., 42
Kontextualität · 80
Kontrollfragen · 185
Kontrollgruppe · 146, 189f.
Kritik am Bestehenden · 27, 29
Kritischer Rationalismus · 40ff.
Kulturwissenschaft · 16
Kunstlehre · 6, 23, 26

L

Laborexperiment · 188
Lehre vom Profit · 3
Lexika · 70, 114
Likert-Skala · 179f.
Literaturangabe · 111, 127
Literaturbeschaffung · 144
Literaturrecherche · 109f., 117f., 124, 180
- Methode der konzentrischen Kreise · 117f., 121
- Rückwärts gerichtete Suche · 117f.
- Systematische Suche · 118
- Vorwärts gerichtete Suche · 121

Literaturstudium · 78, 84, 107ff., 195
Logik · 14, 22, 35, 46, 82, 96, 104, 199
Logische Konsistenz · 46

M

Management sciences · 26
Managementwissenschaften · 20
Messniveau · 174
Messwerteigenschaften · 174
Meta-Analyse · 49, 54, 107f., 137, 139ff., 152, 191, 196f.
Meta-Methodenlehre · 8
Meta-Wissenschaft · 6, 8
Methodik · 13
Methodischer Rationalismus · 41
Methodologie · 8, 105
Methods description-Ansatz · 145
Metrische Skalen · 173
Mikroökonomik · 3, 16
Missing value · 143, 147
Modell · 3, 50, 71, 84ff., 95, 98, 105, 146, 181, 197
Modell-Platonismus · 3, 95
Moderierende Variable · 64, 143
Multiattributive Verfahren · 181

N

Naturwissenschaften · 15f., 22, 36, 39, 103
Neoklassik · 90
Neopositivismus · 37, 38f., 41
Neue Institutionenökonomie · 2, 89, 93f.
Nichtmetrische Skalen · 173
Nominalskala · 169, 173f.
Normativer Forschungsansatz · 28
Null-Hypothese · 77

O

Objektive Realität · 31
Omega-Quadrat · 145, 149
Operationalisierbarkeit · 96

Operationalisierung · 69, 73, 99ff., 142, 145, 172
Optionspreis-Theorie · 105
Ordinalskala · 169, 173f.
Organisationstheorien · 91f.

P

Paradigma · 102f., 146
Paradigmenwechsel · 104
Popper-Kriterium · 41, 76, 91
Positiver Forschungsansatz · 28
Positivismus · 37f., 41
Präsenzbestand · 110
Praxisorientierte Forschung · 42
Praxisorientierung · 24, 42
Primärforschung · 107f.
Principal / Agent · 89, 93ff.
Privatwirtschaftslehre · 3, 6
Produkt-Moment-Korrelation · 147ff.
Prognosen · 15, 24, 29f., 48, 56f., 91
Protokollsätze · 38, 48

Q

Quota-Verfahren · 160f.
Quotenplan · 160f.

R

Randbedingungen · 49, 52, 69
Ratingskala · 177
Rationalismus · 3f., 6, 10, 29, 32, 35f., 38ff., 95, 101
Rationalität · 17
Raum / Zeit-Bezug · 47, 49, 52
Realität · 3, 5, 13, 30ff., 35, 38, 40ff., 46, 48f., 53, 55ff., 67, 72, 74ff., 78, 84, 88, 93, 96, 98f., 101, 167, 188
Realwissenschaften · 14f.
Reliabilität · 58, 111, 138, 144, 149, 162, 177
Rücklaufquote · 164, 165

S

Sachfragen · 185
Scheinkorrelation · 63, 66
Schlussfolgerungen · 40, 48, 121, 157
Schreibstil · 125
Schreibtischforschung · 107, 153
Scientific community · 6, 22, 27, 91, 119
Sekundärforschung · 107f.
Selektive Wahrnehmung · 32
Semantisches Differential · 183ff.
Semesterapparate · 110
Singuläre Ereignisse · 47
Skalenniveau · 172, 175
Skalierung · 158
Skalierungsfragen · 170
Skalierungsverfahren · 130, 172, 175f.
Social Science Citation Index · 121
Spieltheorie · 94f.
Sprachliche Realität · 31
SPSS · 108, 191, 194
Standardisiertes Interview · 167
State of the Art · 11, 197
Stichprobe · 13, 60, 142f., 146, 159ff., 168
Stichprobenverfahren · 159
Stichprobenziehung · 162
- Geschichtete Auswahl · 162
- Klumpenverfahren · 161
- Komplexe Formen · 161
- Lotterieauswahl · 160
- Mehrstufige Auswahl · 161
- Nicht-zufallsgesteuerte Verfahren · 160
- Willkürliche Auswahl · 160
- Zufallsauswahl · 159, 168
Störvariablen · 189
Strategic cognition · 33

Stringenz · 13, 125
Subjektive Realität · 31, 33
Suchmaschinen · 111, 113

T

Technologie · 30, 71
Teilerhebung · 158f.
Theorie · 3, 5, 17, 23, 32, 35f., 40f., 43, 45, 48, 52, 75ff., 84, 89ff., 94, 96ff., 101, 104ff., 143, 153, 172, 192, 195f.
- Diskontinuierliche Entwicklung von Theorien · 102
- Entwicklung von Theorien · 101, 103, 142
- Entwicklungsmodell · 101
- Evolutionsmodell · 101
- Kumulationsmodell · 101
- Lebenszyklus von Theorien · 106
- Prüfung von Theorien · 142
- Revolutionsmodell · 102
- Theoriedarwinismus · 101
- Theoriedynamik · 101
- Theorielosigkeit · 105
- Theorienbildung · 16, 30, 85
- Theoriesprache · 37

Threats to validity-Ansatz · 145
Transaktionskostenansatz · 94, 196
Transkriptionsgerät · 194

U

Ursache / Wirkungs-Beziehung · 22, 28, 30, 54
Utopien · 27, 29

V

Validität · 58, 60f., 111, 145, 162, 166f., 179, 188
Varianz · 149, 175
Verhaltenswissenschaften · 4, 17f., 53, 105
Verhaltenswissenschaftliche Theorien · 92, 104
Verhältnisskala · 170, 173ff.
Verifikation · 41, 76
Vernunft · 35, 38, 40
Verstand · 35
Verstehen · 30
Versuchsanordnung · 190
Verteilungsgesetz · 53, 55
Volkswirtschaftslehre · 1, 3, 6, 15ff., 86, 103, 105f.
Vollerhebung · 158, 161
Vorhersage · 30
Voruntersuchung · 79, 193
Vote counting · 150f.

W

Wahrheit · 9, 32, 37, 41, 46, 57, 71f.
- Faktische Wahrheit · 46
- F-Wahrheit · 46
- Logische Wahrheit · 46
- L-Wahrheit · 46
- Wahrheitsgehalt · 5, 46, 48
- Wahrheitskriterium · 52

Webkataloge · 113
Wenn-Komponente · 55
Werturteil · 25
Werturteilsstreit · 26
Widerspruchsfreiheit · 41, 96
Wirtschaftsphilosophie · 25, 28
Wirtschaftstechnologie · 24
Wirtschaftstheorie · 24, 28
Wirtschaftswissenschaften · 3, 15, 24, 26, 36, 49, 86, 106, 118
Wissenschaft · 1, 3ff., 11, 13, 15, 22ff., 26f., 29, 31, 33, 36, 39f., 45, 59f., 62, 67, 77, 80, 90f., 102, 140, 142, 199
- Angewandte Wissenschaft · 9, 22ff.
- Wissenschaftliche Gemeinschaft · 3, 103
- Wissenschaftsgeschichte · 7
- Wissenschaftslogik · 7
- Wissenschaftsmethodologie · 8

- Wissenschaftsphilosophie · 8
- Wissenschaftsprogramm · 21, 40, 103
- Wissenschaftspsychologie · 7
Wissenschaftliche Arbeit · 1, 9, 11, 28f., 40, 45, 61, 68, 70, 110f., 116, 120, 191, 195
Wissenschaftstheorie · 1, 4, 6ff., 14, 29, 31, 38ff., 45, 47, 81, 83, 130, 170
Wissensfortschritt · 13

Z

Zielsystem · 24f., 29
Zitierkartell · 118
Zitierweise · 11, 62, 111, 120f., 126, 133, 136
Zufallszahlen · 160

Druck: Krips bv, Meppel
Verarbeitung: Stürtz, Würzburg